高等职业教育计算机系列教材

软件技术概论与基础

刘晓洪　翁代云　李咏霞　主　编
吴科宏　郭文欣　任冬梅　副主编

电子工业出版社
Publishing House of Electronics Industry
北京·BEIJING

内 容 简 介

本书较系统地介绍了软件技术的基础知识和基本理论，内容包括软件技术的概念及发展历史、软件行业的发展现状及发展前景等；软件工程的概念及诞生背景、软件生命周期、需求工程、软件开发模型、软件测试等；统一建模语言（UML）的介绍及发展历程、UML 模型、UML 图、UML 关系及 UML 应用等；数据结构的概念、常见的数据结构、算法、线性表、栈和队列、树与二叉树、图、查找、排序等；目前主流开发语言的介绍、发展历史、特点、环境配置、代码展示等；数据库技术的起源与发展及特点、SQL 语言简介、常用关系型数据库管理系统、常用非关系型数据库管理系统及国产数据库管理系统等；新信息技术概述及新信息技术编程语言等。

本书既可以作为高职院校计算机专业学生的教材，也可以作为非计算机专业学生或从事软件技术相关工作技术人员的参考用书。

未经许可，不得以任何方式复制或抄袭本书之部分或全部内容。
版权所有，侵权必究。

图书在版编目（CIP）数据

软件技术概论与基础 / 刘晓洪，翁代云，李咏霞主编．—北京：电子工业出版社，2023.5
高等职业教育计算机系列教材
ISBN 978-7-121-45446-2

Ⅰ．①软… Ⅱ．①刘… ②翁… ③李… Ⅲ．①软件－高等职业教育－教材 Ⅳ．①TP31
中国国家版本馆 CIP 数据核字（2023）第 083298 号

责任编辑：徐建军　　　　　特约编辑：田学清
印　　刷：三河市龙林印务有限公司
装　　订：三河市龙林印务有限公司
出版发行：电子工业出版社
　　　　　北京市海淀区万寿路 173 信箱　　邮编：100036
开　　本：787×1 092　1/16　印张：15.25　字数：371 千字
版　　次：2023 年 5 月第 1 版
印　　次：2023 年 5 月第 1 次印刷
印　　数：1 200 册　　定价：48.00 元

凡所购买电子工业出版社图书有缺损问题，请向购买书店调换。若书店售缺，请与本社发行部联系，联系及邮购电话：(010) 88254888，88258888。
质量投诉请发邮件至 zlts@phei.com.cn，盗版侵权举报请发邮件至 dbqq@phei.com.cn。
本书咨询联系方式：(010) 88254570，xujj@phei.com.cn。

前 言

在信息化时代，计算机技术已经渗透到人类社会生产和生活的各个领域，计算机及绝大部分电子产品都必须依赖相应的软件系统才能正常工作，没有软件的支持，硬件难以发挥各项功能。软件技术不仅正在改变人们的工作、学习和生活方式，也在改变着世界。如今，人们对软件的需求日益增加，软件技术正在影响着我们每一个人，软件技术成为现代科技非常重要的组成部分。

本书较系统地介绍了软件技术的基础知识和基本理论。全书共7章，第1章绪论，主要内容包括软件技术的概念及发展历史、软件行业的发展现状及发展前景；第2章软件工程，主要内容包括软件工程的概念及诞生背景、软件生命周期、需求工程、软件开发模型、软件测试等；第3章统一建模语言，主要内容包括UML的介绍及发展历程、UML模型、UML图、UML关系及UML应用等；第4章数据结构与算法，主要内容包括数据结构的概念、常见的数据结构、算法、线性表、栈和队列、树与二叉树、图、查找、排序等；第5章软件开发语言，主要内容包括目前主流的开发语言（如Java、C、C++、C#、Python、PHP、HTML、JavaScript、CSS等语言）的介绍、发展历史、特点、环境配置、代码展示等；第6章数据库技术，主要内容包括数据库技术的起源与发展及特点、SQL语言简介、常用关系型数据库管理系统、常用非关系型数据库管理系统及国产数据库管理系统等；第7章新信息技术，主要内容包括大数据、人工智能、云计算、物联网、区块链等新信息技术的概述及新信息技术编程语言等。

本书为校企合作教材，由重庆城市管理职业学院的教师与中国电子系统技术有限公司的技术工程师共同编写完成。本书由刘晓洪、翁代云、李咏霞担任主编，由吴科宏、郭文欣、任冬梅担任副主编，由刘晓洪负责编写第2章、第3章、第7章内容，由翁代云负责编写第1章内容，由李咏霞负责编写第4章内容，由吴科宏负责编写第5章内容，由郭文欣负责编写第6章内容，任冬梅从企业角度指导并参与了各章节内容的编写。全书由刘晓洪负责组织和统稿，由翁代云负责全书审稿。本教材的编写得到了重庆城市管理职业学院大数据与信息产业学院软件技术教研室老师们的热情帮助与积极支持，在此表示衷心的感谢！

为了方便教师教学和读者学习，本书配有电子教学课件及相关资源，请对此有需要的教师和读者登录华信教育资源网（http://www.hxedu.com.cn）注册后免费下载，如有问题，可以在网站留言板留言或与电子工业出版社联系（E-mail：hxedu@phei.com.cn）。

由于编者水平和编写时间所限，书中难免存在疏漏和不足之处，恳请同行专家和广大读者给予批评指正。

编 者

目 录

第1章 绪论 1
  1.1 软件技术概述 2
    1.1.1 软件技术的概念 2
    1.1.2 软件技术的发展历史 2
  1.2 软件行业的发展现状及发展前景 3
    1.2.1 软件行业的发展现状 3
    1.2.2 软件行业的发展前景 4
  1.3 软件技术人员主要面向岗位的工作场景 5

第2章 软件工程 10
  2.1 软件工程概述 11
    2.1.1 软件工程的概念 11
    2.1.2 软件工程的诞生背景 12
  2.2 软件生命周期 12
    2.2.1 系统规划阶段 13
    2.2.2 系统开发阶段 13
    2.2.3 系统运维阶段 14
    2.2.4 系统更新阶段 15
  2.3 需求工程 15
    2.3.1 需求工程概述 15
    2.3.2 需求分析概述 17
    2.3.3 需求分析方法 18
    2.3.4 需求分析工具 19
  2.4 软件开发模型 24
    2.4.1 瀑布模型 24
    2.4.2 原型模型 25
    2.4.3 螺旋模型 27
    2.4.4 演化模型 28
    2.4.5 喷泉模型 29
    2.4.6 V模型 30
    2.4.7 敏捷开发 31

2.5 软件测试 32
2.5.1 Bug 的由来 32
2.5.2 软件测试概述 32
2.5.3 软件测试方法 33
2.5.4 软件测试分类 34
2.5.5 软件测试流程 35
2.5.6 软件测试工具 36

第 3 章 统一建模语言 48
3.1 UML 概述 49
3.2 UML 模型 50
3.3 UML 图 50
3.4 UML 关系 52
3.5 UML 与软件工程 52
3.6 UML 应用领域 53

第 4 章 数据结构与算法 57
4.1 数据结构的概念 58
4.2 常见的数据结构 58
4.2.1 数据的逻辑结构 59
4.2.2 数据的存储结构 59
4.3 算法 60
4.3.1 算法的定义 60
4.3.2 算法的表示 60
4.3.3 算法的性能分析与度量 60
4.4 线性表 61
4.4.1 线性表的定义 61
4.4.2 线性表的存储与实现 62
4.5 栈和队列 65
4.5.1 栈 65
4.5.2 队列 67
4.6 树与二叉树 68
4.6.1 树 68
4.6.2 二叉树 70
4.7 图 75
4.7.1 图的基本概念 75
4.7.2 图的遍历 77
4.7.3 图的应用 78

4.8 查找 81
4.8.1 查找的定义 81
4.8.2 常用查找方法 81
4.9 排序 83
4.9.1 排序的定义 83
4.9.2 常用排序方法 84

第 5 章 软件开发语言 90
5.1 Java 语言 91
5.1.1 Java 语言简介 91
5.1.2 Java 语言的发展历史 91
5.1.3 Java 语言的特点 92
5.1.4 Java 环境配置 94
5.1.5 Java 代码展示 103
5.2 C 语言 103
5.2.1 C 语言介绍 104
5.2.2 C 语言的发展历史 105
5.2.3 C 语言的特点 105
5.2.4 C 环境配置 106
5.2.5 C 代码展示 110
5.3 C++语言 111
5.3.1 C++语言介绍 111
5.3.2 C++语言的发展历史 112
5.3.3 C++语言的特点 113
5.3.4 C++环境配置 114
5.3.5 C++代码展示 119
5.4 C#语言 120
5.4.1 C#语言介绍 120
5.4.2 C#语言的发展历史 121
5.4.3 C#语言的特点 122
5.4.4 C#环境配置 122
5.4.5 C#代码展示 125
5.5 Python 语言 127
5.5.1 Python 语言介绍 127
5.5.2 Python 语言的发展历史 128
5.5.3 Python 语言的特点 129
5.5.4 Python 环境配置 129
5.5.5 Python 代码展示 136

5.6 PHP 语言 137
5.6.1 PHP 语言简介 137
5.6.2 PHP 语言的发展历史 138
5.6.3 PHP 语言的特点 138
5.6.4 PHP 环境配置 139
5.6.5 PHP 代码展示 144
5.7 HTML、JavaScript、CSS 语言 144
5.7.1 HTML、JavaScript、CSS 语言介绍 144
5.7.2 HTML、JavaScript、CSS 语言的发展历史 146
5.7.3 HTML、JavaScript、CSS 语言的特点 148
5.7.4 HTML、JavaScript、CSS 环境配置 149
5.7.5 HTML、JavaScript、CSS 代码展示 154

第 6 章 数据库技术 161
6.1 数据库技术概述 162
6.1.1 数据库技术的起源与发展 162
6.1.2 数据库技术的特点 164
6.2 SQL 语言简介 165
6.3 常用关系型数据库管理系统 165
6.3.1 SQL Server 数据库 166
6.3.2 MySQL 数据库 178
6.3.3 Oracle 数据库 181
6.4 常用非关系型数据库管理系统 192
6.4.1 MongoDB 数据库 192
6.4.2 Redis 数据库 195
6.5 国产数据库管理系统 198
6.5.1 达梦数据库 198
6.5.2 OpenBASE 数据库 199
6.5.3 openGauss 数据库 199
6.5.4 KingbaseES 数据库 199

第 7 章 新信息技术 203
7.1 大数据 204
7.1.1 大数据概述 204
7.1.2 大数据编程语言 206
7.2 人工智能 207
7.2.1 人工智能概述 207
7.2.2 人工智能编程语言 209

7.3 云计算 211
    7.3.1 云计算概述 211
    7.3.2 云计算编程语言 214
7.4 物联网 214
    7.4.1 物联网概述 214
    7.4.2 物联网编程语言 216
7.5 区块链 217
    7.5.1 区块链概述 217
    7.5.2 区块链编程语言 219
附录 A 习题参考答案 225

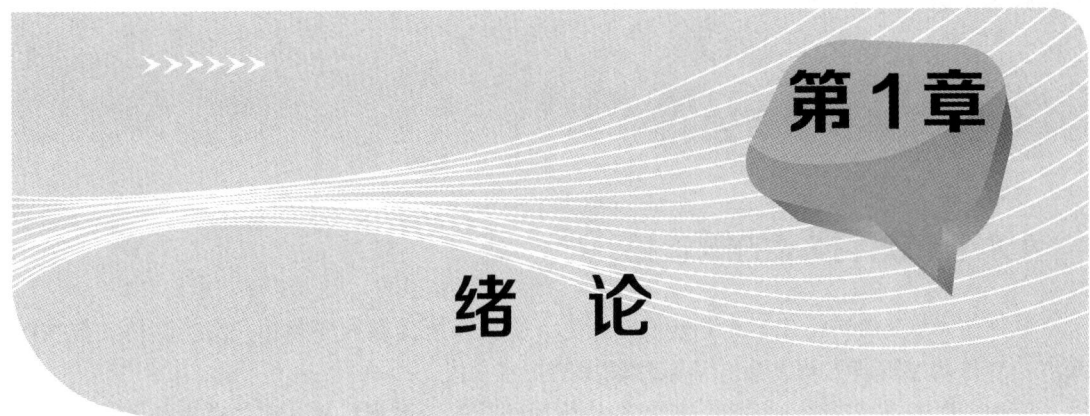

第 1 章 绪 论

> 学习导入

在信息化时代,无论是人们的生活和学习还是各行各业的发展,都离不开软件技术的支持。计算机及绝大部分电子产品都必须依赖相应的软件才能正常工作,有了软件才能充分发挥硬件的各项功能。软件技术不仅在改变着人们的工作、学习和生活方式,也在改变着世界。

> 思维导图

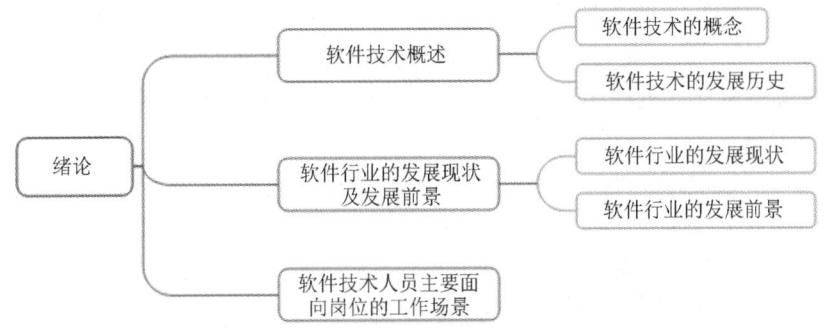

> 学习目标

- ◇ 了解软件技术的概念
- ◇ 了解软件技术的发展历史
- ◇ 了解软件行业的发展现状
- ◇ 了解软件行业的发展前景
- ◇ 了解软件技术人员主要面向岗位的工作场景

> 相关知识

1.1 软件技术概述

1.1.1 软件技术的概念

软件技术（Software Technology）是指为计算机系统提供程序和相关文档支持的技术，或者在软件研发阶段为解决某一需求所使用的技术手段。

其中，程序是指为使计算机实现预期目标而编排的一系列步骤；软件是指一系列按照特定顺序组织的计算机数据和指令的集合。软件一般可以分为系统软件、应用软件和中间件。

程序与软件的区别：软件是程序及开发、使用和维护所需要的所有档案的总称，而程序则是软件的一部分。

计算机的发展离不开软件，可以说，如果没有软件，则计算机就没有存在和发展的必要，也就没有蓬勃发展的计算机应用。

1.1.2 软件技术的发展历史

世界上第一位编写程序的人名叫阿达·爱丝（Ada Lovelace），早在17世纪60年代，她就首次为Charles Babbage的分析机（Analytic Machine）编写程序，因此被公认为世界上第一位软件工程师。她还被认为是计算机程序创始人，因为她建立了循环和子程序等概念。

20世纪40年代，程序是伴随着第一台现代电子数字计算机ENIAC（埃尼阿克）的问世而诞生的。软件是由计算机程序和程序设计的概念发展演化而来的，是在程序和程序设计发展到一定规模并逐步商品化的过程中形成的。

经过几十年的发展，软件技术主要经历了程序设计阶段、软件设计阶段、软件工程阶段和面向对象阶段这4个发展阶段。

第一阶段：程序设计阶段

大约在1946—1955年，软件技术的发展经历了第一个阶段，即程序设计阶段。该阶段的特点是尚无软件的概念，程序设计主要围绕硬件进行开发，规模很小，开发工具简单，开发者之间无明确分工，也不存在开发者与用户的身份划分，程序设计追求节省空间和编程技巧，除程序清单以外不涉及其他文档资料，程序主要用于进行科学计算。

第二阶段：软件设计阶段

大约在1956—1970年，软件技术的发展经历了第二个阶段，即软件设计阶段。该阶段的特点是硬件环境相对稳定，出现了软件生产企业，软件产品开始被广泛使用，从而建立了软件的概念。

随着计算机技术的发展和计算机应用的日益普及，软件的规模越来越大，高级编程语言层出不穷，应用领域不断拓宽，开发者和用户有了明确的分工，社会对软件的需求量剧增。

但软件开发技术并没有重大突破,软件产品的质量较差,生产效率低下,从而导致了"软件危机"的产生。

第三阶段:软件工程阶段

自 1970 年起,软件技术的发展进入了软件工程阶段。由于"软件危机"的产生,迫使人们开始研究、改变软件开发的技术手段和管理方法,从此软件开发进入了软件工程时代。该阶段的特点是硬件向巨型化、微型化、网络化和智能化这 4 个方向发展,数据库技术已成熟并被广泛应用,第三代、第四代编程语言出现,人们对计算机软件的需求越来越多,软件开发效率和软件质量成为人们关注的焦点,以软件产品化、工程化、标准化为特征的软件产业迅速发展。软件工程阶段强调用工程化的思想解决软件开发问题,推动了软件工程学的发展。

第四阶段:面向对象阶段

从 1990 年开始,软件技术的发展进入了面向对象阶段。该阶段的特点是软件开发不再注重单台计算机系统和程序,而是面向计算机和软件的综合影响。面向对象阶段提出了面向对象的概念和方法,面向对象思想包括面向对象分析(Object Oriented Analysis,OOA)、面向对象设计(Object Oriented Design,OOD)和面向对象编程(Object Oriented Programming,OOP)等。随着互联网及一些新技术的兴起,面向对象的开发方法在许多领域具有良好的表现和强大的生命力。

1.2 软件行业的发展现状及发展前景

1.2.1 软件行业的发展现状

软件行业属于高科技、技术密集型行业,该行业的从业人员需要具有较高的技术层次。软件产业必须强调自主知识产权,这是因为它在很大程度上决定着一个国家的信息安全和综合国力。

随着我国软件市场规模的不断扩大,软件人才结构不合理的问题进一步凸显。一是高端软件人才缺乏,目前高级软件人才仍是我国软件企业最紧缺的软件人才类型,软件产业发展所急需的系统分析师、架构设计师、项目管理师等高端人才非常匮乏,无法满足软件产业发展对高层次人才的需求;二是复合型软件人才缺乏,这类人才是软件领域与其他应用领域交叉的复合型人才,主要为既懂软件技术又懂硬件的基础理论和设计技能的人才、既懂软件基础理论和设计技能又懂其他专业业务和应用知识的人才、既懂软件技术又懂管理技术的人才。高端软件人才和复合型软件人才的缺乏制约着我国软件行业的健康发展。

目前,我国具有自主知识产权的主流软件产品较少,软件产品多为中低端产品。在我国软件市场中,操作系统、数据库管理软件、中间件、行业应用软件、高端 ERP 软件等仍以国外软件产品为主。国产软件产品主要在中低端 ERP 软件、财务管理软件、杀毒软件、中文信息处理软件及部分行业应用领域占据优势。我国大部分软件生产企业在较低层面上进行着大量重复性的工作,是一种小作坊式的生产,这种生产方式不具备开展软件技术创新的能力,企业也缺乏技术创新的动力，很多中小企业几乎没有资金用于研发投入。

虽然我国软件行业的发展存在一定的不足，但是近年来，在大数据、人工智能、云计算、物联网和区块链等新信息技术的大潮下，我国 IT 行业发展势头迅猛，软件行业整体运行态势良好，收入和效益保持较快增长，吸纳就业人数稳步增加。

软件行业是一个发展变化非常快的行业，工业和信息化部提供的数据显示：

2017 年，全国软件业务收入达 5.51 万亿元，利润总额达 7020 亿元，从业人数达 618 万人。

2018 年，全国软件业务收入达 6.31 万亿元，利润总额达 8079 亿元，从业人数达 643 万人。

2019 年，全国软件业务收入达 7.18 万亿元，利润总额达 9362 亿元，从业人数达 673 万人。

2020 年，全国软件业务收入达 8.16 万亿元，利润总额达 10676 亿元，从业人数达 704.7 万人。

2021 年，全国软件和信息技术服务业规模以上企业①超 4 万家，全国软件业务收入达 9.50 万亿元，利润总额达 11875 亿元，从业人数达 809 万人。

工业和信息化部提供的数据显示，2011—2021 年软件行业的发展情况如表 1-1 所示。

表 1-1　2011—2021 年软件行业的发展情况

年　份	收入（亿元）	就业人数（万人）
2011	18859	344
2012	24794	418
2013	30587	470
2014	37026	546
2015	42848	574
2016	48232	586
2017	55103	618
2018	63061	643
2019	71768	673
2020	81616	704.7
2021	94994	809

工业和信息化部发布的《2021 年软件和信息技术服务业统计公报》显示，我国软件业务收入主要来源于东部地区，2021 年我国东部地区的软件业务收入为 76164 亿元，占软件业务总收入的 80.18%，占比非常大；西部地区的软件业务收入为 11586 亿元，占软件业务总收入的 12.20%；中部地区的软件业务收入为 4618 亿元，占软件业务总收入的 4.86%；东北地区的软件业务收入为 2627 亿元，占软件业务总收入的 2.77%。

1.2.2　软件行业的发展前景

2021 年，工业和信息化部发布了《"十四五"软件和信息技术服务业发展规划》，该规划提出："十四五"时期我国软件和信息技术服务业要实现"产业基础实现新提升，产

---

① 规模以上企业是指主营业务年收入在 500 万元以上的软件和信息技术服务企业。

业链达到新水平,生态培育获得新发展,产业发展取得新成效"的"四新"发展目标。该规划指出,到 2025 年,规模以上企业的软件业务收入突破 14 万亿元,年均增长 12%以上;产业结构更加优化,基础软件、工业软件、嵌入式软件等产品收入占比明显提升,新兴平台软件、行业应用软件保持较快增长,产业综合实力迈上新台阶。预计 2021—2026 年,软件行业年均增长率或将稳定在 10%~15%,到 2026 年,软件行业规模以上企业的营业收入有望达到 17.5 万亿元左右。

工业和信息化部发布的数据显示,按地区来看,东部地区的软件业务收入保持较快增长,中西部地区的软件业务收入增势突出;按省市来看,我国软件业务收入主要来源于北京市、广东省、江苏省、浙江省、山东省、上海市、四川省、陕西省、天津市、福建省等地;按城市来看,中心城市的软件业务收入增长加快,利润总额平稳增长。

软件和信息技术服务业具有稳定的增长空间预期,未来软件行业规模将进一步扩大,软件技术人才需求量巨大,高端软件人才和复合型软件人才缺乏,软件技术专业仍是当前的热门专业,软件技术专业的侧重点是开发和技术的实际应用,该专业毕业的学生拥有庞大的就业市场和广阔的就业前景。

1.3 软件技术人员主要面向岗位的工作场景

当前,计算机软件在经济社会中占有极其重要的地位,在各个领域中都发挥着重要作用。随着我国软件和信息技术服务业规模的不断扩大,社会对软件技术人才的需求量也在不断增加,软件技术人才拥有庞大的就业市场和广阔的就业前景。

与软件技术相关的岗位主要有软件开发、软件测试、数据库设计与管理、软件技术支持与维护、软件销售与推广等,软件技术人员主要面向岗位的工作场景如表 1-2 所示。

表 1-2 软件技术人员主要面向岗位的工作场景

序号	工作岗位	工作场景描述
1	软件开发	(1)到用户办公处与用户深入交流沟通,准确获取用户需求 (2)在本单位或常驻用户单位根据需求规格说明书进行软件开发 (3)对所开发的功能模块采用白盒测试法进行单元测试和回归测试,以确保所开发的功能与需求描述一致 (4)在开发过程中定期或不定期地参加项目会议,如技术讨论、进度汇报、质量评估、用户反馈等 (5)在软件通过验收测试后,参与准备验收材料和项目验收等工作
2	软件测试	对软件开发部门集成后的系统采用黑盒测试法,根据需求规格说明书设计测试用例进行测试。 测试流程包括:测试需求分析—制订测试计划—设计测试用例—编写测试脚本—执行测试用例—编写测试报告—将测试结果反馈给软件开发部门

续表

序号	工作岗位	工作场景描述
3	数据库设计与管理	软件技术人员应具备数据库设计与管理的能力。 工作流程包括：需求分析（数据流图 DFD）—概念结构设计（E-R 模型）—逻辑结构设计（将概念模型转换成逻辑模型）—数据库物理结构设计（根据数据库的逻辑结构选定 RDBMS，如 SQL Server、MySQL、Oracle 等，并设计和实施数据库的存储结构、存取方式等）—数据库实施（根据逻辑结构设计和物理结构设计的结果，在计算机上建立实际的数据库结构）—数据库运维
4	软件技术支持与维护	（1）为软件开发搭建开发环境 （2）为软件开发编写使用手册、测试文档、验收文档等 （3）为用户提供软件的安装部署方案 （4）为用户提供现场技术支持与软件的日常升级维护
5	软件销售与推广	能够独立完成与客户的业务介绍。 客户的寻找和挖掘（通过电话营销、会展客户信息收集、朋友介绍等方式）—客户拜访（产品演示、价格谈判、问题解答）—建立客户档案、收集合作伙伴的信息—开拓新产品的市场

> 技能训练

【案例 1】

简要说明第一代编程语言、第二代编程语言、第三代编程语言、第四代编程语言和第五代编程语言的特点且主要包括哪些编程语言。

【分析】

第一代编程语言是机器语言（指令系统），其指令为二进制代码，即 0、1。

第二代编程语言是汇编语言，利用指令替代二进制代码，如"ADD A,B"表示将两个数相加。

第三代编程语言是高级语言，是面向过程和面向对象的编程语言，如 C、C++、Java 等语言。

第四代编程语言是非过程化语言，是用来快速连接和操作数据库的编程语言，如 SQL 语言。

第五代编程语言是自然语言，又被称为知识库语言或人工智能语言，目标是最接近日常生活所用语言的程序语言。真正意义上的第五代编程语言尚未出现，LISP 和 PROLOG 虽然号称是第五代编程语言，但是远未达到自然语言的要求。

【案例 2】

试列举软件由哪些软件文档组成。

【分析】

软件文档是软件产品的一部分，软件文档的编制在软件开发工作中占有突出的地位和相当大的工作量。根据 GB/T 16680—1996《软件文档管理指南》的规定，软件文档可以分为 3 类，即开发文档、产品文档和管理文档。

开发文档是描述软件开发过程的一类文档，如《需求规范说明书》《概要设计说明书》《详细设计说明书》《软件测试计划》等。

产品文档是规定关于软件产品的使用、维护、增强、转换和传输的信息的一类文档，如《用户操作手册》《系统安装手册》《系统维护手册》等。

管理文档是建立在项目信息的基础上的一类文档，如《软件项目计划》《项目进度报告》《项目开发总结报告》等。

> 本章小结

本章介绍了软件技术的概念和发展历史、软件行业的发展现状及发展前景。通过对本章内容的学习，读者能够对我国软件行业的发展规模、发展总体情况、软件产业在国内城市的分布情况及软件技术人才需求情况等方面有较为全面的了解。

> 课后拓展

国产之光——WPS

金山软件股份有限公司正式成立于 1988 年，可以说是中国最早一批软件公司之一。金山公司的产品 WPS 是当之无愧的"国产之光"，其曾是连微软公司都要正视的对手。由于 WPS 与 Office 实在是太相似了，因此很多人都觉得 WPS 在"抄袭"Office。但真相真的是这样的吗？

在 20 世纪 80 年代，微软公司的 Windows 还只是一个运行在 MS-DOS 系统上的桌面环境。那时人们如果想要打印汉字，则需要借助一种名为"汉卡"的拓展卡才能实现，但汉卡的价格非常高，因此当时市场非常需要在计算机上能够处理汉字的编辑软件。

有"中国第一程序员"之称的金山软件股份有限公司创始人之一的求伯君担当起这个重任。当时年轻的求伯君和金山掌控人张旋龙有过交流，求伯君一直想做一个文字处理系统，当求伯君把想开发文字处理系统的想法告诉张旋龙时，二人一拍即合，为了帮助求伯君实现这个想法，张旋龙在酒店租了一个房间，专门作为求伯君的工作场所，求伯君花了一年半的时间，一个人写出了 128 万行代码，完成了大名鼎鼎的 WPS。而 1988 年 WPS 诞生时，求伯君才 24 岁。

全中文界面的 WPS 在当时非常流行，占领了中国 95%的市场份额，在 20 世纪 90 年代，一年能卖出 3 万多套，营收近 6600 万。

1983 年，微软公司正式发布基于 XeniX 和 MS-DOS 系统的 Word 1.0，其功能只有一个 Word；1990 年 11 月 19 日，微软公司首次发布 Microsoft Office。由此可知，WPS 的诞生时间早于微软公司的 Office，早在 DOS 时代，Office 还没有诞生时，WPS 就占领中国市场了。

1992 年，微软公司在中国设置了代表处，准备发行中文版的 Windows 和 Office，但那时的 WPS 在国内几乎处于垄断地位，微软公司的 Office 想进入中国市场非常困难。

1994 年，微软公司正式进入中国市场，为了占领中国办公软件市场，微软公司先是提出收购金山公司，但遭到拒绝，后来微软公司又开出年薪 70 万元的高薪想挖走金山公司的核心技术人员求伯君，再次遭到拒绝。

1996 年，微软公司主动找到金山公司，希望 WPS 与 Office 进行格式共享，即两者互相兼容，之后双方签署了一份协议，约定双方都能够通过自己软件的中间层 RTF 格式来互相读取对方的文件，即双方可以在文件格式方面进行互通，WPS 可以打开 Office 文档，Office 也可以打开 WPS 文档。从表面上看，这是一份双赢的协议，但 Office 与 WPS 进行格式共享后，随着微软公司的 Windows 系统在国内得到广泛应用，中国用户纷纷开始应用微软公司的 Office 办公软件，金山公司一度濒临破产。

虽然 WPS 遇到了 Office 这一强劲的对手，但是求伯君没有放弃，他卖掉房子，与雷军等十余名程序员一起耗时 4 年研发出了 WPS97，最终正面战胜了微软公司的 Office。此事一度被当作民族软件崛起的象征。

2002 年 8 月，雷军向求伯君提出准备以 3 年时间和 3500 万行代码重写 WPS，求伯君沉默之后表示同意。这个版本的 WPS 没有使用旧版本 WPS 的任何一行代码，全部推倒重来，全面采用 Office 的标准，目标是能达到"一字不差、一行不差、一页不差"的兼容效果。WPS 的软件界面和功能几乎与微软 Office 完全相同，但在技术上实现了一些超越。2005 年 9 月 12 日，新版本的 WPS 上线，并宣布向个人永久免费，这是 WPS 的第一次妥协。

此后，微软公司也曾通过打价格战来阻挡 WPS 的发展，不过随着 WPS 2005 的诞生，WPS 成为市面上唯一一个能与微软公司的 Office 一较高下的办公软件。直到现在，微软公司的 Office 在全球范围内也仅有 WPS 这一强力对手。

国产软件品牌发展不易，只有国家和国人都支持、使用国产软件，国内软件企业才能得到更好的发展，才能有立身之地，才能有更多的资金投入研发创新，才能不断掌握核心技术，不断做大软件产业规模，最终使我国立足于世界信息强国之列。

➢ 习题

1．填空题

（1）软件技术主要经历了_____、_____、_____和_____这 4 个发展阶段。

（2）世界上第一台现代电子数字计算机的名字是_____。

（3）根据 GB/T 16680—1996《软件文档管理指南》的规定，软件文档可以分为_____、_____、_____这 3 类。

2．选择题

（1）被公认为世界上第一位软件工程师的是（　　）。

　　A．图灵　　　　　　　　　　B．冯·诺依曼
　　C．阿达·爱丝　　　　　　　D．葛丽丝·霍普

（2）按地区分，我国软件业务收入最高的是（　　）。

　　A．东部地区　　　　　　　　B．中部地区
　　C．西部地区　　　　　　　　D．东北地区

（3）2021 年，工业和信息化部发布了《"十四五"软件和信息技术服务业发展规划》，下列哪一项不是该规划提出的"四新"发展目标？（　　）

　　A．产业基础实现新提升　　　B．产业链达到新水平
　　C．人工智能获得新发展　　　D．产业发展取得新成效

（4）软件技术主要经历了哪几个发展阶段？（　　）

　　A．程序设计阶段　　　　　　B．软件设计阶段

C．软件工程阶段　　　　　　　　D．面向对象阶段

（5）下列关于软件行业的描述正确的是（　　）。

　　A．软件行业属于高科技行业

　　B．软件行业属于技术密集型行业

　　C．软件行业的从业人员需要具有较高的技术层次

　　D．软件行业是一个发展变化非常快的行业

3．简答题

（1）查阅资料，获悉最近一年我国软件和信息技术服务业的总收入、总利润、从业人数各是多少，并列出最近一年我国软件业务收入主要来源于哪些省市。

（2）举例说明软件技术影响着我们日常的工作和生活。

软件工程

➤ 学习导入

在信息化时代，各行各业都离不开软件技术的支持，软件随处可见，但软件开发是一个系统工程，开发人员要熟悉软件开发技术和管理技术。那么，软件是怎样被开发出来的？存在哪些开发流程？软件质量如何控制？软件是否也存在生命周期？等等。通过对本章内容的学习，上述问题就能迎刃而解。

➤ 思维导图

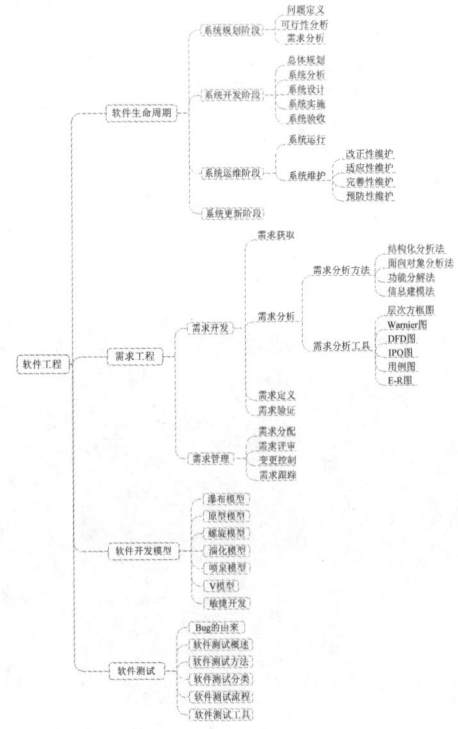

第 2 章 软件工程

> 学习目标
> - 了解软件工程的概念和诞生背景
> - 了解软件生命周期及各个阶段的作用
> - 了解软件需求工程
> - 了解软件开发模型及适用场景
> - 了解软件测试方法、软件测试分类、软件测试流程及常用软件测试工具
>
> 相关知识

2.1 软件工程概述

2.1.1 软件工程的概念

目前，对软件工程（Software Engineering，SE）还没有统一的定义，很多学者、组织机构分别给出了自己的定义。

Barry Boehm（巴利·玻姆）给出的定义是：运用现代科学技术知识来设计并构造计算机程序及为开发、运行和维护这些程序所必需的相关文件资料。

IEEE（电气与电子工程师协会）在软件工程术语汇编中给出的定义是：软件工程是，（1）将系统化的、严格约束的、可量化的方法应用于软件的开发、运行和维护，即将工程化应用于软件；（2）对（1）中所述方法的研究。

Fritz Bauer 在 NATO 会议上给出的定义是：软件工程是建立并使用完善的工程化原则，以较经济的手段获得能在实际机器上有效运行的可靠软件的一系列方法。

《计算机科学技术百科全书》中的定义是：软件工程是应用计算机科学、数学、逻辑学及管理科学等原理开发软件的工程。

目前比较被认可的定义是：研究与应用如何以系统性的、规范化的、可定量的过程化方法去开发和维护软件，以及如何把经过时间考验而证明正确的管理技术与当前能够得到的最好的技术方法结合起来的学科。它涉及程序设计语言、数据库、软件开发工具、系统平台、标准、设计模式等方面。

软件工程包括两方面内容：一是软件开发技术，二是软件工程管理。软件开发技术包含软件工程方法学、软件工具和软件开发环境；软件工程管理包含软件工程经济学和软件管理学。

软件工程的目标是在给定成本、进度的前提下，开发出具有适用性、有效性、可修改性、可靠性、可理解性、可维护性、可重用性、可移植性、可追踪性、可互操作性和满足用户需求的软件产品。追求这些目标有助于提高软件产品的质量和软件开发效率，减少软件产品维护的困难。

2.1.2 软件工程的诞生背景

在 20 世纪 60 年代以前，软件设计只是在特定的应用和指定的计算机上进行设计与编程，采用的是依赖于计算机的机器语言或汇编语言，软件规模小，没有文档资料，极少使用系统化的开发方法，主要是计算机科学家们自己设计、开发并使用的一种自给自足的软件开发方式。

20 世纪 60 年代中期后，随着集成电路的应用，计算机硬件得到了快速发展，硬件环境相对稳定，出现了大容量、高速度的计算机，计算机的应用范围不断扩大，软件开发与应用急剧增长。软件的规模越来越大，复杂程度越来越高，软件可靠性问题也越来越突出。在这个时期，软件开发进度难以预测，开发成本难以控制，产品功能难以满足用户需求，产品质量无法得到保证，产品难以维护且缺少适当的文档资料。落后的软件生产方式无法满足迅速增长的计算机软件需求，从而导致软件开发与维护过程中出现一系列严重问题，这种现象被称为"软件危机"。

为了应对软件危机，在 1968 年的一次会议上第一次提出了"软件工程"概念，"软件工程"作为正式的术语被确定下来，标志着一个新学科的开始，从此软件开发进入了软件工程时代。

2.2 软件生命周期

软件生命周期（Software Life Cycle，SLC）是软件从立项开始，经过开发、运行使用和不断修改，直到报废或停止使用的整个过程。软件生命周期大致可以分成 4 个阶段，即系统规划阶段、系统开发阶段、系统运维阶段、系统更新阶段，如图 2-1 所示。

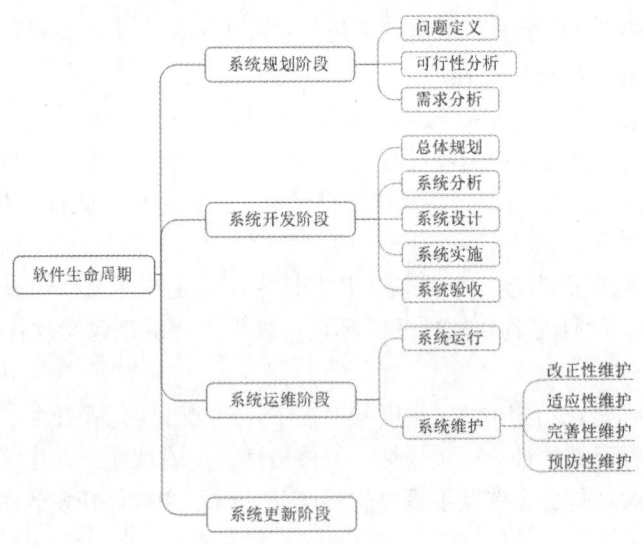

图 2-1　软件生命周期

2.2.1 系统规划阶段

系统规划阶段也叫项目立项阶段，是软件开发的开始阶段，该阶段需要软件开发方与软件需求方共同讨论，以确定软件开发的目标和分析其可行性。该阶段主要涉及问题定义、可行性分析和需求分析等内容。

问题定义是软件定义时期的第一个阶段，要弄清用户"要解决什么问题"，因此，问题定义的基本任务就是分析要解决的问题，提交问题定义报告，该报告经用户同意后作为下一步工作（即可行性分析）的依据。

可行性分析通过对项目的市场需求、技术难度、设备选型、环境影响、资金筹措、盈利能力等方面的研究，从技术、经济、工程等角度对项目进行调查研究和分析比较，并对项目建成以后可能取得的财务、经济效益及社会环境影响进行预测，为项目决策提供公正、可靠、科学的软件咨询意见。主要从经济、技术、社会环境等方面分析所给出的解决方案是否可行，当解决方案可行并有一定的经济效益和社会效益时，才真正开始基于计算机系统进行软件开发。

需求分析（Requirement Analysis）是至关重要的一步，因为它包含了获取用户需求与定义的信息，以及对需要解决的问题所能达到的最清晰的描述。这种分析包含了了解用户的商业环境与约束、产品必须实现的功能、产品必须达到的性能水平，以及必须实现兼容的外部系统。这一阶段所使用的技术包括采访用户、使用案例等。需求分析阶段的结果通常是一份正式的需求规格说明书，这也是下一阶段的起始信息资料。

系统规划阶段的目标是制定出系统的长期发展方案，决定系统在整个生命周期内的发展方向、规模和发展进程。

系统规划阶段主要形成需求规格说明书。

2.2.2 系统开发阶段

系统开发阶段是软件生命周期中最重要和最关键的阶段，该阶段又可以分为总体规划、系统分析、系统设计、系统实施和系统验收 5 个阶段。

1. 总体规划阶段

总体规划阶段是系统开发的起始阶段，它的基础是需求分析。本阶段将明确系统在企业经营战略中的作用和地位，指导系统的开发，优化配置和利用各种资源（包括内部资源和外部资源），通过规划过程规范企业的业务流程。一个比较完整的总体规划应当包括系统开发目标、总体结构、管理流程、实施计划和技术规范等。本阶段主要形成可行性研究报告。

2. 系统分析阶段

系统分析阶段的目标是为系统设计阶段提供系统的逻辑模型，内容包括组织结构及功能分析、业务流程分析、数据和数据流程分析、系统初步方案等。本阶段主要形成系统方案说明书。

3．系统设计阶段

根据系统分析阶段的结果设计出系统的实施方案，内容包括系统架构设计、数据库设计、处理流程设计、功能模块设计、安全控制方案设计、系统组织和队伍设计、系统管理流程设计等。本阶段主要形成系统实施方案。

4．系统实施阶段

系统实施阶段是将系统设计阶段的结果通过编码、调试和测试，最终在计算机和网络上具体实现，也就是将设计文本变成能够在计算机上运行的系统，系统实施阶段是对前期全部工作的具体检验。在本阶段中，用户的参与特别重要。

5．系统验收阶段

系统通过试运行，系统性能的优劣及其他问题都会暴露在用户面前，这时就进入了系统验收阶段。

2.2.3 系统运维阶段

当系统通过验收并正式移交给用户以后，系统就进入了运维阶段。

1．系统维护的概念

为了清除系统在运行中发生的故障和错误，软件和硬件维护人员要对系统进行必要的修改与完善；为了使系统适应用户环境的变化，满足用户提出的新需求，也要对原系统进行局部的更新，这些工作称为系统维护。

2．系统维护的任务

系统维护的任务是改正系统在使用过程中发现的隐含错误，扩充在使用过程中用户提出的新的功能与性能需求。

3．系统维护的目的

系统维护的目的是维护系统的"正常运作"。

4．系统维护的主要文档

系统维护阶段主要形成软件问题报告和软件修改报告，它们用于记录发现软件错误的情况及修改软件的过程。

5．系统维护的工作量

系统维护的工作量一般占整个软件生命周期的60%～80%，维护类型主要包括改正性维护、适应性维护、完善性维护和预防性维护。

1）改正性维护

为了识别和纠正软件错误、改正软件性能上的缺陷、排除实施中的错误而应当进行的诊断和改正错误的过程称为改正性维护。

2）适应性维护

在软件的使用过程中，外部环境（软件和硬件配置）、数据环境（数据库、数据介质、数据格式）等可能发生变化，为了使软件能够适应新的环境而进行的维护称为适应性维护。

3）完善性维护

在软件的使用过程中，用户往往会对软件提出新的功能与性能需求，为了满足这些需求，需要修改或再开发软件以扩充软件功能，增强软件性能，改进软件处理效率，以及提高软件的可维护性。

4）预防性维护

为了提高软件的可维护性、可靠性等，采用先进的软件工程方法对需要维护的软件或软件中的某一部分进行重新设计、编制和测试，为将来软件正常运行打下良好的基础。

2.2.4 系统更新阶段

系统更新阶段也叫系统消亡阶段。开发完成一个系统后，想让其一劳永逸地运行下去是不现实的，所开发的系统经常会不可避免地遇到系统更新改造、功能扩展，甚至报废重建的情况。因此，在系统建设的初期就要考虑系统的消亡条件和时机，以及因此而花费的成本。

2.3 需求工程

2.3.1 需求工程概述

1. 需求工程的概念

需求工程（Requirements Engineering，RE）是指应用已证实有效的技术、方法进行需求分析，确定用户需求，帮助软件分析人员正确理解问题并定义目标系统的所有外部特征的一门学科。需求工程是通过合适的工具和符号体系，正确、全面、系统地描述待开发系统及其行为特征和相关约束的过程。

需求工程的结果是对待开发系统给出清晰的、一致的、精确的且无二义性的需求模型，形成需求文档，通常以需求规格说明书的形式来定义待开发系统的所有外部特征。

2. 需求工程发展简介

在软件技术发展早期，由于软件规模小，因此人们往往只关注代码编写，而不重视软件需求分析，随着软件危机爆发及软件工程技术的发展，需求工程引起了人们的关注，后来软件开发引入软件生命周期概念，需求分析成为软件生命周期第一阶段（即系统规划阶段）最重要的工作，随着软件规模扩大，复杂度增加，人们逐渐意识到需求分析活动是贯穿于软件开发的整个生命周期的，需求工程得到了人们的重视。

在 20 世纪 80 年代中期，形成了软件工程的子领域——需求工程，进入 20 世纪 90 年代后，需求工程成为人们研究的热点。1993 年，IEEE 在美国加利福尼亚州的圣迭戈举办了第一届需求工程国际研讨会（ISRE），确定以后每两年举办一次；从 1994 年起每两年举办一次需求工程国际会议（ICRE）；1996 年，世界著名科技期刊、图书出版公司 Springer-Verlag（施普林格）发行了新刊物 Requirements Engineering；同时，一些关于需求工程的工作小组相继成立。

3．需求工程的内容

需求工程包括获取、分析、定义、验证和管理软件需求的所有活动。需求工程分为两类，一类是需求开发，另一类是需求管理。需求工程的内容如图 2-2 所示。

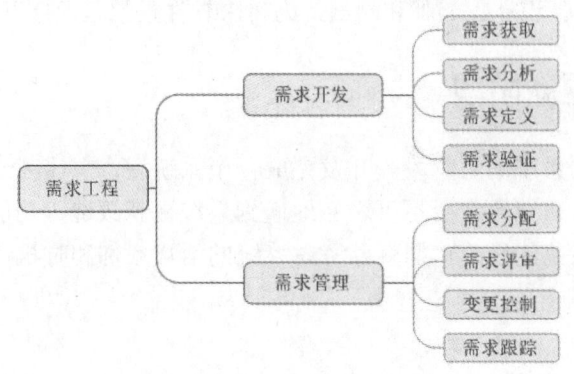

图 2-2　需求工程的内容

1．需求开发

需求开发的目的是通过调查与分析来获取用户需求并定义产品需求。需求开发包括 4 个主要活动：需求获取、需求分析、需求定义和需求验证。

（1）需求获取：积极与用户进行交流，收集、分析和修正用户对目标系统的需求，提炼出符合解决问题的用户需求，并将它编写成文档，形成用户需求说明书。

（2）需求分析：根据需求获取中得到的需求文档，分析系统实现方案。需求分析的目的是对各种需求信息进行分析并抽象描述，为目标系统建立一个概念模型。

（3）需求定义：根据需求获取和需求分析的结果，进一步定义准确无误的产品需求，形成需求规格说明书。

（4）需求验证：指软件开发方和软件需求方共同对需求文档进行评审，双方对需求达成共识后作出书面承诺并使需求文档具有商业合同效果（需求文档作为系统设计和最终验证的依据，为了确保需求说明准确、完整，需求验证必须确保符合完整性、正确性、无二义性、可跟踪性及可验证性等）。

2．需求管理

需求管理强调的是对所产生的软件需求进行管理和控制。需求管理的目的是确保各方对需求的一致理解，管理和控制需求的变更，达到从需求到最终产品的双向跟踪。需求管理包含需求分配、需求评审、变更控制和需求跟踪。

（1）需求分配：将分解后的设计需求分配到具体的设计模块中，即定义每个设计模块规格的过程。

（2）需求评审：将需求文档发给所有项目干系人，让其检查以发现需求中存在缺陷的过程。需求评审最终形成一个被认可的需求规格说明书。

（3）变更控制：对需求的变更进行标识、文档化、批准或拒绝并加以控制。变更控制的目的不是控制变更的发生，而是对变更进行管理，以确保变更有序进行。

（4）需求跟踪：体现需求与后续工作成果之间的对应关系，并提供一个表明与合同一致的方法。需求跟踪的目的是改善产品质量、降低维护成本。

2.3.2 需求分析概述

1．需求分析的概念

需求分析也称软件需求分析、系统需求分析或需求分析工程等，是开发人员经过深入细致地调研和分析，准确理解用户和项目的功能、性能、可靠性等具体要求，将用户非形式的需求表述转化为完整的需求定义，从而确定软件必须"做什么"的过程。

2．需求分析的目标

需求分析的目标是深入描述软件的功能和性能，确定软件设计的限制和软件同其他系统元素的接口细节，定义软件的其他有效性需求。

3．需求分析研究的对象

需求分析研究的对象是软件项目的用户要求。一方面必须全面理解用户的各项要求，但又不能全盘接受所有的要求；另一方面，要准确地表达被接受的用户要求。只有经过确切描述的软件需求才能成为软件设计的基础。

4．需求分析的任务

需求分析的任务就是为原始问题及目标软件建立逻辑模型，解决目标软件"做什么"的问题。

5．需求分析的注意事项

需求分析所要做的工作是深入描述软件的功能和性能，确定软件设计的限制和软件同其他系统元素的接口细节，定义软件的其他有效性需求。因此，在进行需求分析时，应注意一切信息与需求都站在用户的角度上考虑，尽量避免分析人员的主观想法，在不对用户进行直接指导的前提下，让用户进行检查与评价，从而达到需求分析的准确性。

6．需求内容

GB/T 9385《计算机软件需求说明编制指南》中定义了需求的具体内容，软件需求可以分为功能需求、性能需求、设计约束、质量属性、外部接口需求等几类。

1）功能需求

功能需求是描述软件产品的输入怎样变成输出，即软件必须完成的基本动作。

2）性能需求

性能需求是软件或人与软件交互的静态或动态数值需求，如支持的终端数、支持并行操作的用户数、响应时间等。

3）设计约束

设计约束是受其他标准、硬件限制等方面的影响。

4）质量属性

在软件的需求中有若干个属性，如可移植性、正确性、可维护性及安全性等。

5）外部接口需求

外部接口需求主要包括用户接口、硬件接口、软件接口、通信接口等。

2.3.3 需求分析方法

从系统分析出发，可以将需求分析方法大致分为结构化分析法、面向对象分析法、功能分解法和信息建模法。

1. 结构化分析法

结构化分析（Structured Analysis，SA）是一种面向数据流的软件分析方法，适用于开发数据处理类型软件的需求分析。

结构化分析法的主要思想是"自顶向下，逐步分析"，描述 SA 结构的主要手段是数据流图和数据字典，因此，结构化分析法又被称为数据流法。

结构化分析法的基本策略是跟踪数据流，即研究问题域中数据流动方式及在各个环节上所进行的处理，从而发现数据流和加工。结构化分析可定义为数据流、数据处理或加工、数据存储、端点、处理说明和数据字典。

2. 面向对象分析法

面向对象分析（Object Oriented Analysis，OOA）是在繁杂的问题域中抽象地识别出对象及其行为、结构、属性、方法等的软件分析方法。

面向对象分析法是软件需求分析的另一种方法，需求分析所关心的是软件要做什么，而不需要考虑技术和实现层面的细节问题。面向对象分析法的最大好处是在需求分析阶段就能够非常精确地描述一个软件，采用程序语言的方式和最终用户交流，能够在项目一开始就发现很多问题，避免在开发的过程中出现需求的反复。

面向对象分析法的关键是识别问题域内的对象，分析它们之间的关系，并建立 3 类模型，即对象模型、动态模型和功能模型。

3. 功能分解法

功能分解法是以软件需要提供的功能为中心来组织软件的。将软件作为多功能模块的组合，各功能又可以被分解为若干个子功能及接口，子功能再继续分解，便可得到软件的雏形，即功能分解——功能、子功能、功能接口。

4. 信息建模法

信息建模法是从数据角度对现实世界建立模型。信息建模可定义为实体（对象）、属性、关系、父类型/子类型和关联对象。

信息建模法的核心概念是实体和关系，基本工具是 E-R 图，其基本要素由实体、属性和关系构成。

信息建模法的基本策略是先从现实中找出实体，再用属性进行描述。

2.3.4 需求分析工具

在需求分析阶段，常用的图形工具有数据流图、E-R 图、层次方框图、Warnier 图、用例图、IPO 图等。

1．数据流图

数据流图（Data Flow Diagram，DFD）是结构化分析法中使用的工具，是在需求分析阶段使用的一种主要工具，它以图形的方式表达数据处理系统中信息的变换和传递过程，即一个系统的逻辑输入和逻辑输出，以及把逻辑输入转换为逻辑输出所需的加工处理。与数据流图配合使用的是数据字典，它对数据流图中出现的所有数据元素给出逻辑定义。

数据流图中的基本符号包括数据流、加工、数据存储、外部实体。

1）数据流

数据流是具有名字和流向的数据，在数据流图中用标有名字的箭头（→）表示。

2）加工

加工是对数据流的变换，一般用圆圈（○）表示。

3）数据存储

数据存储是可访问的存储信息，一般用两条平行的细直线段（=）表示。

4）外部实体

外部实体是不能由计算机处理的成分，它们分别表明数据处理过程的数据来源及数据去向，用标有名字的方框（□）表示。

【案例】根据下列需求描述，画出某学校学生档案管理系统的数据流图。

需求描述：学生录入个人信息建档，未审核的数据可以重复修改，审核后的数据不允许修改，要修改数据可以向学生处申请；学生处需审核学生信息，审核后的学生信息作为权威数据保存，学生处可以查询、修改学生信息，可以按一定条件生成统计报表，审核后的数据供院系、职能部门在权限范围内进行学生信息查询。

根据需求分析，画出的某学校学生档案管理系统的数据流图如图 2-3 所示。

2．E-R 图

E-R 图也称实体-联系图（Entity-Relationship Diagram），其提供了表示实体、属性和关系的方法，用来描述现实世界的概念模型。

E-R 图最早由 Peter Chen（陈品山）于 1976 年提出，它在数据库设计领域得到了广泛认同。在需求分析阶段，可以用 E-R 图来描述信息需求或要存储在数据库中的信息的类型。

构成 E-R 图的基本要素是实体、属性和关系。

E-R 图中的基本符号包括矩形框、椭圆形框、菱形框、直线。

- 矩形框（□）：表示实体。

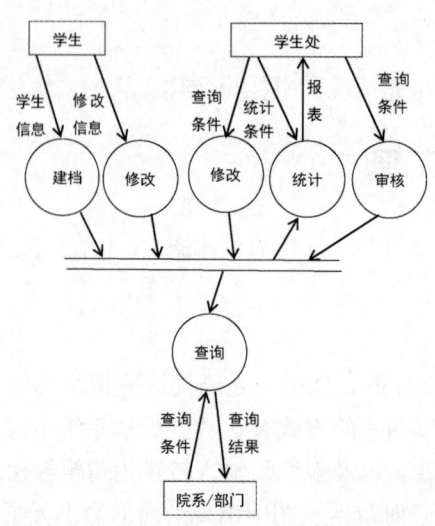

图 2-3　某学校学生档案管理系统的数据流图

- 椭圆形框（○）：表示属性。
- 菱形框（◇）：表示关系。
- 直线：表示实体、属性和关系之间的连接。

实体与属性之间、实体与关系之间、关系与属性之间用直线相连，并在直线上标注关系的类型。对于一对一关系，要在两个实体连线方向各写 1；对于一对多关系，要在一的一方写 1，多的一方写 N；对于多对多关系，要在两个实体连线方向各写 N 或 M。

【案例】根据下列需求描述，画出某学校教学管理系统的 E-R 图。

需求描述：一名教师最多只能教授一门课程，一门课程允许由多名教师授课；一名学生可以选修多门课程，一门课程可供不同学生选择。

- 教师属性：姓名、性别、教工号、所属院系、所属教研室、职称。
- 学生属性：姓名、性别、学号、年级、班级、所属院系、所属专业。
- 课程属性：课程名称、课程号、学时、学分。

根据需求分析，画出的某学校教学管理系统的 E-R 图如图 2-4 所示。

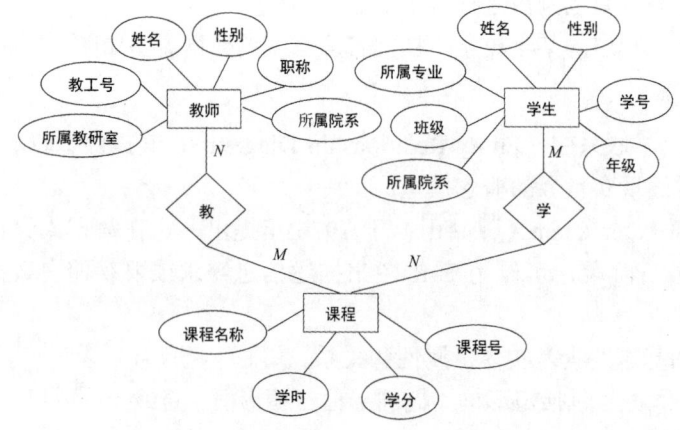

图 2-4　某学校教学管理系统的 E-R 图

3. 层次方框图

层次方框图是通过树形结构的一系列多层次的矩形框来描述复杂数据的层次结构。

层次方框图的上层框图要包含下层框图。"树根"是层次方框图的顶层，用一个单独的矩形框表示，代表完整的数据结构，下面各层矩形框代表这个数据结构的子集，并且每两层（上层与下一层）要体现包含关系，"树叶"即最底层的各个矩形框代表组成这个数据的实际数据元素，并且是不能再分割的元素。

层次方框图存在的最大缺点是不能很好地表现同一层矩形框之间的关系。

【案例】根据下列需求描述，画出某单位员工实发工资的层次方框图。

需求描述：某单位员工的实发工资由应发工资和扣款两部分组成，每部分又可以进一步细分；应发工资由基本工资和奖金组成；扣款由所得税、保险、缺勤组成；基本工资由财政工资、津贴、补贴组成；奖金由全勤奖、业绩奖组成；津贴、补贴、保险可以根据需要进一步细分。

根据需求分析，画出的某单位员工实发工资的层次方框图如图 2-5 所示。

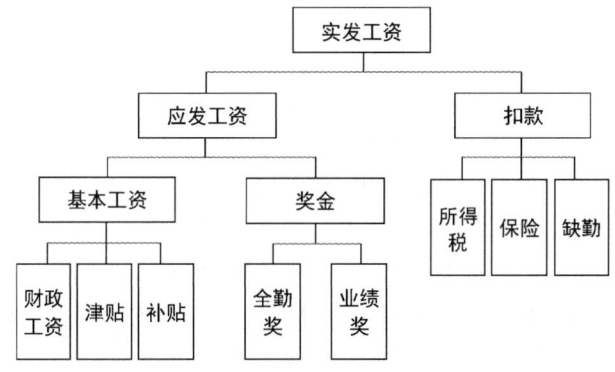

图 2-5　某单位员工实发工资的层次方框图

4．Warnier 图

Warnier 图是由法国计算机科学家 Warnier（瓦尼耶）提出的一种表示数据层次结构的图形工具，它用树形结构来描绘数据结构。

和层次方框图类似，Warnier 图也用树形结构描绘信息，但是这种图形工具比层次方框图提供了更丰富的描绘手段。

Warnier 图可以表明信息的逻辑组织，它不仅可以指出某一特定数据在某一类数据中是否是有条件地出现，也可以指出某一类数据或某一数据元素重复出现的次数。重复和条件约束是说明软件处理过程的基础，因此，在进行软件设计时，可以很容易地把 Warnier 图转换成软件的设计描述。

Warnier 图中的基本符号包括花括号、异或符号、圆括号。

- 花括号"{}"用于区分信息的层次，在一个花括号中的所有名称都属于一类信息。
- 异或符号"⊕"用于表明一类信息或一个数据元素在一定条件下才出现，在这个符号的上方和下方的两个名称所代表的数据只能出现一次。
- 圆括号"（）"中的数字用于表明这个名称所代表的信息类或元素在这个数据结构

中出现的次数。

【案例】根据下列需求描述,画出某软件公司本月为用户提供软件产品服务的 Warnier 图。

需求描述:某软件公司本月为用户提供软件产品服务,软件产品由系统软件和应用软件构成;系统软件中的操作系统提供了 20 次服务,编译系统提供了 10 次服务,数据库管理系统提供了 30 次服务;应用软件中的办公软件提供了 50 次服务,娱乐软件提供了 100 次服务,视频软件提供了 20 次服务,通信软件提供了 10 次服务,游戏软件提供了 60 次服务。

根据需求分析,画出的某软件公司本月为用户提供软件产品服务的 Warnier 图如图 2-6 所示。

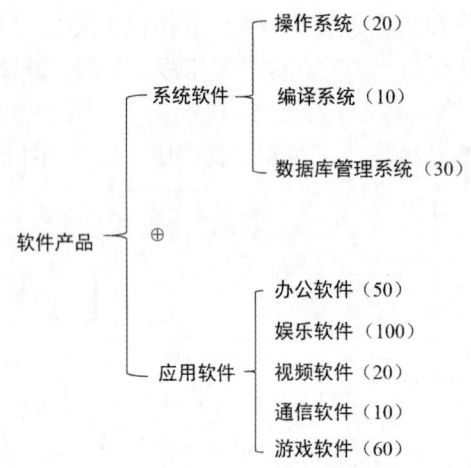

图 2-6　某软件公司本月为用户提供软件产品服务的 Warnier 图

5．用例图

用例图是指由参与者、用例、系统边界及它们之间的关系构成的用于描述系统功能的视图。用例图是外部用户(参与者)所能观察到的系统功能的模型图。用例图由参与者、用例、系统边界、箭头组成,用画图的方法来完成,主要用于对系统、子系统或类的功能行为进行建模。

用例图可以用来获取需求、指导测试、引导其他工作流等,所以用例图也是需求分析阶段常用的图形分析工具。

需要注意的是,参与者不是特指人,是指系统以外的、在使用系统或与系统交互中所扮演的角色。因此,参与者既可以是人,也可以是事物,还可以是时间或其他系统等。

在用例图中,参与者用小人(）表示,用例用椭圆形框(）表示。

参与者和用例之间的关系使用带箭头或不带箭头的线段来描述,箭头表示在这一关系中哪一方是对话的主动发起者,箭头所指方是对话的被动接受者。例如,当使用带箭头的线段时,箭头所指的一方为被动接受方,另一方为主动发起方。

【案例】根据下列需求描述,画出某培训机构培训计划系统的用例图。

需求描述:某培训机构培训计划系统要求培训学生注册课程;管理员甲负责审批学生注

册信息；管理员乙负责维护课程计划、分配培训教室、分配指导教师、维护指导教师信息；指导教师负责确认培训人员名单；摄像设备对培训教室进行全程录像。

根据需求分析，画出的某培训机构培训计划系统的用例图如图 2-7 所示。

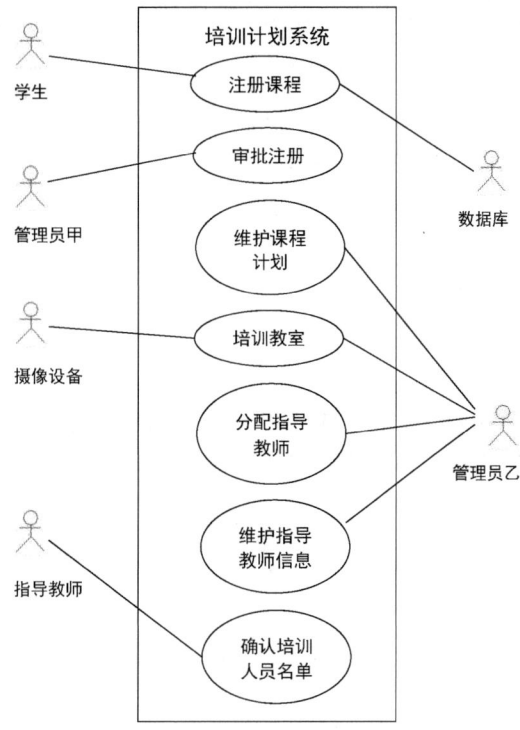

图 2-7　某培训机构培训计划系统的用例图

6．IPO 图

IPO（Input/Processing/Output）图是输入/处理/输出图的简称，它是美国 IBM 公司提出的一种图形工具，能够方便地描绘输入数据、处理数据和输出数据之间的关系。

IPO 图使用的基本符号少而简单，因此可以很容易掌握这种工具。它的基本形式如下：

（1）在左边的框中列出有关的输入数据。

（2）在中间的框中列出主要的处理。

（3）在右边的框中列出产生的输出数据。

（4）处理框中列出了处理的顺序。

【案例】根据下列需求描述，画出某注册系统用户注册过程的 IPO 图。

需求描述：用户在注册页面输入用户账号、密码和验证码；当输入的信息通过验证时，则注册成功，并自动登录系统；当账号格式不符合要求时，则提示账号格式错误；当账号在系统中已存在时，则提示该账号已被注册；当密码格式与系统设置要求不符时，则提示密码格式错误；当验证码错误时，则提示验证码错误。

根据需求分析，画出的某注册系统用户注册过程的 IPO 图如图 2-8 所示。

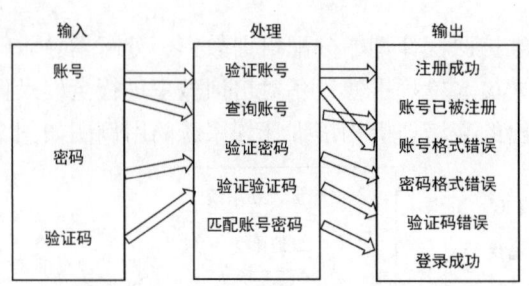

图 2-8　某注册系统用户注册过程的 IPO 图

2.4　软件开发模型

软件开发模型（Software Development Model）是指软件开发全部过程、活动和任务的结构框架。软件开发模型能清晰、直观地表达软件开发全过程，明确规定了要完成的主要活动和任务，是软件开发项目工作的基础。针对不同的软件，可以采用不同的开发模型和开发方法；使用不同的软件开发语言；采用不同的管理方法和手段；允许采用不同的软件工具和不同的软件工程环境。

2.4.1　瀑布模型

1．瀑布模型概述

瀑布模型（Waterfall Model）是由温斯顿·罗伊斯（Winston Royce）在 1970 年提出的著名模型，是最早出现的软件开发模型。

瀑布模型是一个经典的软件生命周期模型，一般将软件开发分为可行性分析、需求分析、软件设计、编码、测试和运维等阶段。瀑布模型将软件生命周期的各项活动规定为按固定顺序连接的若干阶段工作，并且规定了它们自上而下、相互衔接的固定次序，整个开发过程形如瀑布流水，这也是瀑布模型名称的由来。瀑布模型如图 2-9 所示。

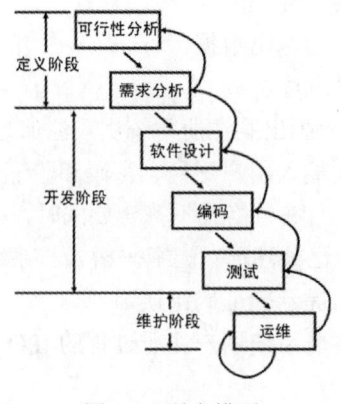

图 2-9　瀑布模型

在瀑布模型中，软件开发的各阶段活动严格按照线性方式进行，当前阶段活动接受上一阶段活动的工作结果，依次实施完成所需的工作内容。在开发过程中，需要对当前阶段活动的工作结果进行评审验证，如果评审验证通过，则该结果作为下一阶段活动的输入，继续进行下一阶段活动，否则返回上一阶段甚至更前阶段进行修改。

2．瀑布模型的特点

（1）固有顺序。在使用瀑布模型开发软件时，严格按软件生命周期各阶段的固有顺序进行，即上一阶段完成后才能进入下一阶段。

（2）推迟实现。在使用瀑布模型开发软件时会尽可能推迟程序的物理实现。

（3）质量保证。使用瀑布模型开发软件的基本目标是优质、高产。

3．瀑布模型的优点

（1）有利于大型软件开发过程中人员的组织和管理。

（2）有利于软件开发方法和工具的研究。

（3）有利于提高大型软件项目开发的质量和效率。

4．瀑布模型的缺点

（1）各个阶段的顺序固定，阶段之间将产生大量的文档，这大大增加了开发工作量。

（2）对需求比较敏感，要求预先确定需求，难以满足用户需求变化。

（3）瀑布模型是线性的，一个阶段确认后才能继续下一阶段，建设周期长，增加了开发风险。

（4）除提出需求以外，用户很少参与开发工作。

5．瀑布模型的适用场景

（1）适用于需求明确且需求很少变更的项目。

（2）适用于规模较大、需求清晰的项目。

（3）适用于与过去成功开发过的项目类似，但规模更大的新项目。

2.4.2 原型模型

1．原型模型概述

原型模型（Prototype Model）允许在需求分析阶段对软件的需求进行初步而非完全的分析和定义，快速设计、开发出软件的原型或借用已有软件作为原型模型，该原型向用户展示待开发软件的全部或部分功能和性能，通过对原型的不断改进，最后的产品就是用户所需要的。

使用原型模型开发软件主要是通过向用户提供原型来获取用户的反馈，使开发出的软件能够真正反映用户的需求。同时，原型模型采用逐步求精的方法完善原型，使得原型能够"快速"开发，避免了像瀑布模型一样，在冗长的开发过程中难以对用户的反馈快速作出响应。相对瀑布模型而言，原型模型更符合人们开发软件的习惯，是目前比较流行的一种实用软件生命周期模型。

2．原型模型的开发步骤

原型模型的开发步骤包括快速分析、构造原型、运行原型、评价原型、修改等，如图 2-10 所示。

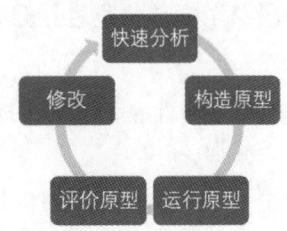

图 2-10　原型模型的开发步骤

1）快速分析

在分析人员与用户的密切配合下，迅速确定软件的基本需求，根据原型所要体现的特征描述基本需求，以满足开发原型的需要。

2）构造原型

在快速分析的基础上，根据基本需求说明尽快实现一个可运行的原型。

3）运行原型

通过运行原型发现问题，消除误解，实现开发者与用户的充分协调。

4）评价原型

在运行原型的基础上，评价原型的特性，分析运行效果是否满足用户的需求，纠正过去的误解与分析中的错误，增加用户的新需求，并满足环境变化或用户提出的新的需求变更，从而提出全面的修改意见。

5）修改

根据评价原型的活动结果进行修改。如果原型未满足需求说明的要求，则说明开发者对需求说明存在不一致的理解或实现方案不够合理，应根据明确的要求迅速修改原型。

3．原型模型的特点

（1）快速建立初步需求。

（2）快速构建可运行的软件模型。

（3）加强用户参与与决策。

4．原型模型的优点

原型模型克服了瀑布模型的缺点，减少了由于软件需求不明确带来的开发风险。

5．原型模型的缺点

快速建立起来的软件原型加上连续的修改可能会导致软件产品的质量低下。

6．原型模型的适用场景

原型模型适用于用户需求模糊或预先不能确切定义需求的软件的开发。

2.4.3 螺旋模型

1. 螺旋模型概述

螺旋模型（Spiral Model）是由巴利·玻姆（Barry Boehm）在 1988 年提出的一种软件开发模型，它兼顾了原型模型迭代的特征与瀑布模型的系统化与严格监控，增加了风险分析，特别适用于大型复杂软件的开发。

螺旋模型可以被看作是在每个阶段之前都增加了风险分析的快速原型模型。螺线的每个周期对应一个开发阶段，每个开发阶段可以被视为一个任务简化的瀑布模型。螺旋模型沿着螺线进行若干次迭代，如图 2-11 所示，图中的 4 个象限代表了以下活动。

（1）制订计划：确定软件目标，选定实施方案，弄清项目开发的限制条件。

（2）风险分析：分析、评估所选方案，考虑如何识别和消除风险。

（3）实施工程：实施软件开发和验证。

（4）客户评价：评价开发工作，提出修正建议，制订下一步计划。

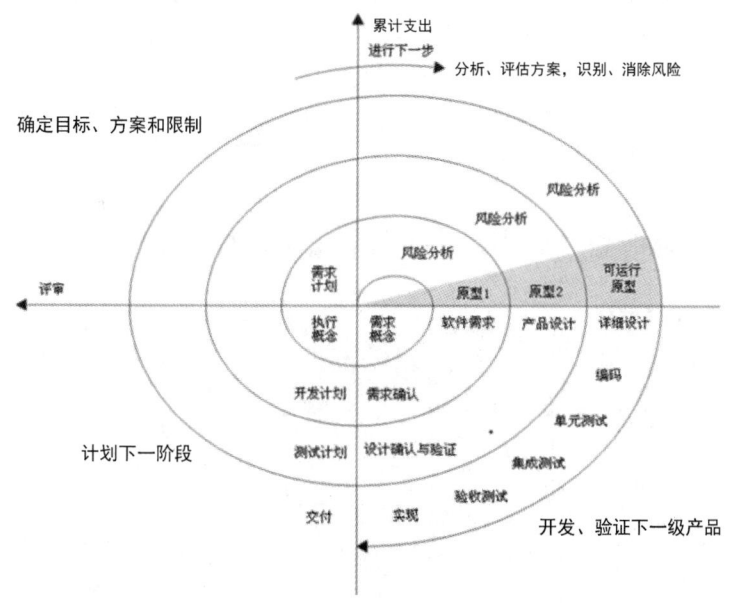

图 2-11 螺旋模型中的开发活动

2. 螺旋模型的特点

（1）以原型为基础，沿着螺线自内向外旋转。

（2）每旋转一圈都要经过制订计划、风险分析、实施工程、客户评价等活动，并开发原型的一个新版本，重复这一过程。

（3）在螺旋模型演进式的过程中，确定一系列的里程碑，以确保项目朝着正确的方向前进，同时减少风险。

3. 螺旋模型的优点

（1）由文档和风险驱动，有利于提高大型项目开发的质量和效率。

（2）设计上具有灵活性，有利于在项目的各个阶段进行需求变更。

（3）以分段来构建大型软件，有利于成本计算与控制。

（4）用户全程参与，有利于项目沿着正确方向发展。

4．螺旋模型的缺点

项目建设周期长，而软件技术发展快，原来技术和当前技术之间可能存在较大差距，难以满足用户当前需求，存在较大风险。

5．螺旋模型的适用场景

螺旋模型适用于需求不明确或需求经常变化的大型复杂软件的开发。

2.4.4 演化模型

1．演化模型概述

演化模型（Evolutionary Model）也叫变换模型，属于迭代开发方法。演化模型是在快速开发一个原型的基础上，根据用户在调用原型的过程中所反馈的意见和建议对原型进行改进，获得原型的新版本，重复这一过程，直到演化成最终的软件产品。

演化模型在开发模式上采取分批循环开发的办法，即软件是增量开发、增量提交的，每循环一次便开发一部分功能，并将新开发的功能集成到该产品形成新增功能。

演化模型可以表示为需求—设计—编码（实现）—测试—集成—反馈等过程，该过程经过若干次迭代，最终演化成用户所需的软件产品。演化模型的迭代过程如图2-12所示。

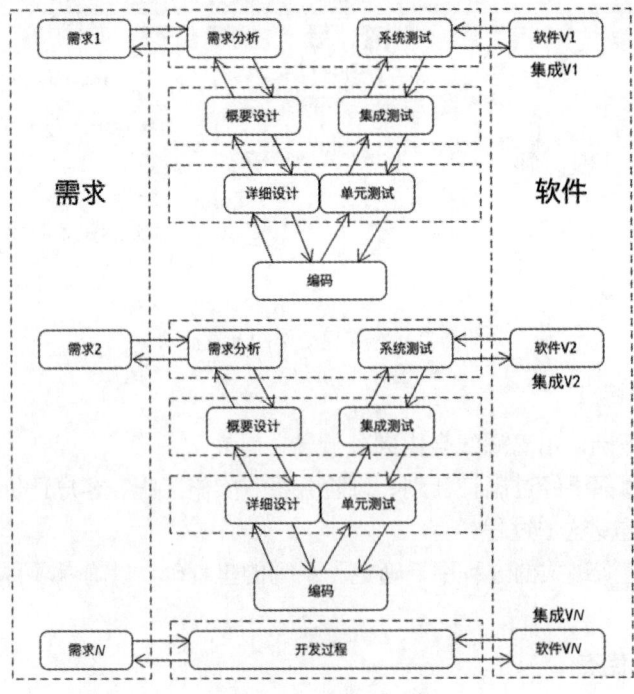

图2-12　演化模型的迭代过程

2．演化模型的特点

先开发软件的核心功能，再通过用户反馈获取用户的新需求并进行修改，不断完善迭代该软件项目。

3．演化模型的优点

（1）任何功能一经开发就能进入测试，以便验证是否符合产品需求。

（2）测试过程可以引出高质量的软件产品。

（3）对于原来提出的产品需求，可以根据现阶段原型的运行而及时调整、修改。

（4）用户充分参与，能够及时提出有价值的反馈。

4．演化模型的缺点

（1）需求不明确且重复修改，可能影响产品质量及产品的可维护性。

（2）如果缺乏严格的过程管理，则可能退化为一种原始的、无计划的"试—错—改"模式。

5．演化模型的适用场景

演化模型适用于事先不能完整定义需求的软件的开发。用户可以给出待开发软件的核心需求，并且在看到核心需求被实现后能够有效地提出反馈，以支持软件的最终设计和实现。

2.4.5　喷泉模型

1．喷泉模型概述

喷泉模型（Fountain Model）是由 B. H. Sollers 和 J. M. Edwards 在 1990 年提出的一种新的软件开发模型。喷泉模型是一种以用户需求为动力、以对象为驱动的模型，主要用于描述面向对象的软件开发过程。

喷泉模型支持软件复用及多项开发活动的集成。喷泉模型的各个开发阶段是可以重叠的，即阶段与阶段之间没有明显的边界，当某一阶段出现问题时，需返回上一阶段重新修改，该模型允许多个阶段并行进行。喷泉模型如图 2-13 所示。

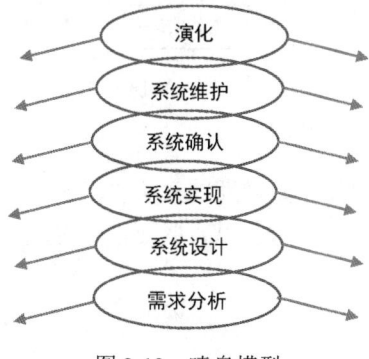

图 2-13　喷泉模型

2．喷泉模型的特点

喷泉模型认为软件开发过程自下而上周期的各个阶段具备相互迭代和无间隙的特性。

3．喷泉模型的优点

（1）各个阶段没有明显的界限，开发人员可以同步进行开发。

（2）可以提高软件项目的开发效率，节省开发时间。

4．喷泉模型的缺点

（1）由于喷泉模型的各个开发阶段是可以重叠的，因此在开发过程中需要大量的开发人员，不利于项目的管理。

（2）喷泉模型要求严格管理文档，使得审核的难度加大。

5．喷泉模型的适用场景

喷泉模型主要用于描述面向对象的软件开发过程。

2.4.6　V模型

1．V模型概述

V模型又称快速应用开发（Rapid Application Development）模型，是软件开发过程中的一个重要模型，由于其模型构图形似字母V，因此被称为V模型。

V模型一般将软件开发分为需求分析、概要设计、详细设计、软件编码、单元测试、集成测试、系统测试、验收测试等阶段，如图2-14所示。

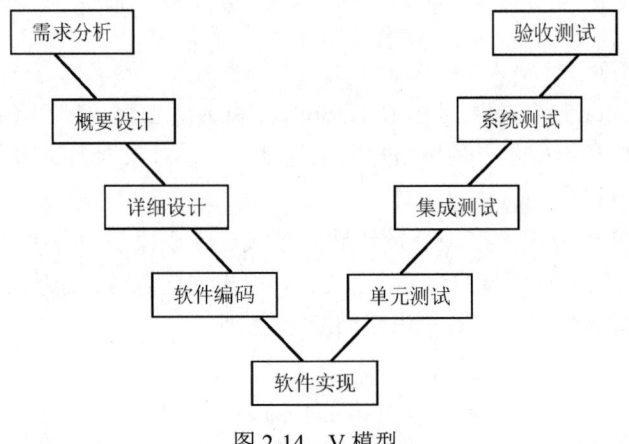

图2-14　V模型

2．V模型的特点

V模型以测试为中心，为软件生命周期的每个阶段都指定了相应的测试级别：软件编码阶段→单元测试，详细设计阶段→集成测试，概要设计阶段→系统测试，需求分析阶段→验收测试。

3．V模型的优点

（1）清楚地标识了开发和测试的各个阶段，有利于缩短开发周期，提高软件质量。

（2）各个阶段分工明确，有利于对整体项目的把控，提高项目的开发效率。

4．V 模型的缺点

（1）在实际项目开发中，需求经常会发生变化，从而导致 V 模型的各个阶段被反复执行，返工量很大，灵活度较低。

（2）自上而下的开发顺序使得测试工作在编码之后，会导致前期的错误不能及时被发现和修改。

5．V 模型的适用场景

V 模型是一种传统的软件开发模型，一般适用于一些传统信息系统应用的开发，不适用于高性能高风险的软件、互联网软件或难以被具体模块化的软件的开发。

2.4.7　敏捷开发

1．敏捷开发概述

敏捷开发（Agile Development）以用户的需求进化为核心，采用迭代、循序渐进的方法进行软件开发。敏捷开发是目前比较主流的开发模式之一。敏捷开发能够快速迭代、快速试错、小步快跑，在开发过程中能够接受需求变更和用户反馈，能够快速调整以适应市场变化和用户需求。

敏捷开发不追求早期完美的设计及编码，而是力求在很短的周期内开发出产品的核心功能，并尽早地发布可用版本，在后续的开发周期内，按照新需求不断迭代升级并完善产品。

敏捷开发的实现方法主要包括 SCRUM（迭代式增量软件开发过程）、XP（Extreme Programming，极限编程）、Crystal Methods（水晶方法）、FDD（特性驱动开发）等，其中 SCRUM 与 XP 最为流行。

2．敏捷开发的特点

在敏捷开发中，软件项目的构建被切分成多个子项目，各个子项目的成果都经过测试，具备集成和可运行的特征。换句话说，就是把一个大项目分解成多个相互联系但又可独立运行的小项目，在此过程中，软件一直处于可使用状态。

3．敏捷开发的优点

较高的开发速度是敏捷开发最显著的优点。敏捷开发使项目很快就进入实质性开发迭代阶段，使得用户很快就可以看到一个可运行的软件产品。敏捷开发注重快速反应能力，用户前期满意度高。

4．敏捷开发的缺点

敏捷开发注重人员之间的沟通，但是忽略文档的重要性，当项目人员不稳定时会给开发和维护带来困难。敏捷开发对项目负责人的能力要求很高，给项目管理带来巨大挑战。

5．敏捷开发的适用场景

敏捷开发适用于需求复杂多变、希望高效地管理开发进度的项目。

2.5 软件测试

2.5.1 Bug 的由来

1946 年 2 月，世界上第一台通用电子数字计算机 ENIAC（埃尼阿克）在美国研制成功。它由 17468 根真空管（电子管）组成，重达 30 英吨，占地面积约为 170 平方米。ENIAC 当时的运算速度为每秒可执行 5000 次加法运算或 500 次乘法运算，这在当时是相当快的运算速度了。

20 世纪 40 年代，当时的电子计算机的体积都非常庞大，并且数量非常少，主要用在军事方面。1944 年制造完成的 Mark Ⅰ、1946 年 2 月开始运行的 ENIAC 和 1947 年制造完成的 Mark Ⅱ 是其中赫赫有名的电子计算机。Mark Ⅰ 是由哈佛大学的 Howard Hathaway Aiken 教授设计，由 IBM 公司制造的；Mark Ⅱ 是由美国海军出资制造的。

1947 年 9 月 9 日，当人们测试 Mark Ⅱ 计算机时，它突然发生了故障。在经过几个小时的检查后，工作人员发现一只飞蛾死在了面板 F 的第 70 号继电器中。当把这个飞蛾取出后，机器便恢复了正常。当时为 Mark Ⅱ 计算机工作的著名女计算机科学家葛丽丝·霍普（Grace Hopper）将这只飞蛾粘贴到当天的工作手册中，并在飞蛾下面加了一行注释——First actual case of bug being found，如图 2-15 所示。随着这个故事的广为流传，越来越多的人开始使用"Bug"一词来指代计算机中的设计错误或缺陷，并把葛丽丝·霍普在工作手册上登记的那只飞蛾看作计算机上第一个被记录在文档中的 Bug，从此，软件工程领域就开始了和"虫子"（Bug）之间无休止的战争，Bug 一词也成为计算机系统程序的专业术语，用来形容系统中的缺陷或问题。

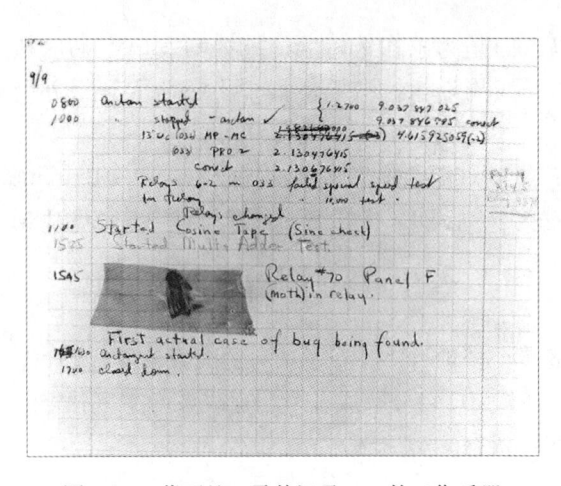

图 2-15　葛丽丝·霍普记录 Bug 的工作手册

2.5.2 软件测试概述

软件测试（Software Testing）是使用人工或自动的手段，在规定的条件下对程序进行操作，以发现程序错误，衡量软件质量，并对其是否能够满足设计要求进行评估的过程。

在软件开发过程中，软件缺陷的产生是不可避免的。软件测试就是为了发现错误而执行程序的过程，它是根据软件需求及程序内部结构而精心设计一批测试用例，并利用这些测试用例去运行程序，以发现程序错误的过程。

软件测试是有意识地发现软件中存在的错误，验证和确认软件功能与性能是否符合软件需求的重要手段之一。软件测试的主要过程包括设计测试用例、执行程序、分析结果找出错误并改正。其中，设计测试用例的目标是选用少量但高效的测试用例尽可能多地发现软件中的问题，因此，测试的关键是测试用例的设计。

软件测试并不是在软件开发完成后进行的一次性验证活动，而是贯穿于整个软件开发周期，也是对软件开发过程质量监管的过程。软件测试的工作量占软件开发总工作量的40%以上，其目的是尽可能多地发现软件产品中的错误和缺陷并改正。

2.5.3 软件测试方法

从是否关心软件内部结构的角度和按测试用例设计方法，可以将软件测试方法分为白盒测试、黑盒测试和灰盒测试；从是否执行程序的角度，可以将软件测试方法分为静态测试和动态测试。

1．白盒测试

程序被装在透明"盒子"中，测试者完全了解程序的结构和处理过程；根据程序内部逻辑来设计测试用例，检查逻辑通路是否都按预定的要求正确工作。白盒测试方法主要有逻辑覆盖法、代码检查法、基本路径测试法、域测试法、符号测试法等。

逻辑覆盖法是白盒测试常用的方法，逻辑覆盖由弱到强分为语句覆盖、判定覆盖、条件覆盖、条件组合覆盖、路径覆盖。

2．黑盒测试

程序被装在不透明"盒子"中，测试者完全不了解程序的结构和处理过程；根据需求规格说明书规定的功能来设计测试用例，检查程序和功能是否符合需求规格说明书的要求。黑盒测试方法主要有等价类划分法、边界值分析法、错误推测法、因果图法等。

3．灰盒测试

灰盒测试是一种介于白盒测试与黑盒测试之间的测试，它结合了白盒测试和黑盒测试的要素。灰盒测试既关注输入与输出的正确性，也关注程序内部结构的表现。

4．静态测试

静态测试是指被测程序不进行上机运行，而是通过人工评审软件文档或程序，借以发现其中的错误。具体方法是通过分析或检查源程序的语法、结构、过程、接口等来检查程序的正确性，通过查看需求规格说明书、软件设计说明书，进行源程序结构分析、流程图分析及符号执行等来查找错误。

5．动态测试

动态测试是指对被测程序进行上机测试，然后对得到的运行结果与预期的结果进行比较分析，同时分析运行效率和健壮性等的软件测试方法。这种方法可以使程序有控制地运行，并从多种角度观察程序的行为，以发现其中的错误。

2.5.4 软件测试分类

按照所测试的内容、目标及采取的策略不同,软件测试可以采用不同的测试类型和测试方法。下面介绍一些常用的软件测试类型和方法。
- 按照软件开发阶段分类:单元测试、集成测试、确认测试、系统测试、验收测试。
- 按照测试实施组织分类:α(Alpha)测试、β(Beta)测试。
- 按照测试目的分类:功能测试、性能测试。
- 按照是否手动执行分类:手动测试、自动化测试。
- 其他测试方法:回归测试、冒烟测试、可用性测试、UI测试等。

1. 单元测试

单元测试又称模块测试,在编码阶段进行,是针对软件设计的最小单位程序模块进行正确性检查的测试工作。单元测试需要从程序内部结构出发设计测试用例,主要用来发现编码和详细设计中产生的错误。单元测试属于静态测试,测试方法一般采用白盒测试。

2. 集成测试

集成测试又称组装测试,是在单元测试的基础上,需要将所有模块按照概要设计说明书和详细设计说明书的要求进行组装,对由各模块组装而成的模块进行测试,检查模块之间的接口和通信,发现设计阶段产生的错误。测试方法一般采用黑盒测试。

3. 确认测试

确认测试又称有效性测试,其目标是验证软件的功能和性能及其他特性是否与用户的要求一致。确认测试一般包括有效性测试和软件配置复查,一般由第三方测试机构进行。测试方法一般采用黑盒测试或灰盒测试。

4. 系统测试

系统测试是指在实际的硬件、网络及数据等环境中对软件进行测试,包括对功能、性能及软件所运行的软件和硬件环境进行测试。测试方法一般采用黑盒测试。

5. 验收测试

验收测试是以用户为主、以需求规格说明书为依据的测试,在用户工作环境下,检查软件的功能、性能和其他特征是否与用户的需求一致。测试方法一般采用黑盒测试。

6. α(Alpha)测试

α(Alpha)测试是在开发者现场由用户实施的测试,即由用户在开发环境中进行的测试,或者是由开发公司内部的用户在模拟实际操作环境下进行的测试。

7. β(Beta)测试

β(Beta)测试是在用户现场由软件最终用户实施的测试,即由用户在实际使用环境下进行的测试。

8. 功能测试

功能测试主要用于检查输出与需求中定义的输入的准确性,对产品的各项功能进行验证,检查产品是否达到用户要求的功能。

9．性能测试

性能测试类型包括压力测试、负载测试、并发测试、强度测试、容量测试等,主要用于检查软件是否满足需求规格说明书中规定的性能。例如,对资源(如内存、CPU可用性、磁盘空间和网络带宽等)的占用情况、软件的执行效率、请求的响应时间、事务吞吐量(TPS)、辅助存储区的使用情况等;当多用户并发访问同一个应用、模块、数据时,是否产生隐藏的并发问题(如内存泄漏、线程锁、资源争用问题等)。

10．手动测试

手动测试是由人去一个一个地输入测试用例,然后观察结果。复杂的业务逻辑很难用自动化测试,手动测试能够发现一些自动化测试所不能发现的问题,所以自动化测试无法完全取代手动测试。手动测试的优势在于可以对复杂的业务逻辑进行测试。

11．自动化测试

自动化测试是在预设条件下运行软件,然后评估运行结果。自动化测试的优势在于可以对底层架构进行测试。目前,大部分测试都是手动测试和自动化测试相结合进行。

12．回归测试

回归测试是指在发生修改之后重新测试先前的测试用例以保证修改的正确性。理论上,软件产生新版本都需要进行回归测试,以验证以前发现和修复的错误是否在新版本中再次出现。回归测试的目的是验证以前出现过但已修复好的缺陷不再出现,以及确认先前的修改没有引入新的错误或导致其他代码产生错误。

13．冒烟测试

冒烟测试源自硬件行业,对一个硬件或硬件组件进行更改或修复后,直接给设备加电,如果没有冒烟,则该组件就通过了测试。在软件中,"冒烟测试"这一术语描述的是在将代码更改嵌入产品的源树中之前对这些更改进行验证的过程,在检查代码后,冒烟测试是确定和修复软件缺陷最经济、最有效的方法。冒烟测试用于确认代码中的更改会按预期运行,并且不会破坏整个版本的稳定性。

14．可用性测试

可用性测试的目的主要是保证代码的提交不会对软件产生影响。

15．UI测试

UI测试(User Interface Testing,用户界面测试)主要用于测试用户界面的功能模块的布局是否合理,整体风格是否一致,各个控件的放置位置是否符合用户使用习惯,页面元素(如布局、颜色、字体、大小等)是否符合用户需求等。

2.5.5　软件测试流程

软件测试与软件开发一样,是一个复杂的工作过程。在软件开发过程中,需要进行大量的测试工作,当有需求变更或对缺陷进行修复后,为了确保修改的正确性,还需进行回归测试,另外,测试人员还需对用户手册、安装手册、使用手册等文档资料进行测试,由此可知,软件测试的工作量是十分巨大的。为了使软件测试的工作标准化、规范化、快速且高效,需要制定完整且具体的测试流程。虽然不同软件的测试步骤不同,但是它们所遵循的基本测试流程是一样的。软件测试流程主要包括 5 个步骤,即测试需求分析、制订测试计划、设计测试用例、执行测试用例、编写测试报告。

1．测试需求分析

软件需求是测试软件质量的基础,因此要先对软件需求进行分析,对所开发的软件产品有一个全面的了解,从而明确测试对象及测试工作的范围和测试重点。在进行测试需求分析时,不仅能够发现软件是否正确、是否满足用户需求,还能够获取大量测试数据以作为设计测试用例的依据。

2．制订测试计划

软件测试贯穿于软件开发的全过程,是一项工作量巨大的工作,在进行软件测试前,需要制订一个详细的测试计划来指导软件测试工作,但测试计划也会随着项目开发进度或需求变更而不断调整、完善和优化。测试计划一般包括确定测试范围、制定测试方案、配置测试资源、安排测试进度、预估测试风险等内容。

3．设计测试用例

测试用例(Test Case)是一个文档,即一套详细的测试方案,测试用例的基本要素包括测试用例编号、测试标题、测试重要级、测试输入、操作步骤和预期结果。测试用例常用的设计方法包括等价类划分法、边界值分析法、因果图与判定表法、正交实验设计法、逻辑覆盖法等。

4．执行测试用例

执行测试用例是软件测试流程中最主要的活动,是整个测试过程的核心。在执行测试用例时,要根据测试用例的优先级进行。测试人员需要按测试用例的优先级执行所有的测试用例,每个测试用例都可能会发现一个或多个 Bug,测试人员要做好测试记录与跟踪,确定缺陷等级并编写缺陷报告。当提交的缺陷被开发人员修改之后,测试人员还需要进行回归测试。

5．编写测试报告

测试报告是对测试过程进行归纳总结,对测试数据进行统计,对测试质量进行客观评价,对发现的问题和缺陷进行分析,为改正软件中的错误提供依据的文档。

一份完整的测试报告包括引言、测试概要、测试内容、执行情况、缺陷统计与分析、测试结论与建议等部分。

2.5.6　软件测试工具

软件测试工具存在的价值是提高测试效率,使用软件工具来代替人工测试。通过运行测试软件对测试过程进行全面记录、分析和管理,自动生成测试报表和测试图表,可以使测试人员更好、更快地找出软件的 Bug。软件测试工具分为自动化软件测试工具和测试管理工具。在软件测试过程中，如果能把自动化软件测试工具和测试管理工具结合起来使用，则更能提高软件测试的效率。

1．自动化软件测试工具

自动化软件测试是指使用软件工具来代替人工输入和人工测试工作。

软件测试作为软件开发过程中的重要一环，对软件产品质量有着深远影响。在软件测试行业，对自动化软件测试工具的需求量不断增长。软件测试人员每天要面对大量繁杂的测试工作，利用高效、好用的自动化软件测试工具可以大大减轻软件测试的工作量，并能全面、高效地完成测试工作。

利用自动化软件测试工具执行测试用例，不仅能大大节省人力和时间，还能极大地减少冗余的手动测试工作。

目前，市场上主流的自动化软件测试工具有 LoadRunner、Selenium、TestComplete、Katalon Studio、Apache JMeter、LambdaTest、TestProject、Postman、Testsigma、Appium 等。

2．测试管理工具

测试管理工具是指在软件测试过程中，对测试需求分析、制订测试计划、设计测试用例和执行测试用例等过程进行管理，对软件缺陷进行跟踪处理的工具。

使用测试管理工具，软件测试人员可以方便地记录、监控、分析每个测试活动，快速找出软件的缺陷和错误；使用测试管理工具，测试用例可以被多个测试活动或测试阶段复用，提高了软件测试的价值；使用测试管理工具，可以方便地输出测试分析报告和统计报表，能够大大提高测试效率。

目前，市场上主流的软件测试管理工具有 ZenTaoPMS、TestCenter、TestDirector、TestLink、TestManager 等。

3．测试工具介绍

1）ZenTaoPMS

ZenTaoPMS 的中文名为"禅道项目管理软件"，是易软天创公司为了解决众多企业在管理过程中出现的混乱、无序现象而开发出来的一套项目管理软件。

禅道项目管理软件是第一款国产的开源项目管理软件，它的核心管理思想是基于敏捷方法 SCRUM，内置了产品管理和项目管理，同时根据国内的软件研发现状补充了测试管理、计划管理、发布管理、文档管理、事务管理等功能，从而实现了在一款软件中就可以对软件研发中的需求、任务、Bug、用例、计划、发布等要素进行有序地跟踪管理，完整地覆盖了项目管理的核心流程，实现了软件的完整生命周期管理，是中小型企业项目管理的首选工具。

禅道项目管理软件的主要功能如下。

- 产品管理：包括产品管理、需求管理、计划管理、发布管理、路线图等功能。
- 项目管理：包括项目管理、任务管理、团队管理、build 管理、燃尽图等功能。
- 质量管理：包括 Bug 管理、测试用例管理、测试任务管理、测试结果管理等功能。

- 文档管理：包括产品文档库管理、项目文档库管理、自定义文档库等功能。
- 事务管理：包括 TODO 管理、我的任务、我的 Bug、我的需求、我的项目等个人事务管理功能。
- 组织管理：包括部门管理、用户管理、分组管理、权限管理等功能。
- 统计功能：丰富的统计表。
- 搜索功能：强大的搜索功能可以帮助用户快速找到相应的数据。
- 灵活的扩展机制：几乎可以对禅道项目管理软件的任何地方进行扩展。
- 强大的 API 机制：方便与其他系统集成。

2）LoadRunner

LoadRunner 是一款预测系统行为和性能的负载测试工具，通过模拟上千万用户实施并发负载及实行实时性能监测的方式来确认和查找问题。

LoadRunner 可适用于各种体系架构的自动负载测试，能预测系统行为并评估系统性能。

LoadRunner 通过模拟实际用户的操作行为和实行实时性能监测来查找和发现问题。使用 LoadRunner 能够最大限度地缩短测试时间、优化性能和加速应用系统的发布周期。

3）Selenium

Selenium 是一款 Web 自动化测试工具，即用于 Web 应用程序自动化测试的工具，可以直接运行在浏览器上，并且能跨不同浏览器和平台执行 Web 应用程序。

Selenium 提供自动录制和回放功能，能够自动生成支持不同语言的测试脚本。

Selenium 的主要功能包括：测试系统与浏览器的兼容性；测试系统功能，可以创建回归测试检验软件功能和用户需求。

4）TestComplete

TestComplete 是一个功能测试平台，能够对桌面系统、Web 应用程序和移动应用程序进行自动化测试。

5）TestCenter

TestCenter 是一款功能强大的测试管理工具，它可以实现对测试用例的过程管理，对测试需求过程、测试用例设计过程、业务组件设计实现过程等整个测试过程进行管理，提供测试用例复用、自动测试支持、测试数据管理等功能。

6）JMeter

JMeter 是由 Apache 软件基金会基于 Java 语言开发的压力测试工具，用于对软件进行压力测试。

JMeter 不仅可以对服务器、网络或测试对象模拟巨大的负载，在不同压力类别下测试它们的强度和分析整体性能，还可以对应用程序进行功能测试或回归测试。

7）Postman

Postman 是一款 Web API 测试工具，能够提供功能强大的 Web API 和 HTTP 请求调试，在互联网开发领域被广泛应用于测试软件项目的 Web API。Postman 还可以用于网站的性能测试和压力测试。

> 技能训练

【案例1】

软件维护类型主要包括改正性维护、适应性维护、完善性维护和预防性维护。程序在使用过程中可能会发生错误，诊断和改正这些错误的过程称为（　　）；为了给未来的改进提供更好的基础而对软件进行修改，这类活动称为（　　）。

A．完善性维护　　　B．改正性维护　　　C．预防性维护　　　D．适应性维护

【分析】

为了满足用户提出的增加新功能、修改现有功能及一般性的改进要求和建议，需要进行完善性维护；程序在使用过程中可能会发生错误，诊断和改正这些错误的过程称为改正性维护；为了给未来的改进提供更好的基础而对软件进行修改，这类活动称为预防性维护；软件在使用过程中，外部环境、数据环境等可能发生变化，为了使软件能够适应新的环境而进行的维护称为适应性维护。

【答案】B、C

【案例2】

软件需求可以分为功能需求、性能需求、设计约束、质量属性、外部接口需求等几类。以下选项中均属于功能需求的是（　　）。

①在特定范围内进行修改所需的时间不超过2秒。

②按照订单及原材料情况自动安排生产排序。

③系统能够同时支持100个独立站点的并发访问。

④系统可以实现对多字符集的支持，包括GBK、UTF-8等。

⑤定期生成销售分析报表。

⑥系统实行同城异地双机备份，保障数据安全。

A．①②　　　　　B．②⑤　　　　　C．③④⑤　　　　　D．③⑥

【分析】

在特定范围内进行修改所需的时间不超过2秒——不超过2秒是数值需求，所以属于性能需求。

按照订单及原材料情况自动安排生产排序——订单及原材料情况是输入，生产排序是输出，所以属于功能需求。

系统能够同时支持100个独立站点的并发访问——100个独立站点并发访问是数值需求，所以属于性能需求。

系统可以实现对多字符集的支持，包括GBK、UTF-8等——GBK、UTF-8等是字符编码标准，系统对多字符集的支持受相关字符编码标准约束，所以属于设计约束。

定期生成销售分析报表——生成报表有输入变换成输出的基本动作，所以属于功能需求。

系统实行同城异地双机备份，保障数据安全——本选项强调的是双机备份，双机备份是硬件约束，所以属于设计约束。

【答案】B

【案例 3】
有一个新项目与过去成功开发过的项目类似，但是规模更大，并且需求稳定，则该新项目应该使用（　　）进行开发。

A．原型模型　　　　B．演化模型　　　　C．螺旋模型　　　　D．瀑布模型

【分析】
当新项目与过去成功开发过的项目类似时，因为已有以前的开发经验和积累的软件模块，并且需求稳定，所以该新项目应该使用瀑布模型进行开发。

【答案】D

【案例 4】
V 模型是软件生命周期模型，其中系统测试主要针对（　　），检查软件作为一个整体是否有效地运行。

A．概要设计　　　　B．单元测试　　　　C．集成测试　　　　D．验收测试

【分析】
V 模型以测试为中心，为软件生命周期的每个阶段都指定了相应的测试级别：软件编码阶段→单元测试，详细设计阶段→集成测试，概要设计阶段→系统测试，需求分析阶段→验收测试。

【答案】A

【案例 5】
XP（极限编程）适用于（　　）。

A．需求多变，开发队伍规模较小，要求开发方"快速反馈，及时调整"

B．需求稳定，开发队伍规模庞大，组织项目的方法为"周密计划，逐步推进"

C．需求多变，开发队伍规模庞大，组织项目的方法为"分步计划，逐步推进"

D．需求稳定，开发队伍规模较小，组织项目的方法为"周密计划，迭代推进"

【分析】
XP 是一种轻量级的软件开发方法，适用于小型或中型软件开发团队，并且用户需求模糊或需求多变。XP 是一种近螺旋式的开发方法，是将复杂的开发过程分解为一个一个相对比较简单的小周期，通过积极交流和快速反馈，及时调整开发过程。

【答案】A

【案例 6】
有一项目程序员在设计功能模块时，有几个模块相互关联，其中甲模块在单元测试中没有发现 Bug，乙模块在单元测试中发现了多个 Bug。对乙模块中的 Bug 进行修改后，下列描述符合软件测试原则的是（　　）。

A．只测试乙模块，不测试甲模块

B．只测试甲模块，不测试乙模块

C．同时测试甲和乙模块，用更多测试用例测试甲模块

D．同时测试甲和乙模块，用更多测试用例测试乙模块

【分析】

当多个功能模块有关联时，如果其中有模块存在 Bug，则在修改 Bug 后，要进行回归测试。回归测试要重新测试先前的测试用例，以保证修改的正确性，还要测试有可能受到影响的所有功能模块。本案例中的甲和乙两个模块之间有关联，所以要同时测试甲和乙模块，乙模块中存在 Bug，需要用更多测试用例对其进行测试，以确保修复好的缺陷不再出现。

【答案】D

【案例 7】

在软件产品即将发布前，为了发现软件中的 Bug 并及时修改，软件企业组织用户或内部人员模拟各类用户进行应用测试，这是对该软件产品进行（　　）。

A．α（Alpha）测试　　B．β（Beta）测试　　C．静态测试　　D．集成测试

【分析】

α（Alpha）测试是用户在开发环境下进行的测试，α（Alpha）测试是非正式验收测试。

β（Beta）测试是用户在实际使用环境下进行的测试，β（Beta）测试是一种验收测试，通过了验收测试，软件产品就会进入发布阶段。

静态测试是指不运行被测程序，而是通过分析或检查源程序的语法、结构、过程、接口等来检查程序的正确性，通过查看需求规格说明书、软件设计说明书，进行源程序结构分析、流程图分析及符号执行等来查找错误。

集成测试是在单元测试的基础上，需要将所有模块按照概要设计说明书和详细设计说明书的要求进行组装，对由各模块组装而成的模块进行测试，检查模块之间的接口和通信，发现设计阶段产生的错误。

【答案】A

【案例 8】

在软件测试中，如果 X 为整数，当 $10 \leqslant X \leqslant 100$ 时，使用边界值分析法设计测试用例，则测试数据应为（　　）。

A．$X=9$，$X=10$，$X=11$，$X=99$，$X=100$，$X=101$
B．$X=10$，$X=100$
C．$X=10$，$X=11$，$X=100$，$X=101$
D．$X=9$，$X=10$，$X=99$，$X=100$

【分析】

边界值分析是一种黑盒测试方法。人们从长期的测试工作经验得知，大量的错误发生在输入或输出范围的边界上，而不是发生在输入范围的内部。当使用边界值分析法设计测试用例时，应当选取正好等于、刚刚大于和刚刚小于边界的值作为测试数据。因此，当 $10 \leqslant X \leqslant 100$ 时，测试数据应为 $X=9$，$X=10$，$X=11$，$X=99$，$X=100$，$X=101$。

【答案】A

> 本章小结

本章介绍了软件工程的概念及诞生背景，对软件生命周期、软件需求、软件开发模型、软件测试等方面进行了讲解。通过对本章内容的学习，读者能够对软件工程的相关知识有一

个较为全面的认识和了解。

➢ 课后拓展

中国信息化发展历程

序号	年份	重要事件
1	1994 年	中国互联网元年，国际互联网进入中国
2	1995 年	中国互联网商业元年 张树新成立中国第一个互联网服务供应商"瀛海威"
3	1997 年	1997 年 6 月，丁磊创立网易公司
4	1998 年	中国互联网兴起商业热潮，被称为中国互联网内容门户网站元年 （1）1998 年 2 月，张朝阳成立搜狐网 （2）1998 年 6 月，刘强东成立京东公司 （3）1998 年 11 月，马化腾、张志东、许晨晔、陈一丹、曾李青等 5 位创始人创立腾讯公司 （4）1998 年 12 月，王志东创立新浪网
5	1999 年	电子商务元年 （1）1999 年 2 月，腾讯聊天软件 OICQ 诞生，后改名为腾讯 QQ （2）1999 年 3 月，天涯社区上线 （3）1999 年 5 月，王峻涛创建中国最早的电商网站 8848 （4）1999 年 9 月，马云等 18 位创始人成立阿里巴巴公司 同年，易趣网、当当网、携程旅行网、中华网分别成立，其中中华网是最早在美国上市的中国互联网公司，易趣网之后被 eBay 收购
6	2000 年	2000 年 1 月，李彦宏创建百度公司
7	2002 年	2002 年 5 月，起点中文网成立
8	2003 年	中国网络游戏元年 （1）2003 年 7 月，盛大公司发布网络游戏《传奇世界》 （2）淘宝网上线，阿里巴巴公司推出支付宝 （3）2003 年 12 月，百度贴吧上线
9	2004 年	中国最早的在线视频网站乐视网诞生
10	2005 年	中国博客元年 （1）新浪博客诞生 （2）2005 年 3 月，豆瓣网上线 （3）2005 年 4 月，56 网上线，土豆网上线 （4）2005 年 12 月，58 同城成立 （5）2002 年迅雷的雏形诞生于美国硅谷，2005 年公司更名为"深圳市迅雷网络技术有限公司"
11	2006 年	中国网络视频产业发展元年 优酷网、六间房、酷六网分别诞生
12	2007 年	（1）凡客诚品成立 （2）2007 年 6 月，AcFun 弹幕视频网（简称"A 站"）成立 （3）国内最早的微博服务类网站"饭否"诞生，被称为"中国版 Twitter"
13	2008 年	中国网民数量首次超过美国网民数量

续表

序号	年份	重要事件
14	2009年	（1）中国3G牌照发布 （2）中国以人人网、开心网（2008年创立）为代表的SNS社交网站活跃 （3）2009年6月，bilibili（哔哩哔哩，简称"B站"）成立 （4）2009年8月，新浪微博上线，"微博大战"开始 （5）2009年10月，奇虎360发布永久免费的杀毒软件360杀毒1.0版 （6）2009年11月，"双十一购物狂欢节"开始
15	2010年	（1）2010年3月，美团成立，"团购大战"开始 （2）2010年4月，在线视频网站爱奇艺上线
16	2011年	中国移动互联网元年，主要以两个重量级产品为代表：一是智能手机；二是微信，之后掀起"社交软件大战" （1）2011年1月，知乎网上线 （2）2011年3月，GIF快手诞生，后改名为"快手" （3）2011年4月，在线视频平台腾讯视频上线
17	2012年	（1）中国手机网民规模首次超过台式计算机网民规模 （2）2012年3月，字节跳动公司成立 （3）2012年8月，今日头条1.0版本上线，微信公众号平台正式向普通用户开放
18	2013年	大数据元年 （1）中国4G牌照发布 （2）2013年6月，余额宝上线 （3）微信支付诞生
19	2014年	滴滴打车与快的打车补贴"互联网+交通出行服务"
20	2015年	（1）中国互联网金融兴起 （2）2015年9月，拼多多诞生
21	2016年	移动互联网直播元年 （1）2016年9月，字节跳动公司旗下产品"抖音"上线 （2）AR、VR设备兴起 （3）知识付费兴起 （4）共享单车、充电宝、民宿等领域兴起
22	2017年	新零售元年 （1）各平台纷纷开始扶持自媒体产业 （2）2017年5月，抖音国际版"TikTok"上线
23	2018年	人工智能商业化元年，区块链技术兴起
24	2019年	5G元年 中国5G牌照发布

我国信息化水平已超过世界平均水平，基本达到了世界中等发达国家的水平，在国内一些经济发达城市，信息化水平可与发达国家比肩，甚至部分技术已达到世界先进水平。

> 习题

1．填空题

（1）软件生命周期一般可以划分为问题定义、_____、_____、设计、编码、测试、_____、_____。

（2）结构化分析法是面向_____进行需求分析的方法，描述 SA 结构的主要手段是_____和_____。

（3）软件工程包括两方面内容：一是_____，二是_____。

（4）原型模型采用_____的方法完善原型。

（5）结构化分析法的主要思想是_____。

（6）从是否关心软件内部结构的角度和按测试用例设计方法，可以将软件测试方法分为_____、_____和_____；从是否执行程序的角度，可以将软件测试方法分为_____和_____。

（7）螺旋模型增加了_____，特别适用于需求不明确或需求经常变化的大型复杂软件的开发。

（8）原型模型的开发步骤包括_____、_____、_____、_____、_____等。

（9）按照软件的开发阶段，软件测试步骤一般分为 5 部分：_____、_____、_____、_____、_____。

（10）软件工程三要素是_____、_____和_____。

（11）层次方框图和 Warnier 图都是用_____结构描绘信息的。

2．选择题

（1）软件设计中划分模块的准则是（　　）。
    A．高内聚低耦合　　　　　　　　B．低内聚高耦合
    C．低内聚低耦合　　　　　　　　D．高内聚高耦合

（2）下列哪一个是用户和软件设计人员沟通最频繁的开发模型？（　　）
    A．原型模型　　　B．瀑布模型　　　C．螺旋模型　　　D．V 模型

（3）系统规划阶段包含的阶段依次是（　　）。
    A．可行性分析，问题定义，需求分析
    B．问题定义，可行性分析，需求分析
    C．可行性分析，需求分析，问题定义
    D．以上均不正确

（4）在软件生命周期中，要确定软件"做什么"的阶段是（　　）。
    A．详细设计　　　B．概要设计　　　C．可行性分析　　　D．需求分析

（5）在瀑布模型中，可行性分析属于（　　）。
    A．开发阶段　　　B．定义阶段　　　C．运维阶段　　　D．更新阶段

（6）下列哪一个是瀑布模型的突出缺点？（　　）
    A．不适应开发环境的变动　　　　B．不适应开发语言的变动
    C．不适应用户需求的变动　　　　D．不适应算法的变动

（7）系统规划阶段也叫项目立项阶段，形成的主要成果是（　　）。
    A．需求规格说明书　　　　　　　B．可行性分析报告
    C．系统建设初步方案　　　　　　D．开发方案

（8）需求分析的任务是解决目标软件（　　）。
　　　A．"怎么做"的问题　　　　　　　B．"做什么"的问题
　　　C．可行性的问题　　　　　　　　D．技术的问题
（9）下列哪一项不是 GB/T 9385《计算机软件需求说明编制指南》中所定义的需求的具体内容？（　　）
　　　A．功能需求　　B．性能需求　　C．外部接口需求　　D．安全需求
（10）下列哪一项是性能需求？（　　）
　　　A．UTF-8 支持　　　　　　　　B．对数据进行排序
　　　C．查询响应时间低于 5 秒　　　D．不低于 16GB 内存支持
（11）下列哪一项是功能需求？（　　）
　　　A．UTF-8 支持　　　　　　　　B．对数据进行排序
　　　C．查询响应时间低于 5 秒　　　D．不低于 16GB 内存支持
（12）下列哪一项是设计约束？（　　）
　　　A．用户接口　　B．UTF-8 支持　　C．生成报表　　D．1TB 存储设备
（13）下列哪一项是质量属性？（　　）
　　　A．良好的可移植性　　　　　　　B．生成高质量的报表
　　　C．很快的查询速度　　　　　　　D．双机备份保障数据安全
（14）在原型模型的快速分析步骤，在分析人员与用户的密切配合下，迅速确定软件的（　　）。
　　　A．基本需求　　B．完整需求　　C．准确需求　　D．以上均不正确
（15）下列哪些模型属于软件生命周期模型？（　　）
　　　A．瀑布模型　　B．原型模型　　C．V 模型　　D．演化模型
（16）软件生命周期是指（　　）。
　　　A．从立项开始到软件报废为止
　　　B．从软件开始使用到软件报废为止
　　　C．从软件验收开始到软件报废为止
　　　D．从软件开发开始到软件报废为止
（17）软件工程学是应用科学理论和工程上的技术指导软件开发的学科，目的是（　　）。
　　　A．用较少的投入获得高质量的软件产品
　　　B．减少软件测试
　　　C．快速确定需求
　　　D．以上描述均不正确
（18）下列哪些工具属于需求分析常用工具？（　　）
　　　A．DFD　　B．层次方框图　　C．Warnier 图　　D．IPO 图
（19）在进行需求分析时，下列描述正确的是（　　）。
　　　A．一切信息与需求都站在用户的角度上考虑
　　　B．一切信息与需求都站在开发者的角度上考虑

45

C．尽量避免分析人员的主观想法

D．尽量避免用户的主观想法

（20）在下列叙述中，属于结构化分析法的是（　　）。

A．是一种面向数据流的软件分析方法

B．适用于开发数据处理类型软件的需求分析

C．主要思想是"自顶向下，逐步分析"

D．主要手段是数据流图和数据字典，因此该分析法又被称为数据流法

（21）螺旋模型每旋转一圈都要经过（　　）等活动。

A．制订计划　　　B．风险分析　　　C．实施工程　　　D．客户评价

（22）演化模型可以表示为（　　）。

A．需求—设计—编码（实现）—测试—集成—反馈等过程

B．立项—需求—设计—实现—测试—反馈等过程

C．设计—编码—测试—集成—反馈—验收等过程

D．需求—设计—实现—测试—验收—运行等过程

（23）下列关于喷泉模型的描述正确的是（　　）。

A．支持软件复用及多项开发活动的集成

B．各个开发阶段是可以重叠的

C．阶段与阶段之间没有明显的边界

D．以上描述均不正确

（24）V 模型以测试为中心，为软件生命周期的每个阶段都指定了相应的测试级别，下列各个阶段对应的测试正确的是（　　）。

A．软件编码阶段→单元测试　　　B．详细设计阶段→集成测试

C．概要设计阶段→系统测试　　　D．需求分析阶段→验收测试

（25）下列测试工具哪些是自动化软件测试工具？（　　）

A．Appium　　　B．Selenium　　　C．JMeter　　　D．Postman

（26）下列测试工具哪些是测试管理工具？（　　）

A．TestCenter　　　　　　　　　B．TestDirector

C．TestManager　　　　　　　　D．TestLink

（27）下列关于面向对象的分析与设计的描述，正确的是（　　）。

A．关心"怎么做"的问题

B．关心技术实现

C．不需要考虑技术和实现层面的细节

D．充分考虑实现层面的细节

（28）软件工程方法学是为了使软件生产规范化和工程化，而软件工程方法得以实施的主要保证是（　　）。

A．软件开发环境　　　　　　　　B．开发人员技术

C．软件开发工具和开发环境　　　D．硬件环境

（29）在软件生命周期中，下列阶段中所需工作量最多的是（　　）。
    A．软件测试和维护　　　　　　B．编码阶段
    C．详细设计阶段　　　　　　　D．概要设计阶段

（30）在软件生命周期中，能够准确地确定软件必须"做什么"和具有哪些功能的阶段是（　　）。
    A．需求分析阶段　　　　　　　B．详细设计阶段
    C．问题定义阶段　　　　　　　D．概要设计阶段

3．简答题

（1）简述软件生命周期各个阶段的基本任务。

（2）需求分析的目标是什么？

（3）根据 GB/T 9385——2008 国家标准，写出需求规格说明书的内容框架。

（4）根据下列需求描述，分别画出计算机系统组成的 Warnier 图和层次方框图。

需求描述：计算机系统由硬件系统和软件系统两部分组成；硬件系统由主机和外设组成；主机由中央处理器和主存储器组成；外设由输入设备和输出设备组成；软件系统由系统软件和应用软件组成。

（5）根据下列需求描述，画出成绩查询系统的 IPO 图。

需求描述：查询学生成绩，要求查询条件为学生学号和学期号，提交后显示满足条件的学生成绩信息。

第 3 章 统一建模语言

> 学习导入

统一建模语言（Unified Modeling Language，UML）是一种为面向对象开发系统的产品进行说明、可视化及编制文档的标准语言。UML 是面向对象设计的建模工具，独立于任何具体的程序设计语言。UML 适用于系统开发过程中从需求分析描述到系统测试的不同阶段。目前，UML 的应用领域很多，它既适用于描述软件系统模型，也适用于描述非软件领域的系统。

> 思维导图

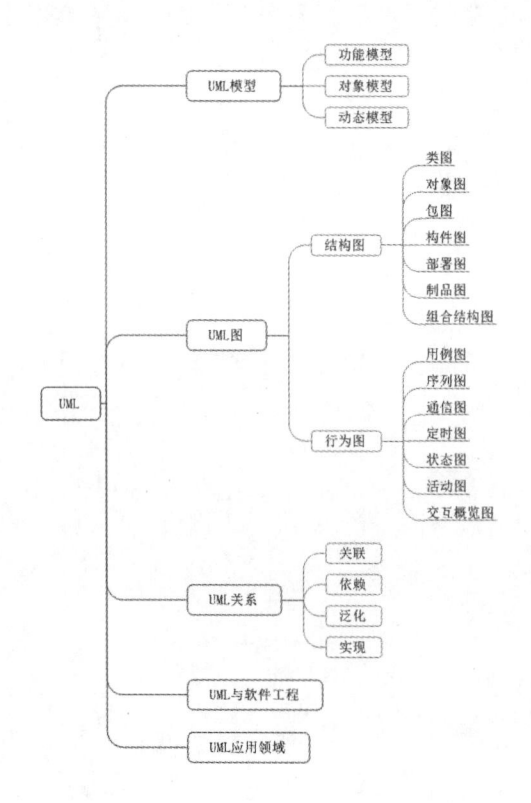

```
                    ┌── 功能模型
        ┌── UML模型 ──┼── 对象模型
        │            └── 动态模型
        │                      ┌── 类图
        │                      ├── 对象图
        │                      ├── 包图
        │            ┌── 结构图 ┼── 构件图
        │            │         ├── 部署图
        │            │         ├── 制品图
        │            │         └── 组合结构图
        ├── UML图 ────┤
        │            │         ┌── 用例图
        │            │         ├── 序列图
        │            │         ├── 通信图
        │            └── 行为图 ┼── 定时图
UML ────┤                      ├── 状态图
        │                      ├── 活动图
        │                      └── 交互概览图
        │            ┌── 关联
        ├── UML关系 ──┼── 依赖
        │            ├── 泛化
        │            └── 实现
        ├── UML与软件工程
        └── UML应用领域
```

➢ 学习目标
　　◆ 了解 UML 的概念
　　◆ 了解 UML 模型
　　◆ 了解 UML 图及应用
　　◆ 了解 UML 关系
　　◆ 了解 UML 与软件工程之间的关系
　　◆ 了解 UML 应用领域

➢ 相关知识

3.1 UML 概述

1．UML 简介

UML 是一种基于面向对象的可视化建模语言。

UML 是一种功能强大、易于表达的面向对象软件的标准化建模语言，它融入了软件工程领域的新思想、新方法和新技术。它的作用域不仅支持面向对象的分析与设计，也支持从需求分析开始的软件开发的全过程。

UML 的目标是以面向对象图的方式来描述任何类型的系统，常用于建立软件系统模型。UML 用于帮助系统开发人员阐明、展示、构建和记录软件系统的产出，是开发面向对象软件和软件开发过程中非常重要的一部分。UML 是一种通用的标准建模语言，可以对任何具有静态结构和动态行为的系统进行建模。

2．UML 的发展历程

UML 始于 1997 年的一个 OMG（Object Management Group，对象管理组织）标准，是一种面向对象的可视化建模语言。UML 的演化主要经历了以下 3 个阶段：

（1）第一阶段由 Grady Booch、James Rumbaugh 和 Ivar Jacobson 这 3 位面向对象方法计算机科学家共同努力，形成了 UML 0.9。

（2）第二阶段由十几家公司联合组成了 UML 成员协会，各家公司将各自的意见加入 UML 中，以完善和促进 UML 的定义工作，形成了 UML 1.0 和 UML 1.1，并作为向 OMG 申请成为建模语言规范的提案。2003 年 3 月，UML 1.5 发布。

（3）第三阶段是在 OMG 的控制下对版本不断修订和改进，其中 UML 1.3 是较为重要的修订版。2017 年 12 月，最新规范 UML 2.5.1 发布。

3．UML 的作用

1）为软件系统建立可视化模型

使用 UML 建立软件系统的可视化模型，不仅有利于系统开发人员和系统用户的交流，还有利于系统维护。建立了正确的模型，就可以实现正确的系统设计，保证用户的要求得到满足。

2）为软件系统建立构件

UML 不是面向对象的编程语言，但它的模型可以直接对应到各种各样的编程语言，即将 UML 描述的模型映射成编程语言，甚至可以生成关系数据库中的表。

3）为软件系统建立文档

UML 可以为系统的体系结构及其所有细节建立文档。不同的 UML 模型图可以作为项目不同阶段的软件开发文档。

3.2 UML 模型

UML 中主要有 3 种模型：功能模型、对象模型和动态模型。

1．功能模型

功能模型用于从用户的角度展示系统的功能，包括用例图。

2．对象模型

对象模型采用对象、属性、操作、关联等概念展示系统的结构和基础，包括类别图、对象图。

3．动态模型

动态模型用于展现系统的内部行为，包括序列图、活动图、状态图。

3.3 UML 图

UML 包括 14 种不同的图，分为表示系统静态结构的静态模型和表示系统动态结构的动态模型。静态模型又称结构图，包括类图、对象图、包图、构件图、部署图、制品图、组合结构图；动态模型又称行为图，包括用例图、序列图、通信图、定时图、状态图、活动图、交互概览图。

结构图用于描述系统及其部件在不同抽象和实现级别上的静态结构及它们之间的相互关联；行为图用于描述系统中对象的动态行为，即系统随时间的一系列更改。

1．类图

类图用于描述一组类、接口、协作及它们之间的关系，是对系统静态结构进行描述。类图不仅定义系统中的类，表示类之间的关系（如关联、依赖、聚合等），还包括类的内部结构。类图中的每个类由 3 部分组成，分别是类名、类的属性和操作。在面向对象系统的建模中，最常见的图就是类图。

2．对象图

对象图用于描述一组对象及它们之间的关系。对象图描述了在类图中所建立的事物实例的静态快照，对象图是类图的实例。对象图几乎使用与类图完全相同的标识，它们的不同点在于对象图显示类的多个对象实例，而不是实际的类。

3．包图

包图用于描述由模型本身分解而成的组织单元及它们的依赖关系。

4．构件图

构件图用于描述代码构件的物理结构及各个构件之间的依赖关系。一个构件可能是资源代码构件、二进制构件或可执行构件。构件图用于表示系统的静态设计实现视图，有助于分析和理解构件之间的相互影响程度。

5．部署图

部署图用于描述系统中硬件和软件的物理架构。部署图不仅可以显示实际的计算机和设备及它们之间的连接关系，也可以显示连接的类型及构件之间的依赖性。部署图给出了架构的静态部署视图，通常一个节点包含一个或多个部署图。

6．制品图

制品图用于描述计算机中一个系统的物理结构。制品图包括文件、数据库和类似的物理比特集合。制品图通常与部署图结合使用，制品图也展现了它们实现的类和构件。

7．组合结构图

组合结构图用于描述结构化类的内部结构，包括结构化类与系统其余部分的交互点。组合结构图用于画出结构化类的内部内容。

8．用例图

用例图用于描述一组用例、参与者及它们之间的关系。用例图给出了系统的静态用例视图。用例图仅从角色使用系统的角度描述系统中的信息，即站在系统外部查看系统，而不能描述系统内部对该功能的具体操作方式。

9．序列图

序列图又称时序图，是一种交互图。序列图用于反映若干个对象之间的动态协作关系，即随着时间推移，对象之间是如何交互的。序列图强调对象之间的消息发送顺序。

10．通信图

通信图又称协作图，是一种交互图，它强调收发消息的对象或角色的结构组织。序列图强调时序，而通信图则强调消息流经的数据结构。

11．定时图

定时图是一种交互图，它强调消息跨越不同对象或角色的实际时间，而不仅仅关心消息的相对顺序。

12．状态图

状态图用于描述对象所有可能的状态及事件发生时状态的转移条件。状态图是对类图的补充。状态图给出了对象的动态视图。

13．活动图

活动图用于描述满足用例要求所要进行的活动及活动间的约束关系，有利于识别并行活动。

14．交互概览图

交互概览图是活动图和顺序图的结合体，适用于描述单个用例中若干个对象的行为，即描述一组对象的整体行为。

3.4 UML 关系

UML 用关系将事务联系在一起。UML 中有 4 种关系：关联、依赖、泛化和实现。

1．关联

关联关系是一种描述一组对象之间连接的结构关系，如聚合关系、组合关系表示两个类的实例之间存在某种语义上的联系。例如，一名教师在一个学校工作，一个学校有很多间教室，那么教室与学校、学校与教师之间就存在关联关系。

2．依赖

依赖关系是两个事物之间的语义关系，表示其中一个事物发生变化会影响另一个事物的语义。例如，元素 A 的变化会引起元素 B 的变化，则元素 B 依赖元素 A。

3．泛化

泛化关系是一种一般化和特殊化的关系，用于描述特殊元素的对象可以替换一般元素的对象。

4．实现

实现关系用来规定接口和实现接口的类或组件之间的关系。

3.5 UML 与软件工程

软件工程是软件开发设计的灵魂，是指导软件开发从需求到完成的总体规划。UML 用图的形式展示系统的总体或局部结构。

软件工程思想将软件开发按生命周期分成不同阶段，软件开发的各个阶段主要产生的是文档描述；UML 同样适用于软件开发的各个阶段，但是主要以图的形式描述。

在软件开发过程中，UML 和软件工程互相渗透。UML 在构建图的同时包含文档，软件开发过程中产生的文档中也附加着 UML 图。文档是对图的详细描述，图是对文档的直观呈现，二者相互补充。

UML 与软件工程都依赖于软件生命周期中的阶段划分，每个阶段都有相应的 UML 图和开发文档，并且会根据需求变化和实施过程而不断改进。UML 不但适用于以面向对象技术来描述任何类型的系统，而且适用于系统开发过程中从需求规格描述到系统完成后的测试和维护的不同阶段。

1．需求分析阶段

UML 用例图主要用于软件需求分析阶段。该阶段可以使用用例图来获取用户需求，通过用例建模描述系统外部角色和他们对系统的功能要求，能表示出用户与系统的一个交互过程。

2．系统分析阶段

系统分析阶段主要关心问题域中的相关概念，如对象、类及它们的关系等。该阶段只对问题域的类建模，不考虑解决方案的细节。该阶段需要建立系统的静态模型，可以用 UML 类图来描述需要识别的类及它们之间的相互关系。为了实现用例及类之间的协作，可以用动态模型（行为图）的序列图、通信图、状态图和活动图来描述。

3．系统设计阶段

在系统设计阶段，主要使用类图、包图对类的接口进行设计。

4．系统构建阶段

系统构建阶段也叫编程阶段或实现阶段，其任务是用面向对象编程语言将系统设计阶段的类转换成实际的代码。在使用 UML 建立分析和设计模型时，应尽量避免把模型转换成具体的编程语言，因为过早考虑编码不利于建立简单、正确的模型。

5．系统测试阶段

UML 模型也可以作为系统测试阶段的依据，按软件开发过程，需经过单元测试、集成测试、系统测试和验收测试。不同的测试组可以使用不同的 UML 图作为测试依据。单元测试可以使用类图和类规格说明；集成测试可以使用构件图和协作图；系统测试可以使用用例图来验证系统行为；验收测试由用户进行，以验证系统测试的结果是否满足所确定的需求。

6．系统交付阶段

在 UML 图中，使用部署图来展示所交付系统中软件和硬件之间的物理关系，使用构件图来描述代码构件的物理结构及各个构件之间的依赖关系。

3.6 UML 应用领域

UML 的目标是以面向对象图的方式来描述任意类型的系统。UML 具有很广泛的应用领域，目前已被成功应用于电信、金融、政府、电子、国防、医疗、交通、航空航天、电子商务、制造与工业自动化等领域。

UML 建模不仅适用于大型的、复杂的、实时的、分布式的、集中式的数据或计算及嵌入式系统等，也适用于软件再生工程、质量管理、过程管理、配置管理的各个方面。

UML 最常用的是建立软件系统模型，但它同样适用于描述非软件领域的系统，如机械系统、企业机构及复杂数据的信息系统等。理论上，UML 可以用于对任何复杂的系统进行建模。

➢ 技能训练

【案例 1】

UML 提供了 4 种结构图用于对系统的静态方面进行可视化、详述、构造和文档化，其中（1）是面向对象系统建模中最常用的图，用于说明系统的静态设计视图；当需要说明系统的静态实现视图时，应该选择（2）；当需要说明体系结构的静态实施视图时，应该选择（3）。

A. 构件图　　　B. 类图　　　C. 对象图　　　D. 部署图

【分析】

UML 提供了 4 种结构图用于对系统的静态方面进行可视化、详述、构造和文档化，分别是构件图、类图、对象图和部署图。

构件图用于描述一组构件及它们之间的关系，说明系统的静态实现视图。

类图用于描述一组类、接口、协作及它们之间的关系，是面向对象系统建模中最常用的图，用于说明系统的静态设计视图。

对象图用于描述一组对象及它们之间的关系。对象图描述了在类图中所建立的事物实例的静态快照。

部署图用于描述一组节点及它们之间的关系，说明体系结构的静态实施视图。

【答案】（1）B、（2）A、（3）D

【案例 2】

下列哪一项是专业的建模语言？（　　）

A. UML　　　B. XML　　　C. HTML　　　D. Java

【分析】

UML（统一建模语言）可以完整地描述软件的需求、结构和行为，从而为系统建模。

XML（可扩展标记语言）是一种用于标记电子文件使其具有结构性的标记语言，也是 Web Service 平台中表示数据的基本格式。

HTML（超文本标记语言）是一种标记语言，它包括一系列标签，通过这些标签可以使网络上的文档格式统一，使分散于互联网上的资源连接为一个逻辑整体。

Java 是面向对象的程序设计语言。

【答案】A

➢ 本章小结

本章介绍了 UML 的发展历程、UML 在软件开发中的作用、UML 中主要的 3 种模型、UML 中的 14 种图、UML 中的 4 种关系、UML 与软件工程的关系及 UML 的应用领域。通过对本章内容的学习，读者能够基本了解 UML 与软件工程之间存在的关系。

➢ 课后拓展

中国芯片

芯片是半导体元件产品的统称。芯片制作的完整过程包括芯片设计、晶片制作、封装制作、测试等环节，其中晶片制作过程尤为复杂。

芯片作为集成电路的载体，被广泛应用于计算机、手机、家电、汽车、军工、航空航天等各个领域，是影响一个国家现代工业的重要因素。在我国，芯片长期依赖进口，缺乏自主研发。我国是全球最大的芯片市场，但是在 2018 年以前，我国芯片自给率不足 10%，2018 年我国芯片自给率也仅为 10%。央视财经频道援引国务院发布的相关数据显示，2019 年我国芯片自给率为 30%左右，预计我国芯片自给率在 2025 年将达到 70%。2017 年，我国芯片进口额超过 2500 亿美元，超过原油和铁矿石进口额之和；2021 年，我国芯片进口额为 4400 亿美元，超过原油和大豆进口额之和。

分析机构认为，半导体供需关系将于 2022 年底达到"紧平衡"，预计到 2023 年芯片短缺情况将得以缓解，供需关系可能会重建。

在我国科学家的不断努力下，我国在芯片领域持续取得突破，如我国自主研发的光刻技术，2020 年 6 月，上海微电子装备（集团）股份有限公司透露将在 2021—2022 年交付首台国产 28 纳米工艺浸没式光刻机，这意味着国产光刻机工艺从以前的 90 纳米一举突破到了 28 纳米，确保了我国芯片生产制造品质。据最新报道，上海微电子装备（集团）股份有限公司交付的 28 纳米光刻机已经通过技术检测和验证，该光刻机完全可以和阿斯麦尔光刻机一样制造出 14 纳米芯片，并且在技术上可以生产 7 纳米芯片，不过目前良品率不高，无法实现量产。

在国家大力支持及国内优秀企业的共同努力下，我国将逐渐冲破芯片制造被他国封禁的局势，并不断在芯片技术研发中取得新成就，如超高级高模级红外线芯片、华为集团自主研发的青龙 990 5G 芯片等。可以看出，我们在慢慢地摆脱国外对中国芯片制造封禁的局势，华为研发出 5G 芯片意味着我国又在芯片制造上取得突破。

我们国家只有自主创新，不断掌握核心技术，提高自主研发能力，拥有知识产权及自主品牌，才能不受制于人，才能在世界上立于不败之地。

➢ 习题

1. 填空题

（1）UML 中有 4 种关系，分别是_____、_____、_____、_____。
（2）在 UML 提供的图中，_____用于描述系统与外部系统及用户之间的交互。
（3）UML 中主要有 3 种模型，分别为_____、_____和_____。
（4）在用 UML 建模时，用_____模型来描述系统的功能。
（5）静态模型又称结构图，包括_____、_____、_____、_____、_____、_____。
（6）动态模型又称行为图，包括_____、_____、_____、_____、

_____、_____、_____。

2．选择题

（1）执行者与用例之间的关系是（　　）。
  A．泛化关系　　　B．关联关系　　　C．依赖关系　　　D．包含关系

（2）在下列选项中，（　　）属于 UML 中的动态视图。
  A．用例图　　　　B．状态图　　　　C．对象图　　　　D．类图

（3）在 UML 中，用例图展示了外部参与者与系统所提供的用例之间的连接，UML 中的外部参与者是指（　　）。
  A．参与的人　　　　　　　　　　　B．参与的外部系统
  C．参与的硬件系统　　　　　　　　D．参与的人或外部系统

（4）下列关于 UML 的描述正确的是（　　）。
  A．UML 是一种高级语言
  B．UML 是一种基于面向对象的可视化建模语言
  C．UML 仅是一组图形集合
  D．UML 只适用于系统需求分析阶段

（5）UML 模型也可以作为系统测试阶段的依据，系统测试可以使用（　　）来验证系统行为。
  A．类图　　　　　B．构件图　　　　C．用例图　　　　D．通信图

（6）在下列选项中，（　　）不是 UML 中的关系。
  A．依赖关系　　　B．扩展关系　　　C．关联关系　　　D．泛化关系

（7）下列哪种图主要用于软件需求分析阶段来获取用户需求？（　　）
  A．用例图　　　　B．类图　　　　　C．对象图　　　　D．包图

（8）在 UML 的需求分析建模中，（　　）模型图需与用户反复交流并确认。
  A．包　　　　　　B．用例　　　　　C．动态　　　　　D．类

（9）UML 用户需求分析产生的用例模型描述了系统的（　　）。
  A．性能需求　　　B．质量属性　　　C．功能需求　　　D．外部接口需求

（10）在 UML 的需求分析模型中，对用例模型中的用例进行细化说明应该使用（　　）。
  A．活动图　　　　B．状态图　　　　C．用例图　　　　D．协作图

3．简答题

（1）什么是 UML？使用 UML 进行建模有什么作用？

（2）UML 软件开发过程的基本特征有哪些？

（3）请根据 UML 图在不同视图中的应用进行分类。

（4）用例建模的基本步骤包括哪些？

（5）用例建模的主要目标是什么？

第 4 章 数据结构与算法

> 学习导入

随着计算机的应用领域不再局限于数值数据的处理，文本、图形、图像等非数值数据的加工处理问题显得越来越重要。如果想要设计出一个结构好、效率高的程序，有效地解决实际问题，就必须研究这些数据的特性、数据之间的关系及其对应的存储表示，从而设计出相应的算法。通过对本章内容的学习，读者将对数据结构的研究内容有一定的了解。

> 思维导图

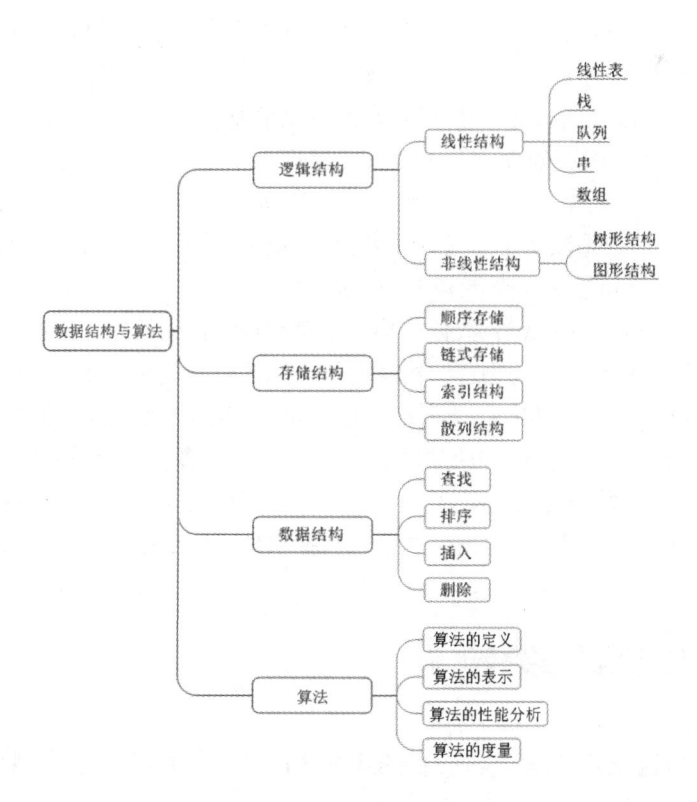

```
                                    ┌── 线性表
                                    ├── 栈
                        ┌── 线性结构 ┼── 队列
              ┌── 逻辑结构┤           ├── 串
              │         │           └── 数组
              │         │
              │         └── 非线性结构┬── 树形结构
              │                      └── 图形结构
              │
              │         ┌── 顺序存储
              ├── 存储结构┼── 链式存储
数据结构与算法 ┤         ├── 索引结构
              │         └── 散列结构
              │
              │         ┌── 查找
              ├── 数据结构┼── 排序
              │         ├── 插入
              │         └── 删除
              │
              │         ┌── 算法的定义
              └── 算法   ┼── 算法的表示
                        ├── 算法的性能分析
                        └── 算法的度量
```

➢ 学习目标
  ◇ 了解数据结构的研究内容
  ◇ 了解线性表的逻辑结构
  ◇ 了解栈和队列的定义、特性及应用
  ◇ 了解树形结构的特点及二叉树的应用
  ◇ 了解图形结构的特点及应用
  ◇ 了解常用的操作：查找和排序
➢ 相关知识

4.1 数据结构的概念

随着计算机的应用领域不再局限于数值数据的处理，文本、图形、图像、声音、动画等非数值数据的加工处理问题显得越来越重要。

如果想要设计出一个结构好、效率高的程序，有效地解决实际问题，就必须研究这些数据的特性、数据之间的关系及其对应的存储表示，从而设计出相应的算法。

下面介绍几个相关的术语。

- 数据（Data）：数据是信息的载体，它能被计算机识别、存储和加工处理，包括数字、字符串、表格、图像等。
- 数据项（Data Item）：数据项是指数据的不可分割的、具有独立意义的最小单位，数据项有时也被称为字段（Field）或域。
- 数据元素（Data Element）：数据元素是数据的基本单位，在计算机程序中通常作为一个整体进行考虑和处理。一个数据元素可以由若干个数据项组成，也可以只由一个数据项组成。数据元素又被称为元素（Element）、节点（Node）或记录（Record）。

数据、数据元素、数据项实际上反映了数据组织的 3 个层次：数据可以由若干个数据元素构成，而数据元素又可以由一个或若干个数据项组成。

- 数据结构（Data Structure）：数据结构是带有结构特性的数据元素的集合，它研究的是数据的逻辑结构和数据的物理结构及它们之间的相互关系，并对这种结构定义相适应的运算，设计出相应的算法，确保经过这些运算以后所得到的新结构仍保持原来的结构类型。简而言之，数据结构是相互之间存在一种或多种特定关系的数据元素的集合，即带"结构"的数据元素的集合。"结构"就是指数据元素之间存在的关系，分为逻辑结构和存储结构。因此，数据结构是一门抽象地研究数据之间的关系的学科。

4.2 常见的数据结构

数据结构包括数据的两种结构：数据的逻辑结构、数据的存储结构（物理结构）。

4.2.1 数据的逻辑结构

在任何问题中，数据元素之间都存在着一种或多种特定的关系，这种关系被称为数据的逻辑结构。数据通常有 4 种基本的逻辑结构，如图 4-1 所示。

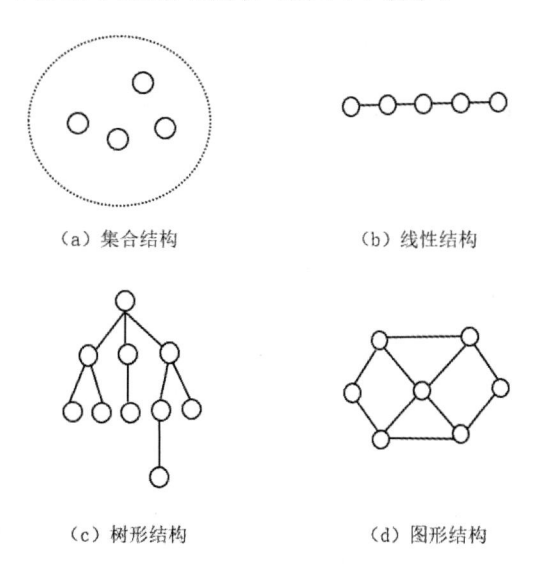

（a）集合结构　　　　　　（b）线性结构

（c）树形结构　　　　　　（d）图形结构

图 4-1　数据的 4 种基本逻辑结构

1．集合结构

集合是数据元素关系极为松散的一种结构，在该结构中，数据元素之间的关系是"属于同一个集合"。

2．线性结构

在线性结构中，数据元素之间存在着"一对一"的关系，有且仅有一个开始节点和一个终端节点，除了开始节点和终端节点，其余节点有且仅有一个直接前驱和一个直接后继。

3．树形结构

在树形结构中，数据元素之间存在着"一对多"的关系。

4．图形结构

在图形结构中，数据元素之间存在着"多对多"的关系。图形结构也被称为网状结构。

4.2.2 数据的存储结构

数据的存储结构是指数据元素及其关系在计算机中的存储方式。数据的存储结构也被称为物理结构，有顺序存储和链式存储两种存储方法。

顺序存储方法是把逻辑上相邻的元素存储在物理位置相邻的存储单元中。

链式存储方法对逻辑上相邻的元素不要求其物理位置相邻，元素之间的关系可以通过附加的指针来表示。

4.3 算法

4.3.1 算法的定义

算法（Algorithm）是对特定问题求解步骤的一种描述，是求解步骤（指令）的有限序列。一个算法应该具有下列特性：

①有穷性。一个算法应在执行有穷步后结束。
②确定性。算法中的每条指令必须有确切的含义，并且无歧义。
③可行性。算法中的每条指令都应切实可行。
④输入。一个算法应具有零个或多个输入。
⑤输出。一个算法应具有一个或多个输出。

4.3.2 算法的表示

算法的表示方法通常有 4 种：自然语言、程序流程图和 N-S 等算法描述工具、伪代码、编程语言。

1．自然语言

描述算法最简单的方法是使用自然语言，但自然语言不够严谨，在描述复杂过程时容易产生歧义。

2．程序流程图和 N-S 图等算法描述工具

可以使用程序流程图和 N-S 图等算法描述工具来描述算法，描述过程简洁、易理解。

3．伪代码

伪代码（Pseudocode）是一种非正式的、用于描述模块结构图的语言，其介于自然语言与编程语言之间，也是最常用的算法描述方法。

4．编程语言

可以直接使用某种程序设计语言来描述算法，这是可以在计算机上运行并获得结果的算法描述，不过这种方法不太直观，需要借助注释才能使人理解。

4.3.3 算法的性能分析与度量

影响算法运行时间的因素有很多，如计算机硬件、问题的规模等，我们很难计算出算法的具体执行时间。因此，在描述执行算法所耗费的时间和执行算法所占用的存储空间时，通常用算法的时间复杂度和空间复杂度来衡量。

1. 时间复杂度

设问题规模为 n，$f(n)$代表算法中频度最大语句的频度，算法的渐近时间复杂度记作 $T(n)=O(f(n))$，表示随着问题规模 n 的增大，算法执行时间的增长率和 $f(n)$ 的增长率相同，简称时间复杂度。算法的时间复杂度不是算法的精确执行次数，而是估算的数量级。

例如，求下列算法的时间复杂度：

```
(a)   x++;
(b)   for(i=1;i<=n;i++)   x++;
(c)   for(i=1;i<=n;i++)
          for(j=1;j<=n;j++)   x++;
```

在以上 3 个算法中，"x++;"语句的执行次数分别是 1、n 和 n^2，因此，时间复杂度分别可以记为 $O(1)$、$O(n)$ 和 $O(n^2)$。

算法的时间复杂度考虑的是对于问题规模 n 的增长率，按增长率递增排列可以得到以下排列顺序：

$$O(1)<O(\log_2 n)<O(n)<O(n\log_2 n)<O(n^2)<O(n^3)<\cdots<O(2^n)$$

2. 空间复杂度

执行算法所需占用的存储空间包括算法本身所占用的存储空间、数据的存储空间，以及算法在运行过程中的工作空间和其他的辅助空间。类似于时间复杂度，空间复杂度可以表示为 $S(n)=O(f(n))$，其中 n 为问题的规模。

4.4 线性表

4.4.1 线性表的定义

线性结构包括线性表、栈、队列、字符串、数组等，其中，最简单、最常用的是线性表。线性表（Linear List）是由具有相同数据类型的数据元素组成的一个有限序列，可以表示为

$$L=(a_1,a_2,\cdots,a_i-1,a_i,a_i+1,\cdots,a_n)$$

其中，n 为线性表的长度，当 n 为零时，线性表称为空表；a_i（$1\leqslant i\leqslant n$）代表了线性表中的数据元素，可以是一个数、一个符号或其他更复杂的信息。

根据线性表的定义，可以将非空线性表的逻辑结构特征描述如下：
① "起点"数据元素和"终点"数据元素都是唯一的。
② 除"起点"数据元素以外，其他数据元素均只有一个直接前驱。
③ 除"终点"数据元素以外，其他数据元素均只有一个直接后继。
④ 同一线性表中的所有数据元素必须具有同一特性。

线性表的基本运算主要有初始化线性表、求线性表的长度、查找节点、插入和删除节点等。

4.4.2 线性表的存储与实现

1. 线性表的顺序存储

线性表的顺序存储是指用一组地址连续的存储单元依次存放线性表中的数据元素。我们把采用顺序存储结构的线性表称为顺序表,它的特点是:线性表中相邻的数据元素在存储器中的存储位置也是相邻的,并且方向保持一致。

由于线性表中所有数据元素的数据类型相同,因此每个数据元素在存储器中所占用的存储空间的大小都是相等的。

假设顺序表中第一个元素 a_1 的存放地址用 $LOC(a_1)$ 表示,也被称为首地址,每个元素占用的存储空间为 d 字节,则表中任意一个数据元素 a_i 的存放地址为

$$LOC(a_i)=LOC(a_1)+(i-1)*d$$

元素在内存中的位置、存储地址及内存状态如图 4-2 所示,其中 $LOC(a_1)=b$。

存储地址	内存状态	位序
b	a_1	1
$b+d$	a_2	2
$b+2*d$	a_3	3
...	...	
$b+(i-1)*d$	a_i	i
...	...	
$b+(n-1)*d$	a_n	n

图 4-2 顺序存储的示意图

由此可知,在顺序表中,只要确定了存储线性表的起始位置,线性表中的任意一个数据元素都可以随机存取;但在插入和删除某一个数据元素时,一般需要移动数据元素。

用 C 语言定义顺序表的存储结构,代码如下:

```
typedef struct{
   ElemType elem[MAXSIZE];
   int len;    /*顺序表的当前长度*/
}Sqlist;
```

例如,在顺序表 L 中的第 i 个数据元素之前插入一个新的数据元素(假设不使用数组中下标为 0 的存储单元)。

分析过程:首先判断 i 是否超出所允许的范围(1≤i≤n),其中 n 为当前线性表的最大长度,如果超出,则说明插入位置不合理,否则,需将表中最后一个元素和第 i 个元素中间的所有元素均向后移动一个位置,并将新的数据元素写入第 i 个位置,表的长度增加 1。

用 C 语言描述上述在顺序表中插入节点的操作,算法如下:

```
//在表 L 中的第 i 个位置之前插入元素数据 x
int Insert_sq(Sqlist *L,int i,ElemType x){
    if(i<1‖i>L→len+1)
        return 0;     //插入位置 i 不合理
    if(L→Len==MAXSIZE-1)
        return -1;    //表已满,不能插入新数据元素
```

```
        for(j=L→Len;j>=i;--j)
            L→elem[j+1]=L→elem[j];
    //将表中最后一个元素和第 i 个元素中间的所有元素均向后移动一个位置
        L→elem[i]=x;       //将数据元素 x 插入第 i 个位置
        L→len++;           //表的长度增加 1
        return 1;
}
```

假设在表的任意位置插入元素的概率相等，则在该表中插入一个元素平均要移动表中一半的元素，如果表的长度为 n，则该算法的时间复杂度为 $O(n)$。同理，在顺序表中删除某个元素时，算法的时间复杂度也为 $O(n)$。

2．线性表的链式存储

线性表的链式存储是指用一组地址任意的存储单元存放线性表中的数据元素，这组存储单元可以是连续的，也可以是不连续的。我们把采用链式存储结构的线性表称为链表，包括单链表、循环链表、双向链表等。

1）单链表

在单链表中，每个数据元素 a_i 除存储本身信息以外，还需存储其直接后继元素的存储位置。每个节点包括两个域：存储数据元素信息的数据域（data）和存储直接后继节点地址的指针域（next）。单链表中的节点结构如图 4-3 所示。

| data | next |

图 4-3　单链表中的节点结构

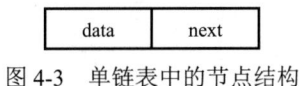

图 4-4 所示为带头节点的单链表的存储结构示意图，a_n 是最后一个节点，因此它的指针域为空，用 "∧" 表示。

图 4-4　带头节点的单链表的存储结构示意图

2）循环单链表

循环链表是一种首尾相接的链表。例如，只需将单链表中终端节点的指针域 NULL 改为指向单链表的第一个节点，就得到单链形式的循环链表。图 4-5 所示为循环单链表的存储结构示意图。

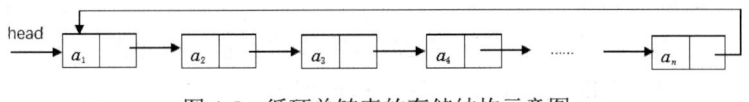

图 4-5　循环单链表的存储结构示意图

3）双向链表

在双向链表中，每个节点除数据域以外，还包括两个指针域：指针 prior 指向该节点的直接前驱节点，指针 next 指向该节点的直接后继节点。双向链表中的节点结构如图 4-6 所示。

| prior | data | next |

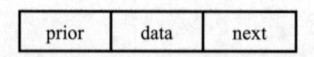

图 4-6 双向链表中的节点结构

双向链表是一种对称结构，既有前向链，又有后向链，可以从两个方向搜索某个节点，这就使得双向链表上的某些操作变得更加方便。图 4-7 所示为双向链表的存储结构示意图。

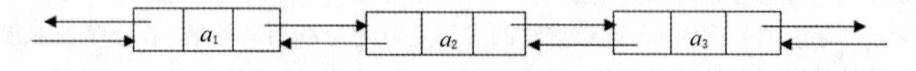

图 4-7 双向链表的存储结构示意图

用 C 语言描述双向链表的节点结构，代码如下：

```
typedef struct Dnode{
  ELEMTP data;
   struct Dnode *prior, *next;
 }DLinkList
```

算法举例：在双向链表中 p 指针指向的节点前插入一个新节点 d，如图 4-8 所示。

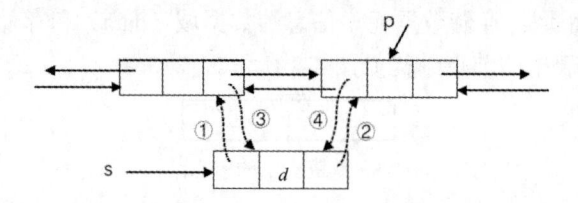

图 4-8 在双向链表中 p 指针指向的节点前插入一个节点 d

用 C 语言描述上述在双向链表中插入节点的操作，算法如下：

```
void Dinsertbefore(ELEMTP d,DLinkList *p){
    DLinkList *s;
    s=malloc(sizeof(DLinkList));      //生成一个新的节点t
    s→data=d;                          //将d赋给t的数据域
    s→prior=p→prior;                  //对应图 4-8 中的①
    s→next=p;                          //对应图 4-8 中的②
    (p→prior)→next=s;                 //对应图 4-8 中的③
    p→prior=s;                         //对应图 4-8 中的④
}
```

3．顺序表与链表的比较

如果在线性表上主要进行查找、读取操作而很少进行插入和删除操作，则宜采用顺序表结构。在顺序表中插入和删除元素时，平均要移动表中一半的元素，而在链表中插入和删除元素时则只需要修改指针。因此，当需要在线性表上频繁进行插入和删除操作时，宜采用链表结构。

总之，线性表的顺序存储结构和链式存储结构各有优点与缺点，在实际应用中应根据具体问题进行综合考虑，最终选择适合的存储结构。

4.5 栈和队列

栈和队列是两种运算受限的线性表。栈的插入和删除操作限定在表的一端（栈顶）进行；队列的插入操作限定在表的一端（队尾）进行，而删除操作则限定在表的另一端（队首）进行。

4.5.1 栈

1．栈的定义

栈（Stack）是一种限定仅在表尾进行插入或删除操作的线性表，表尾称为栈顶（Top），表头称为栈底（Bottom），不含元素的栈称为空栈。

向栈中插入元素称为入栈或压栈，从栈中删除元素称为出栈或退栈。因为最先入栈的元素在栈底，最后入栈的元素在栈顶，删除元素时则刚好相反，所以，栈也被称为后进先出（Last In First Out，LIFO）的线性表，简称 LIFO 表。栈的示意图如图 4-9 所示。

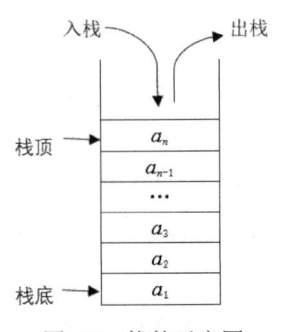

图 4-9 栈的示意图

例如，一个栈的输入序列是 12345，如果在入栈的过程中允许出栈，那么栈的输出序列 43512 可能实现吗？输出序列 12345 呢？

分析过程：输出序列 43512 不可能实现，主要是其中的 12 顺序不能实现；输出序列 12345 可以实现，只需入栈一个元素立即出栈一个元素即可。

栈的基本操作有初始化栈、入栈、出栈、判断栈是否为空栈、获取栈顶元素、置空栈等。

2．栈的存储结构

栈的存储结构有顺序存储结构和链式存储结构两种。

1）栈的顺序存储结构

栈的顺序存储结构简称顺序栈，是指利用一组地址连续的存储单元依次存放栈中的数据元素，由于栈底位置是固定不变的，因此可以将栈底设置在数组的两端中的任意一端，一般设置在数组下标为 0 的那一端；栈顶位置是随着入栈和出栈操作而变化的，所以需要用一个整型变量 top 来指示当前栈顶的位置，通常将 top 称为栈顶指针。

例如，假设顺序栈的最大长度为 6，图 4-10 所示为入栈、出栈操作后顺序栈的状态变化。

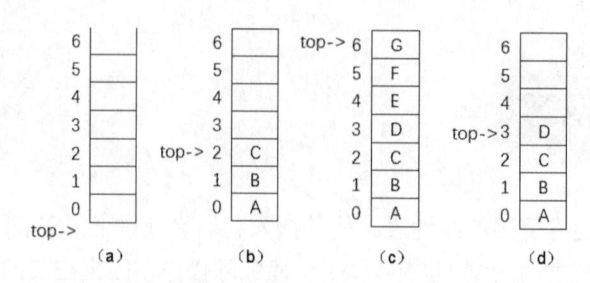

图 4-10 入栈、出栈操作后顺序栈的状态变化

图（a）表示空栈，top=-1。

图（b）表示 A、B、C 依次入栈后，top=2。

图（c）表示 D、E、F、G 依次入栈后，此时栈满，top=6。

图（d）表示 G、F、E 依次出栈后，top=3。

2）栈的链式存储结构

用链式存储结构实现的栈称为链栈，通常用单链表来表示。因此，链栈中的节点是动态分配的，top 指针指向栈顶元素，top 唯一地确定一个链栈。当 top 为 NULL 时，该链栈为空栈，链栈没有栈满的问题。链栈的示意图如图 4-11 所示。

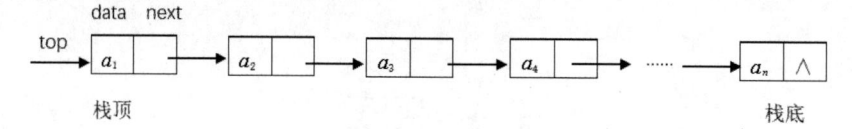

图 4-11 链栈的示意图

和顺序栈相比，链栈最大的优点是链栈空间是动态分配的，不存在栈满的问题。

3．栈的应用

栈的应用非常广泛，如数据转换、行编辑语法检查等。

例如，将十进制数 N 转换成 d 进制数。

分析：将十进制数 N 转换成 d 进制数，方法是重复以下两步，直到 N 为 0。

①$x=N\%d$，其中"%"表示求余。

②$N=N/d$，其中"/"表示求商。

以 N=225、d=2 为例，图 4-12 所示为数制转换过程。

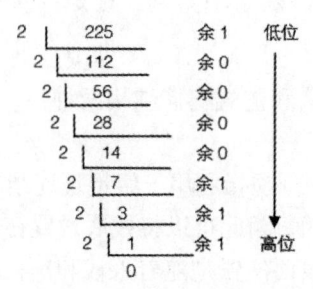

图 4-12 数制转换过程

从低位到高位顺序产生二进制数各个数位上的数，而输出则应从高位到低位进行，刚好

符合栈的"先进后出"特点。算法如下:

```
void Conversion(int N){
    SqStack S;
    int x;
    InitStack(S);
    while(N>0){
        x=N%2;
        Push(S,x);          //入栈
        N=N/2;
    }
    while(!StackEmpty(S)){
        Pop(S,&x);          //出栈
        printf("%d",x);
    }
}
```

4.5.2 队列

1. 队列的定义

队列（Queue）也是一种运算受限的线性表。它只允许在表的一端队头（Front）进行插入，而在另一端队尾（Rear）进行删除。当队列中没有元素时称为空队列。在空队列中依次将元素 a_1、a_2、…、a_n 入队后，a_1 是队头元素，a_n 是队尾元素；出队的次序也是 a_1、a_2、…、a_n，因此队列也被称作先进先出（First In First Out，FIFO）的线性表，简称 FIFO 表。队列的示意图如图 4-13 所示。

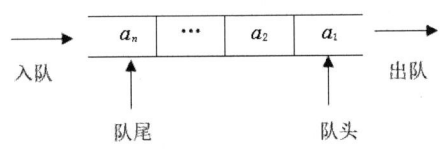

图 4-13　队列的示意图

队列的基本操作有初始化队列、入队、出队、置空队列、获取队头元素、判断队列是否为空等。

2. 队列的存储结构

队列的存储结构有顺序存储结构和链式存储结构两种。

1）队列的顺序存储结构

队列的顺序存储结构是指利用一组地址连续的存储单元依次存放队列中的数据元素，简称顺序队列。

由于队列的队头和队尾是随着入队和出队操作变化的，因此设两个整型变量 front 和 rear，并约定 front 总是指向队头元素的前面一个位置，rear 总是指向队尾元素所在的位置。当元素入队时 rear 加 1，当元素出队时 front 加 1。

例如，假设顺序队列的最大长度为 6，图 4-14 所示为入队、出队操作后顺序队列的状态变化。

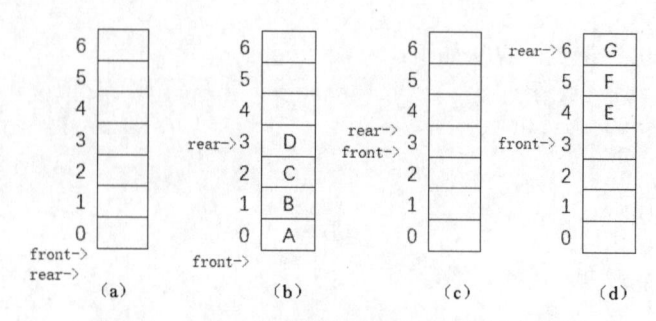

图 4-14 入队、出队操作后顺序队列的状态变化

图（a）表示空队列，front=rear=-1。

图（b）表示 A、B、C、D 依次入队后，front=-1，rear=3。

图（c）表示 A、B、C、D 依次出队后，front=rear=3，此时队空。

图（d）表示 E、F、G 依次入队后，front=3，rear=5，此时队满。

在图（d）中，队列已满，不能再入队，而实际上还有空闲的存储单元，这种现象称为假满，也称假溢出。

为了解决假溢出的现象，我们将队列想象成循环队列，如果要将 H 入队，则先检测 0 单元是否空闲，如果空闲，则将 rear 指向 0 单元，将 H 入队，如图 4-15 所示。

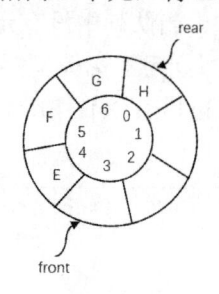

图 4-15 循环队列

2）队列的链式存储结构

在队列中，用线性链表表示的队列称为链队列。对于数据元素变动较大的数据结构，用链式存储结构更有利。链队列的基本运算有初始化队列、入队和出队等。

4.6 树与二叉树

4.6.1 树

1. 树的定义及相关术语

树（Tree）是 n（$n \geq 0$）个节点的有限集 T。当 $n=0$ 即 T 为空时，称为空树；当 $n>0$ 时，T 满足以下两个条件：

①有且仅有一个特定的称为根（Root）的节点，它没有直接前驱节点，但有零个或多个

直接后继节点。

②其余的 $n-1$ 个节点可以分为 m（$m \geq 0$）个互不相交的子集 T_1、T_2、$\cdots$、T_m，其中每个子集本身又是一棵树，将其称为根的子树（Subtree）。

树的定义是递归的，因为在树的定义中又用到了树的定义。不包括任何节点的树称为空树。图 4-16 所示为一般的树。

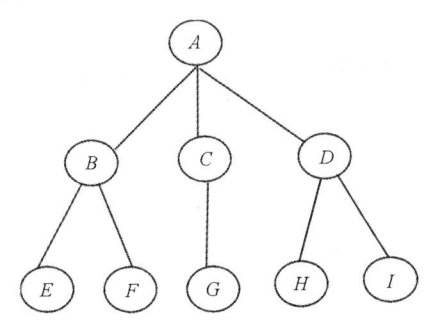

图 4-16　一般的树

下面以图 4-16 所示的树为例，介绍树形结构的相关术语。

- 节点：包含一个数据元素及若干指向其子树的分支信息。在图 4-16 中，节点有 A、B、C、D、E、F、G、H、I。
- 节点的度：一个节点所拥有的子树数称为该节点的度。在图 4-16 中，节点 A 的度为 3，节点 B 的度为 2，节点 C 的度为 1，节点 F 的度为 0。
- 树的度：树的度是指该树中所有节点的度的最大值。图 4-16 所示的树的度为 3。
- 叶子节点：度为零的节点，也称终端节点。在图 4-16 中，叶子节点有 E、F、G、H、I。
- 分支节点：度不为零的节点称为分支节点，也称非终端节点。除根节点以外的分支节点又称内部节点。在图 4-16 中，节点 A、B、C、D 都是分支节点，其中节点 B、C、D 又称内部节点。
- 孩子节点与双亲节点：树中某个节点的子树之根称为该节点的孩子（Child）节点，相应地，该节点称为孩子节点的双亲（Parent）节点。图 4-16 中，节点 B 是节点 A 的孩子节点，节点 A 是节点 B 的双亲节点。
- 兄弟节点：同一个双亲节点的节点之间互为兄弟节点。在图 4-16 中，节点 B、C 和 D 互为兄弟节点。
- 路径与路径长度：对于任意两个节点 k_i 和 k_j，如果树中存在一个节点序列（$k_i, k_{i1}, k_{i2}, \cdots, k_{in}, k_j$），使得序列中除节点 k_i 以外的任意一个节点都是其在序列中的前一个节点的后继，则称该节点序列为从 k_i 到 k_j 的一条路径，用路径所通过的节点序列（$k_i, k_{i1}, k_{i2}, \cdots, k_{in}, k_j$）表示这条路径。路径的长度等于路径上的分支数。
- 节点的层次：树形结构是一种层次结构，从根节点开始定义，根节点为第一层，其余节点的层数等于其双亲节点的层数加 1。在图 4-16 中，节点 A 的层数为 1，节点 B、C 和 D 的层数为 2，节点 E、F、G、H 和 I 的层数为 3。

- 树的高度：树中节点的最大层数称为树的高度或深度。在图 4-16 中，树的高度为 3。
- 有序树和无序树：如果将树中每个节点的各子树看成是从左到右有次序的（即不能随意变换），则称该树为有序树，否则该树为无序树。
- 森林：m（$m \geq 0$）棵互不相交的树的集合。

在不同的场合，树的表示方法也不尽相同，最常用的是如图 4-16 所示的树形表示法，除此之外，还有嵌套表示法、广义表表示法等。

树的基本操作有初始化一棵空树、求节点所在树的根节点、求树中节点的双亲节点、求树中节点的第 i 个孩子节点、树的遍历等。

2．树的存储及应用

树的存储要求既要存储节点的数据元素本身，又要存储节点之间的逻辑关系。树的存储结构有很多，常用的有双亲链表表示法、孩子链表表示法、双亲孩子链表表示法和孩子兄弟表示法。

树的应用十分广泛，其中一类重要的应用是可以用于描述和解决判定类问题，著名的八枚硬币问题就是其中一例。假设有八枚外观相同的硬币，分别表示为 a、b、c、d、e、f、g 和 h，其中有且仅有一枚硬币是假币，并且已知假币与真币的质量不同，但不知道假币与真币相比较是轻还是重。可以通过一架天平来任意比较两组硬币，用最少的比较次数挑选出假币，同时确定这枚假币的质量比其他真币是轻还是重。

4.6.2　二叉树

二叉树是树形结构的一个重要类型，许多实际问题抽象出来的数据结构往往是二叉树形式，所以，二叉树具有很重要的地位。

1．二叉树的定义

二叉树（Binary Tree）是 n（$n \geq 0$）个节点的有限集 T，它或者是空集（$n=0$），或者同时满足以下两个条件：

①有且仅有一个称为根的节点。
②其余节点分为两个互不相交的集合 T_1 和 T_2，T_1 和 T_2 分别称为根的左子树和右子树。

二叉树的特点是每个节点的度不大于 2，并且二叉树的子树有左右之分。

二叉树可以有 5 种基本形态，如图 4-17 所示。

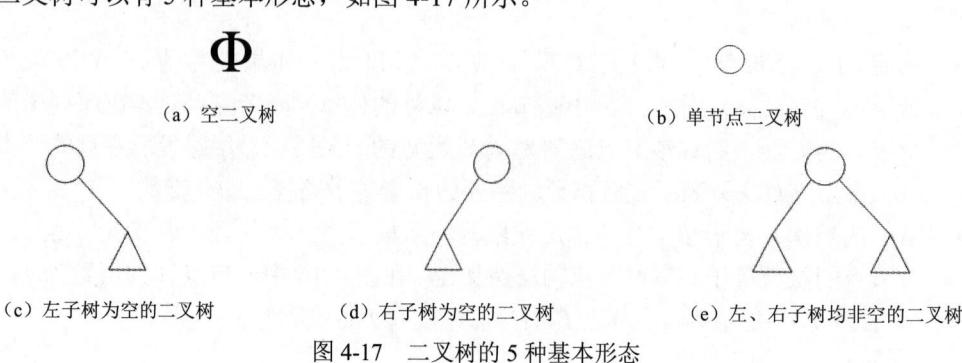

（a）空二叉树　　（b）单节点二叉树

（c）左子树为空的二叉树　　（d）右子树为空的二叉树　　（e）左、右子树均非空的二叉树

图 4-17　二叉树的 5 种基本形态

2．二叉树的主要性质

性质 1：二叉树第 i 层上的节点数目最多为 2^{i-1}（$i \geqslant 1$）。

性质 2：深度为 k 的二叉树至多有 2^k-1 个节点（$k \geqslant 1$）。

性质 3：在任意一棵二叉树中，如果终端节点的个数为 n_0，度为 2 的节点的个数为 n_2，则 $n_0=n_2+1$。

性质 4：具有 n（$n>0$）个节点的完全二叉树的深度为 $\lceil \log_2 n + 1 \rceil$ 或 $\lfloor \log_2 n \rfloor + 1$。

说明：$\lceil x \rceil$ 表示不小于 x 的最小整数，$\lfloor x \rfloor$ 表示不大于 x 的最大整数。

二叉树的存储结构有两种：顺序存储结构和链式存储结构。

3．二叉树的遍历

二叉树的遍历是指按照一定次序依次访问树中所有节点的过程，并且每个节点仅被访问一次。遍历是二叉树中常用的一种操作。

在遍历一棵非空二叉树时，根据访问根节点（D）、遍历左子树（L）和遍历右子树（R）的先后顺序不同，可以有 6 种遍历方法：DLR、DRL、LDR、RDL、LRD、RLD。如果规定左子树（L）在右子树（R）之前遍历，则对非空二叉树有 3 种递归遍历方法：DLR（先序遍历）、LDR（中序遍历）、LRD（后序遍历）。

1）先序遍历

先序遍历又称先根遍历，记为 DLR，过程如下：

（1）访问根节点。

（2）先序遍历左子树。

（3）先序遍历右子树。

例如，图 4-18 所示的二叉树的先序遍历序列为 *ABDECF*。

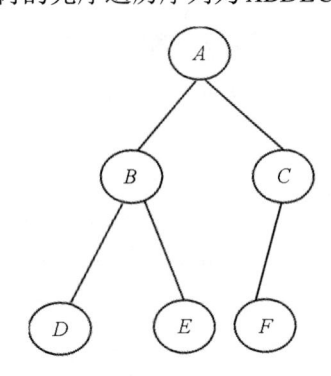

图 4-18　二叉树

2）中序遍历

中序遍历又称中根遍历，记为 LDR，过程如下：

（1）中序遍历左子树。

（2）访问根节点。

（3）中序遍历右子树。

例如，图 4-18 所示的二叉树的中序遍历序列为 *DBEAFC*。

3）后序遍历

后序遍历又称后根遍历，记为 LRD，过程如下：

（1）后序遍历左子树。

（2）后序遍历右子树。

（3）访问根节点。

例如，图 4-18 所示的二叉树的后序遍历序列为 DEBFCA。

4）层次遍历

二叉树的层次遍历是指从二叉树的第一层（根节点）开始，从上至下逐层遍历，在同一层中，按从左到右的顺序对节点逐个进行访问。

例如，图 4-18 所示的二叉树的层次遍历序列为 ABCDEF。

5）由遍历序列恢复二叉树

图 4-19 所示的 5 棵二叉树的先序遍历序列都为 ABC，由此可知，仅由先序遍历序列（或中序遍历序列，或后序遍历序列）无法唯一确定一棵二叉树。但是，如果同时知道一棵二叉树的先序遍历序列和中序遍历序列，或者同时知道一颗二叉树的中序遍历序列和后序遍历序列，就能唯一确定这棵二叉树。

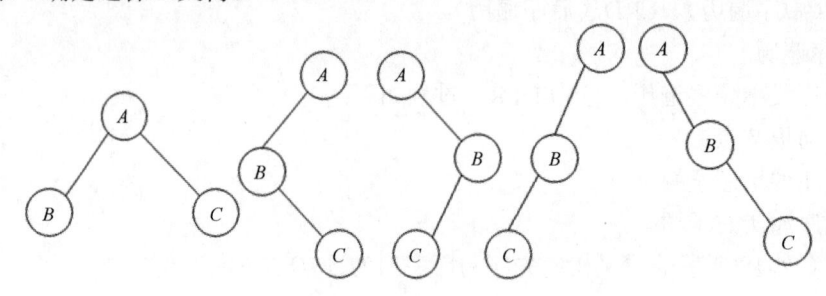

图 4-19　先序遍历序列相同的 5 棵二叉树

例如，已知一棵二叉树的先序遍历序列为 ABDCEGF，中序遍历序列为 DBAEGCF，构造该二叉树。

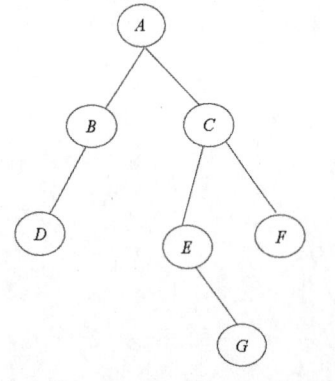

分析过程：

（1）在整个先序遍历序列中，第一个节点 A 为根节点，对应的中序遍历序列中 A 的左边有 DB，而 DB 在先序遍历序列中最先出现的节点为 B，则 A 左子树的根为 B；中序遍历序列中 A 的右边有 EGCF，而 EGCF 在先序遍历序列中最先出现的节点为 C，则 A 右子树的根为 C。

（2）对左子树和右子树进行相同的分解，可以得出对应的二叉树如图 4-20 所示。

再如，已知一棵二叉树的中序遍历序列为 BDAGECF，后序遍历序列为 DBGEFCA，构造该二叉树。

图 4-20　由先序遍历序列和中序遍历序列构造的二叉树

分析过程：

（1）在整个后序遍历序列中，最后一个节点 A 为根节点，对应的中序遍历序列中 A 的左边有 BD，而 BD 在后序遍历序列中最后出现的节点为 B，则 A 左子树的根为 B；中序遍历序列中 A 的右边有 GECF，而 GECF 在后序遍历序列中最后出现的节点为 C，则 A 右子树的根为 C。

（2）对左子树和右子树进行相同的分解，可以得出对应的二叉树如图 4-21 所示。

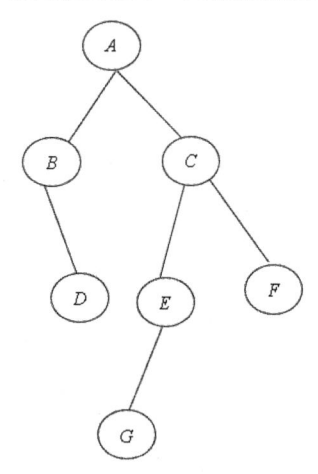

图 4-21　由中序遍历序列和后序遍历序列构造的二叉树

4．最优二叉树及应用

1）最优二叉树的定义

最优二叉树也称哈夫曼树，是一种带权路径长度最短的树，它有着广泛的应用。

在很多应用中，常将树中节点赋予一个具有某种实际意义的实数，称为该节点的权。节点的带权路径长度是指从根到该节点的路径长度与该节点的权的乘积。树的带权路径长度定义为树中所有叶节点的带权路径长度之和，通常记为：

$$\text{WPL}=\sum_{i=1}^{n}w_i l_i$$

其中，n 表示叶子节点的数目，w_i 和 l_i 分别表示叶子节点 k_i 的权值和根到节点 k_i 之间的路径长度。

在所有由 n 个带权叶子节点构成的二叉树中，WPL 最小的二叉树称为最优二叉树。这个算法最早由哈夫曼（Huffman）于 1952 年提出，所以也被称为哈夫曼树。

2）最优二叉树的构造算法

如何构造一棵最优二叉树呢？哈夫曼首先给出了构造最优二叉树的方法，我们将其称为哈夫曼算法，其基本思想如下：

（1）用给定的 n 个权值（w_1、w_2、…、w_n）对应的 n 个节点构成 n 棵二叉树的森林 $T=\{T_1,T_2,\cdots,T_n\}$，其中每棵二叉树 T_i（$1 \leqslant i \leqslant n$）中都只有一个权值为 w_i 的根节点，其左子树和右子树均为空。

（2）在森林 T 中选取两棵根节点权值最小的二叉树分别作为一棵新的二叉树的左子树和右子树，并标记新的二叉树的根节点权值为其左子树和右子树根节点的权值之和。

（3）在森林 T 中，用新得到的二叉树代替这两棵树。

（4）重复（2）和（3），直到 T 只含一棵二叉树为止。此时，这棵二叉树便是哈夫曼树。

例如，有 4 个叶子节点 A、B、C 和 D，它们的权值分别为 5、3、4、7，其哈夫曼树的构造过程如图 4-22 所示。

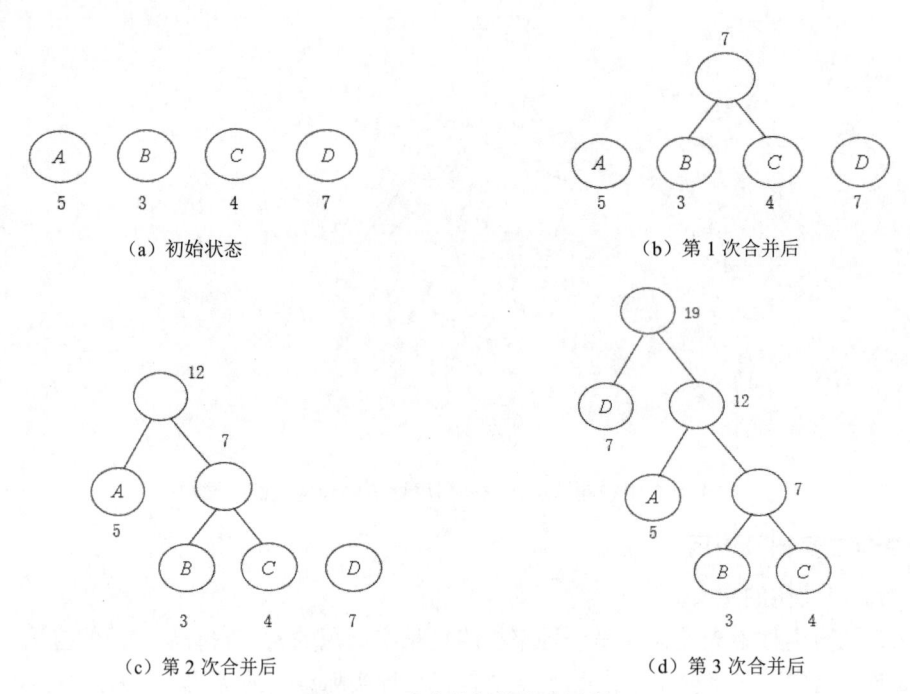

图 4-22　哈夫曼树的构造过程

由哈夫曼树的定义可知，权值越大的叶子节点越靠近根节点，而权值越小的叶子节点越远离根节点。

3）哈夫曼编码

哈夫曼树的应用十分广泛。在不同的应用中，叶子节点的权值被赋予不同的含义。例如，在信息编码中，权值可以看作是某个符号出现的频率；当应用到判定过程中时，权值可以看作是某一类数据出现的频率。

在数据通信中，常常需要将传送的信息转换成由二进制数 1 和 0 组成的字符串来传送，为了使传送的电文编码总长度最短，使用频率越高的字符编码应尽可能短，哈夫曼编码能满足这个要求。

哈夫曼树的构造方法如下：

假设需要编码的字符有 d_1、d_2、$\cdots$、d_n，它们在电文中出现的频率分别为 w_1、w_2、$\cdots$、w_n，以 d_1、d_2、$\cdots$、d_n 作为叶子节点，以 w_1、w_2、$\cdots$、w_n 分别作为每个叶子节点的权值构造一棵二叉树，规定哈夫曼树中的左分支为 0，右分支为 1，则从根节点到每个叶子节点所经过的分支对应的 0 和 1 组成的序列便是该节点对应字符的编码，这样的编码称为哈夫曼编码。

哈夫曼编码的实质是使用频率越高的字符采用越短的编码，从而减少传送时间。

例如，假设用于通信的电文由字符集{a,b,c,d,e,f,g,h}中的字母构成，这 8 个字母在电文中出现的概率分别为{0.05,0.11,0.04,0.08,0.38,0.03,0.22,0.09}。为这 8 个字母构造哈夫曼树，并写出哈夫曼编码。

分析过程：以电文中的 8 个字母 a、b、c、d、e、f、g 和 h 作为叶子节点，以它们出现的频率分别作为对应节点的权值构造哈夫曼树，并给树中所有的左分支标上 0，给所有的右分支标上 1。为 8 个字母构造的哈夫曼树如图 4-23 所示，8 个字母的哈夫曼编码分别如下：

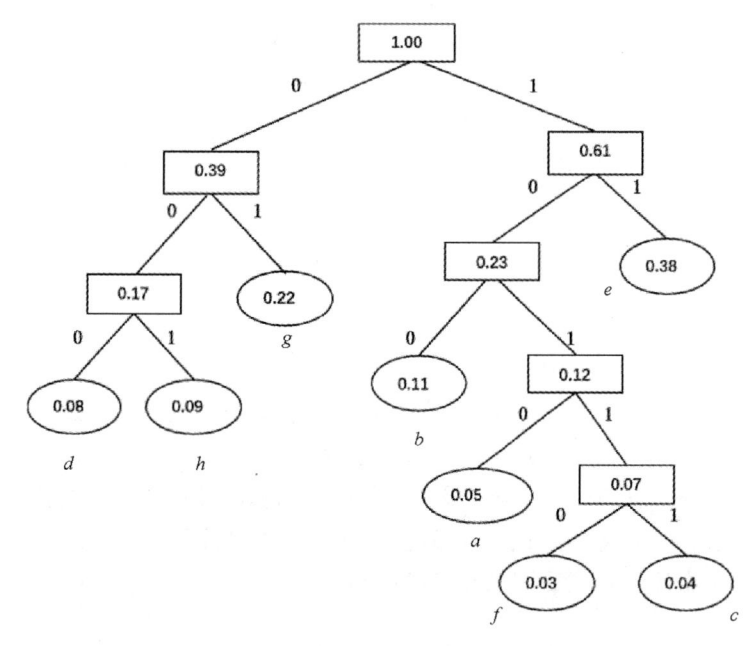

a:1010　　　　b:100　　　　c:10111　　　d:000

e:11　　　　　f:10110　　　 g:01　　　　 h:001

图 4-23　为 8 个字母构造的哈夫曼树

4.7 图

图是一种比线性结构和树形结构更为复杂的数据结构。图的应用较为广泛，如人工智能、计算机科学等领域。

4.7.1 图的基本概念

1. 图的定义

图（Graph）是一种数据结构，可记为 $G=(V,E)$。其中，G 表示一个图，V 是顶点的有穷非空集合，E 是 V 中顶点偶对（称为边）的有穷集合。

在一个图中，如果每条边都没有方向，则称该图为无向图，无向图中的边均是顶点的无序对，无序对通常用圆括号表示，如(v_i,v_j)和(v_j,v_i)表示同一条边。

在一个图中，如果每条边都有方向，则称该图为有向图，有向图中的边均是顶点的有序对，有序对通常用尖括号表示，如$<v_i,v_j>$和$<v_j,v_i>$表示两条不同的有向边。

在图 4-24 所示的图中，图（a）是无向图，图（b）是有向图。

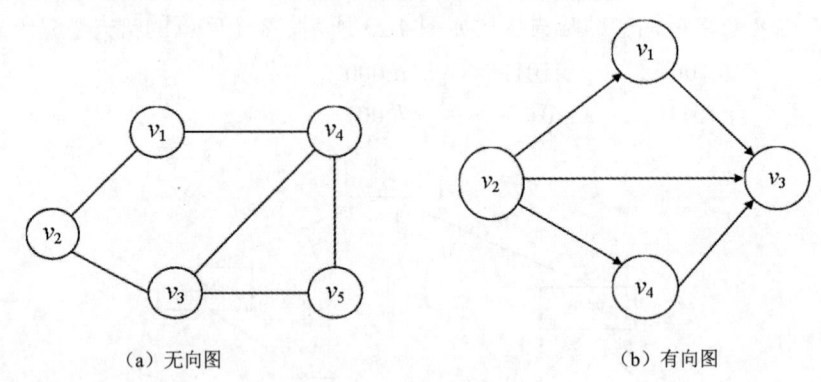

（a）无向图　　　　　　　　　　（b）有向图

图 4-24　图的示例

2．图的相关术语

1）顶点、边、弧、弧头和弧尾

在无向图中，如果顶点 v_i 和顶点 v_j 之间有一条直接连线，则称这条连线为边，边用顶点的无序偶对(v_i,v_j)来表示，表示顶点 v_i 和顶点 v_j 互为邻接点。在有向图中，如果顶点 v_i 到顶点 v_j 之间有一条直接的有向连线，则一般称这条连线为弧，弧用顶点的有序偶对$<v_i,v_j>$表示。有序偶对的第一个节点 v_i 称为始点（或弧尾），在图中不带箭头的一端；有序偶对的第二个节点 v_j 称为终点（或弧头），在图中带箭头的一端。

2）无向完全图

在一个无向图中，如果任意两个顶点之间都有一条直接边相连接，则称该图为无向完全图。在一个含有 n 个顶点的无向完全图中，有 n(n-1)/2 条边。

3）有向完全图

在一个有向图中，如果任意两个顶点之间都有方向相反的两条弧相连接，则称该图为有向完全图。在一个含有 n 个顶点的有向完全图中，有 n(n-1)条边。

4）顶点的度、入度和出度

顶点 v_i 的度（Degree）是指图中与顶点 v_i 相连的边数，通常记为 $D(v_i)$。在有向图中，要区别顶点的入度和出度的概念。顶点 v_i 的入度是指以顶点 v_i 为终点的弧的数目，记为 $ID(v_i)$；顶点 v_i 的出度是指以顶点 v_i 为始点的弧的数目，记为 $OD(v_i)$。其中，$D(v_i)=ID(v_i)+OD(v_i)$。

在图 4-24（a）所示的无向图中，顶点 v_1 的度为 2，顶点 v_4 的度为 3；在图 4-24（b）所示的有向图中，顶点 v_1 的度为 2，其中，入度为 1，出度为 1。

无论是有向图还是无向图，顶点数 n、边数 e 和度数之间都有如下关系：

$$e=\frac{1}{2}\sum_{i=1}^{n}D(v_i)$$

5）路径、路径长度

在无向图 G 中，顶点 v_p 到顶点 v_q 之间的路径是指顶点序列 v_p、v_{i1}、v_{i2}、…、v_{im}、v_q。其中，(v_p,v_{i1})、(v_{i1},v_{i2})、…、(v_{im},v_q) 分别为图中的边。如果 G 是有向图，则路径也是有向的，它由有向边 $<v_p,v_{i1}>$、$<v_{i1},v_{i2}>$、…、$<v_{im},v_q>$ 组成。路径上边的数目称为路径长度。

6）回路、简单路径和简单回路

第一个顶点和最后一个顶点相同的路径称为回路或环（cycle）。序列中顶点不重复出现的路径称为简单路径。除第一个顶点与最后一个顶点以外，其他顶点不重复出现的回路称为简单回路。

7）子图

对于图 $G=(V,E)$ 和图 $G'=(V',E')$，如果存在 V' 是 V 的子集，E' 是 E 的子集，则称图 G' 是图 G 的一个子图。

8）连通的、连通图和连通分量

在无向图中，如果从一个顶点 v_i 到另一个顶点 v_j（$i\neq j$）有路径，则称顶点 v_i 和 v_j 是连通的。如果图中任意两个顶点都是连通的，则称该图为连通图。无向图的极大连通子图称为连通分量。

9）生成树

连通图 G 的生成树是 G 的包含其全部 n 个顶点的一个极小连通子图。它必定包含且仅包含 G 的 $n-1$ 条边。

10）带权图

图中每条边都可以附有一个对应的数值，称为权（Weight）。权可以表示从一个顶点到另一个顶点的距离或花费的代价等。边上带权的图称为带权图，也称网络（Network）。

图的存储表示方法有很多，最常用的是邻接矩阵、邻接表和十字链表表示法。

4.7.2 图的遍历

图的遍历是指从图中的任意一个顶点出发，对图中的所有顶点访问一次且只访问一次。图的遍历有深度优先搜索和广度优先搜索两种方法，它们对无向图和有向图都适用。图的遍历是图的一种基本操作，是求解图的连通性问题、拓扑排序和关键路径等算法的基础。

1. 深度优先搜索

图的深度优先搜索 DFS（Depth-First Search）类似于树的先序遍历。假设图 G 的初态是所有顶点均未被访问过，在图 G 中任选一个顶点 v 为初始出发点（源点），首先访问顶点 v，然后依次从顶点 v 的未被访问的邻接点出发继续深度优先搜索图中的其余顶点，直到图中所有与顶点 v 有路径相通的顶点均已被访问；如果此时图 G 中仍有未被访问的顶点，则在图 G 中另选一个尚未被访问的顶点作为新的源点重复上述过程，直到图 G 中所有顶点均已被访问。

以图4-24（a）所示的无向图为例进行图的深度优先搜索。假设从顶点v_1出发进行搜索，可以得到顶点的访问序列为$v_1{\rightarrow}v_2{\rightarrow}v_3{\rightarrow}v_4{\rightarrow}v_5$或$v_1{\rightarrow}v_2{\rightarrow}v_3{\rightarrow}v_5{\rightarrow}v_4$等，由此可知，图的深度优先搜索序列并不是唯一的。

2. 广度优先搜索

图的广度优先搜索BFS（Breadth-First Search）类似于树的层次遍历。假设图G的初态是所有顶点均未被访问过，在图G中任选一个顶点v为初始出发点（源点），首先访问顶点v，接着依次访问顶点v的所有邻接点w_1、w_2、…、w_t，然后依次访问与w_1、w_2、…、w_t邻接的所有未被访问过的顶点，以此类推，直到图中所有和源点v有路径相通的顶点都已被访问。如果此时图中仍有未被访问的顶点，则在图G中另选一个尚未被访问的顶点作为新源点重复上述的搜索过程，直到图G中所有顶点均已被访问。

以图4-24（a）所示的无向图为例进行图的广度优先搜索。假设从顶点v_1出发进行搜索，可以得到顶点的访问序列为$v_1{\rightarrow}v_2{\rightarrow}v_4{\rightarrow}v_3{\rightarrow}v_5$或$v_1{\rightarrow}v_4{\rightarrow}v_2{\rightarrow}v_5{\rightarrow}v_3$等，由此可知，图的广度优先搜索序列也不是唯一的。

4.7.3 图的应用

1. 最小生成树

在一个无向连通网的所有生成树中，各条边的权值总和最小的生成树称为最小生成树，也称最小代价生成树。

想要构造有n个顶点的无向连通带权图的最小生成树，必须满足以下3个条件：

（1）必须包括n个顶点。

（2）有且仅有$n-1$条边。

（3）不存在回路。

最小生成树有多种构造算法，其中大多数构造算法都是利用了最小生成树的性质（简称MST性质）：假设$G=(V,E)$是一个连通网络，U是顶点集V的一个真子集。如果(u,v)是G中所有的一个端点在U（$u{\in}U$）里、另一个端点不在U（即$v{\in}V-U$）里的边中具有最小权值的一条边，则一定存在G的一棵最小生成树包括边(u,v)。

在最小生成树的构造方法中，最典型的是普里姆（Prim）算法和克鲁斯卡尔（Kruskal）算法。下面介绍Prim算法。

假设$G=(V,E)$是连通网，其中V是网中所有顶点的集合，E是网中所有边的集合。设两个新的集合U和T，其中U用于存放G的最小生成树中的顶点，T存放G的最小生成树中的边。假设从顶点u_1出发构造最小生成树，则U的初值为$\{u_1\}$，T的初值为$\{\}$。

Prim算法的思想是：选取最小权值的边(u,v)（其中$u{\in}U$，$v{\in}V-U$），将顶点v加入U中，将边(u,v)加入T中，不断重复上述过程，直到$U=V$时，T中包含了最小生成树的所有边，最小生成树构造完毕。

对于图4-25（a）所示的网，从顶点v_1出发，采用Prim算法构造该网的最小生成树的过程如图4-25（b）～图4-25（h）所示。

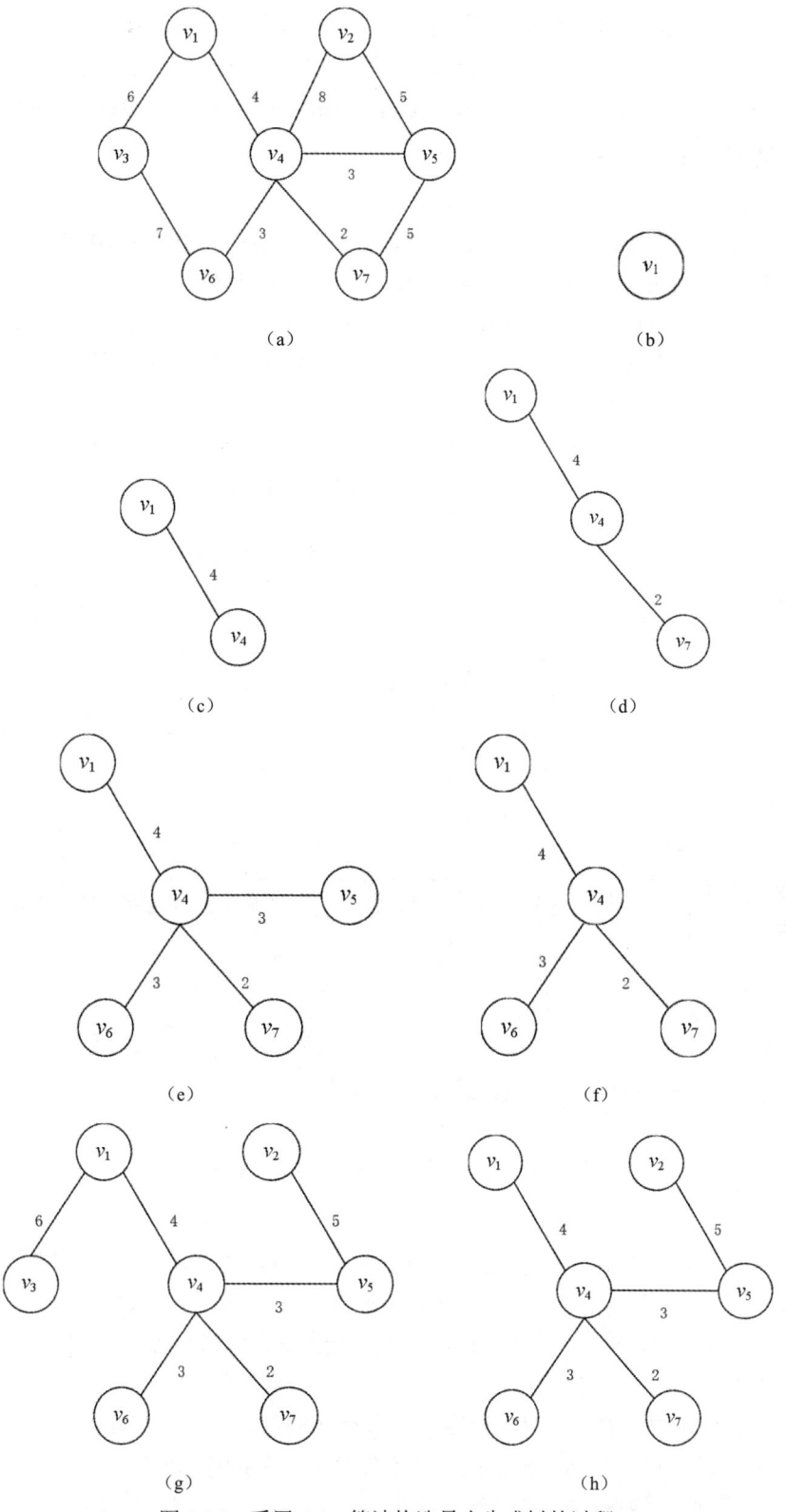

图 4-25 采用 Prim 算法构造最小生成树的过程

最小生成树的概念可以解决很多实际问题。例如，要在 n 个城市之间构造一个费用最低的通信网络，在网络中，每个顶点表示城市，边表示城市之间可以构造通信线路，每条边的权值表示该条通信线路的费用，要想使总的费用最低，实际上就是寻找该网络的最小生成树。

2．AOV 网与拓扑排序

1）AOV 网的定义

在有向图中，如果用顶点表示活动，用有向边表示活动之间的先后关系，则称该有向图为顶点表示活动的网络（Activity On Vertex Network），简称 AOV 网。

在 AOV 网中，如果从顶点 i 到顶点 j 之间存在一条有向路径，则称顶点 i 是顶点 j 的前驱，或者称顶点 j 是顶点 i 的后继。如果 $<i,j>$ 是图中的边，则称顶点 i 是顶点 j 的直接前驱，顶点 j 是顶点 i 的直接后继。

例如，表 4-1 所示为计算机专业的课程设置及其优先关系，有些课程的开设有先后关系，而有些课程的开设则没有先后关系，有先后关系的课程必须按先后关系开设。

表 4-1　计算机专业的课程设置及其优先关系

课程代码	课程名称	先修课程
C1	大学计算机基础	无
C2	高等数学	无
C3	高级语言程序设计	C1
C4	离散数学	C1,C2
C5	数据结构	C3,C4
C6	编译原理	C3,C5
C7	操作系统	C5

图 4-26 所示为表示课程之间先后关系的 AOV 网，其中顶点表示课程，有向边表示先决条件。

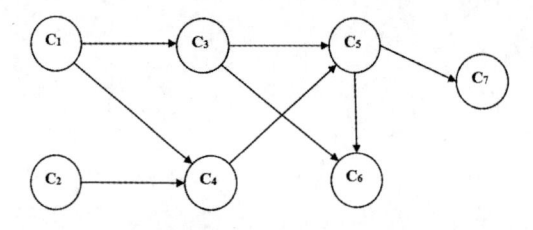

图 4-26　表示课程之间先后关系的 AOV 网

2）拓扑排序

对于一个 AOV 网 $G=(V,E)$，如果 V 中顶点的线性序列（$v_1,v_2,...,v_n$）满足条件"如果在 G 中从顶点 v_i 到顶点 v_j 有一条路径，则在序列中顶点 v_i 必在顶点 v_j 之前"，则称该线性序列为 G 的一个拓扑序列。构造有向图的一个拓扑序列的过程称为拓扑排序。

关于拓扑序列，有以下说明：

（1）在 AOV 网中，如果不存在回路，则所有活动可以排成一个线性序列，使得每个活动的所有前驱活动都排在该活动的前面，从而使整个工程顺序执行。

（2）拓扑序列不是唯一的。

（3）AOV 网不一定都有拓扑序列。

3）拓扑排序算法

对 AOV 网进行拓扑排序的步骤如下：

（1）从 AOV 网中选择一个入度为 0 的顶点，输出它。

（2）从 AOV 网中删去该顶点及以它为弧尾的所有有向边。

（3）重复上述两个步骤，直到剩余的网中不再存在入度为 0 的顶点。

图 4-26 所示的 AOV 网的拓扑序列为 $C_1,C_2,C_3,C_4,C_5,C_6,C_7$ 或 $C_2,C_1,C_3,C_4,C_5,C_6,C_7$ 等，由此可知，拓扑序列不是唯一的。

利用图的相关知识还可以解决很多实际问题，如最短路径、关键路径等。

4.8 查找

4.8.1 查找的定义

查找（search）又称检索，给定一个值 k，在含有 n 个节点的表中找出关键字等于给定值 k 的节点。如果存在，则查找成功；否则，查找失败。查找操作是计算机应用中常用的操作之一。查找通常是在文件中进行的。

在计算机中，查找主要分静态查找、动态查找和哈希查找。静态查找主要是在查找表中查找给定的数据元素是否在表中；动态查找是指在查找过程中同时插入查找表中不存在的数据元素，或者从查找表中删除已存在的某个数据元素；哈希查找是利用哈希函数通过计算求取待查找元素的存储地址。

4.8.2 常用查找方法

1. 顺序查找

顺序查找又称线性查找，是一种最简单、最基本的查找方法。顺序查找既适用于顺序表，也适用于链表。顺序查找的基本思想是：从表的一端开始，顺序扫描线性表，依次将扫描到的记录关键字的值和给定值 k 进行比较，如果相等，则查找成功，并给出关键字 k 在表中的位置；如果扫描结束后仍未找到关键字的值等于 k 的记录，则查找失败，返回 0。

用 C 语言描述顺序查找，算法如下：

```
SeqSearch(Seqlist S[],ElemType k){
    //在顺序表 S 中顺序查找关键字的值等于 k 的记录
    int i;
    S.elem[0].key=k;        //监视哨
    for(i=S.length;S.elem[i].key!=k;i--)    //从表中最后一个元素开始往前查找
        ;
    return i;               //当查找成功时返回找到的记录位置，当查找失败时返回 0
}
```

在等概率的情况下，概率 $p_i=1/n(1≤i≤n)$，因此查找成功的平均查找长度为 $(n+…+2+1)/n=(n+1)/2$，即查找成功时的平均比较次数约为表长的一半；如果 k 值不在表中，则需进行 $n+1$ 次比较之后才能确定查找失败，因此顺序查找算法的时间复杂度为 $O(n)$。

顺序查找算法简单，对表的结构无要求，既适用于顺序表，也适用于链表，无论节点之间是否按关键字排序都同样适用。但顺序查找的效率低，因此，当 n 较大时不宜采用顺序查找。

2．折半查找

折半查找（Binary Search）也称二分查找，要求线性表是有序表。

折半查找的基本思想如下：

假设 r[low…high] 是当前查找区间，

①假设有序表有 n 个元素且递增有序，中间位置记录的序号为 $mid=(n+1)/2$，相应记录的关键字的值为 $r_{mid}.key$。

②将给定值 k 与 $r_{mid}.key$ 进行比较，如果 $k=r_{mid}.key$，则查找成功，返回该元素的下标 mid，结束查找；如果 $k<r_{mid}.key$，由于有序表中的元素是递增的，因此若表中存在 k，则其必定在左半部分，接着只要在左半部分 r[1…mid-1]中继续使用折半查找即可。如果 $k>r_{mid}.key$，若表中存在 k，则其必定在右半部分，继续对右半部分 r[mid+1…n]使用折半查找即可。

每经过一次比较，查找空间就缩小一半，重复这一过程直至查找成功，或者直至当前查找区域为空，则宣告查找失败。

例如，有一个有序表，关键字的值分别为 10、20、23、40、55、68、79、100，设整型变量 low、m、high 分别表示被查区间的第一个、中间一个和最后一个记录的下标。假设给定值 k=68，则折半查找的过程如下：

开始时，有 low=1，high=8，m=(1+8)/2=4，第一个、中间一个和最后一个记录的关键字的值分别为 $r_1.key$、$r_4.key$ 和 $r_8.key$。

```
        [10  20  23  40  55  68  79  100]
         ↑           ↑            ↑
        low          m           high
```

因为 k=68＞$r_m.key$，所以在右半部分查找：

```
         10  20  23  40  [55  68  79  100]
                          ↑   ↑        ↑
                         low  m       high
```

此时，low=m+1=5，high=8，m=(5+8)/2=6。由于 k=68=$r_m.key$，查找成功，因此 68 在该有序表中所在位置的序号为 6。

假设给定值 k=15，则折半查找的过程如下：

```
        [10  20  23  40  55  68  79  100]
         ↑           ↑                ↑
        low          m               high
```

此时 low=1，high=8，m=(1+8)/2=4，k=15＜40，所以在左半部分查找：

```
[10  20  23]  40  55  68  79  100
 ↑   ↑   ↑
low  m  high
```

此时 low=1，high=3，m=(1+3)/2=2，k=15<20，继续缩小查找区间，在左半部分查找。此时，low、m、high 均为 1，即都指向 10，

```
[10]  20  23  40  55  68  79  100
 ↑
low m high
```

因为 k≠10，所以查找失败。

用 C 语言描述折半查找，算法如下：

```c
int Bin_Search(Seqlist  r,int n,ElemType k){
    //在有序表 r 中折半查找关键字的值等于 k 的元素
    int low=1,high=n;
    while(low<=high){
        mid=(low+high)/2;
        if(k==r[mid].key)
            return mid;
        else if(k>r[mid].key)
            high=mid-1;
        else low=mid+1;
    }
    return -1;
}
```

查找方法还有很多，如分块查找、二叉排序树查找、哈希查找等，在实际工作中解决问题时，应根据实际情况进行选择。

4.9 排序

4.9.1 排序的定义

排序（Sorting）是将数据元素（或记录）的任意序列通过某些方法重新排列成一个按关键字排序的序列。排序也是计算机程序设计中的一种重要操作。

对于关键字相同的数据元素，如果通过某种方法排序后，数据元素的位置关系在排序前与排序后保持一致，则称这种排序方法是稳定的，反之，则称这种排序方法是不稳定的。

排序方法可以分为内部排序和外部排序两大类。内部排序是指待排序的记录都存放在计算机内存中的排序；外部排序是指因待排序的数据量大，以至于内存不能容纳全部记录，在排序中需对外存进行访问的排序。

4.9.2 常用排序方法

1. 冒泡排序

冒泡排序（Bubble Sort）是一种交换排序，在排序过程中，主要通过两两比较待排序记录的关键字的值进行排序，如果逆序就进行交换，直到所有记录都排好序。冒泡排序简单易懂，但效率很低，适用于排序量不大的情况。

冒泡排序的基本思想是：假设有 n 个记录待排序，首先对 r[1].key 和 r[2].key 进行比较，如果 r[1].key>r[2].key，就交换这两个记录；然后继续对 r[2].key 和 r[3].key 进行比较，并进行相同的处理。重复上述过程，直到 r[n-1].key 和 r[n].key 比较完成。经过一趟冒泡排序后，关键字的值最大的记录被"沉"到了最下面。继续对前 n-1 个记录进行冒泡排序。如果在一趟排序过程中没有对记录进行交换，则排序结束。

例如，假设有一个原始序列，关键字的值分别为 40、25、17、30、35、6、20、5，采用冒泡排序方法进行排序的过程如图 4-27 所示。

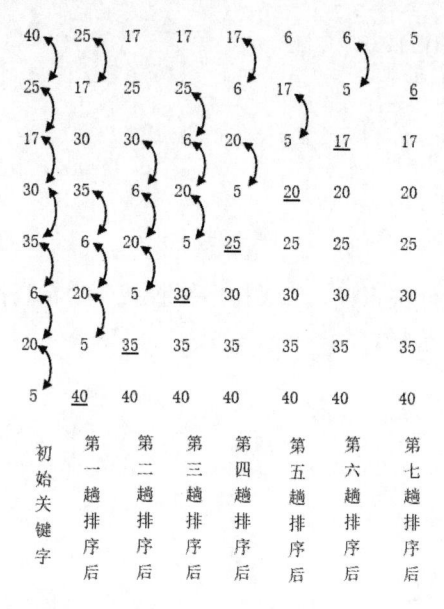

初始关键字	第一趟排序后	第二趟排序后	第三趟排序后	第四趟排序后	第五趟排序后	第六趟排序后	第七趟排序后
40	25	17	17	17	6	6	5
25	17	25	25	6	17	5	6
17	30	30	6	20	5	17	17
30	35	6	20	5	20	20	20
35	6	20	5	25	25	25	25
6	20	5	30	30	30	30	30
20	5	35	35	35	35	35	35
5	40	40	40	40	40	40	40

图 4-27 采用冒泡排序方法进行排序的过程

用 C 语言描述冒泡排序，算法如下：

```
oid BubbleSort(RType r[],int n){
    //对表 r[1…n]中的 n 个记录进行冒泡排序
    for(i=1;i<n;i++){
        flag=1;              //flag=1 表示本趟没有数据交换
        for(j=1;j<n-i;j++)
            if(r[j+1].key<r[j].key){
                flag=0;      //flag=0 表示本趟有数据交换
                r[0]=r[j];
                r[j]=r[j+1];
                r[j+1]=r[0]; //交换数据
            }
```

```
        if(flag)
            break;              //没有数据交换，排序结束
    }
}
```

其中，算法中的 flag 为标志变量，如果某一趟排序中有数据交换，则 flag=0；如果某一趟排序中没有数据交换，则 flag=1。冒泡排序是稳定的排序方法。

2．希尔排序

希尔排序（Shell's Sort）又称缩小增量排序。希尔排序的基本思想是：先将整个待排序的记录序列分割成若干小组（子序列），分别在各个组内进行直接插入排序，当整个序列中的记录"基本有序"时，再对全体记录进行一次直接插入排序。

由此可以看出，希尔排序的特点是：在排序过程中，不是将相邻的两个记录进行比较交换，而是允许跳过较大的间隔比较记录，并逐次减小比较的间隔。

希尔排序的具体步骤如下：

①取一个正整数 d_1（$d_1<n$）作为增量，将待排序的记录分成 d_1 个组，将所有距离为 d_1 倍数的记录看成一组，在各组内进行直接插入排序。这样的一次分组和排序过程称为一趟希尔排序。

②设置另一个新的增量 d_2（$d_2<d_1$），采用与上述相同的方法继续进行分组和排序。

③继续设置增量 d_i（$d_{i+1}<d_i$），采用与上述相同的方法继续进行分组和排序，直到增量 $d_i=1$（$i \geqslant 1$），即所有记录都放在同一组中。

假设有 n 个记录进行希尔排序，增量序列一般选 $d_1=n/2$，$d_2=d_1/2$，$d_3=d_2/2$，…，$d_i=1$。

例如，假设有 10 个记录的原始序列，初始关键字的值分别为 48、26、70、35、90、19、37、58、26、12，增量序列的取值依次为 $d_1=5$、$d_2=3$、$d_3=1$，采用希尔排序方法进行递增排序的过程如图 4-28 所示。

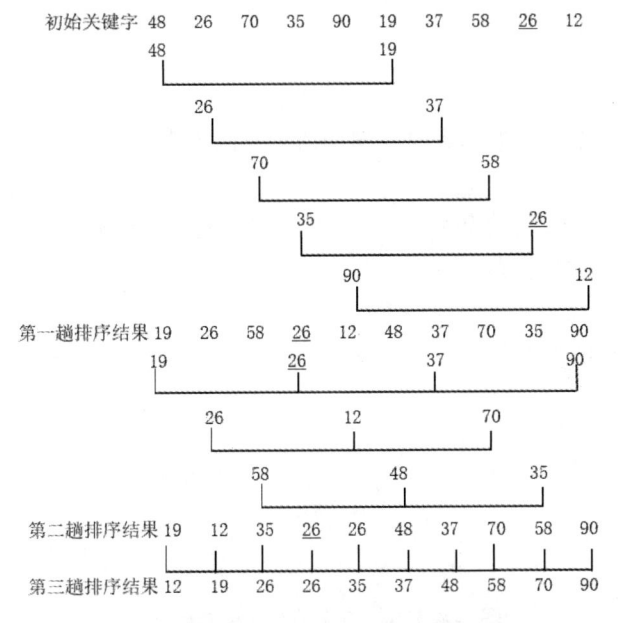

图 4-28 采用希尔排序方法进行递增排序的过程

用 C 语言描述希尔排序，算法如下：

```c
void ShellSort(RType r[],int n){
    //对表 r[1...n]中的 n 个记录进行希尔排序
    d=n/2;                          //取初始增量
    while(d>0){
        for(i=d+1;i<=n;i++){
            r[0]=r[i];
            j=i-d;         //分组排序
            while(j>0&&r[0].key<r[j].key){
                r[j+d]=r[j]; j=j-d;
            }
            r[j+d]=r[0];
        }
        d=d/2;                      //缩小增量值
    }
}
```

希尔排序是不稳定的排序方法。

排序方法还有直接插入排序、堆排序、归并排序等，这些排序方法各有优点和缺点，在实际工作中解决问题时，可以根据实际情况进行选择。

➢ 技能训练

【案例 1】

假设依次进入一个栈的元素序列为 *cabd*，则可以得到出栈的元素序列是（　　）。

A．*abcd*　　　　　B．*cdab*　　　　　C．*bcda*　　　　　D．*acdb*

【分析】

根据栈的定义可知，栈是一种后进先出表，即最先放入栈中的元素在栈底，最后放入栈中的元素在栈顶，删除元素时则刚好相反，最后放入栈中的元素最先删除，最先放入栈中的元素最后删除。

【答案】AD

【案例 2】

试分别画出具有 3 个节点的树和二叉树的所有不同形态。

【分析】

二叉树的特点是每个节点的度不大于 2，并且二叉树的子树有左右之分。而树中节点的度没有规定，并且子树没有左右之分。

【答案】

具有 3 个节点的树的形态如图 4-29 所示。

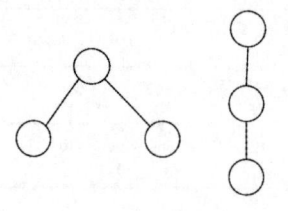

图 4-29　具有 3 个节点的树的形态

具有 3 个节点的二叉树的形态如图 4-30 所示。

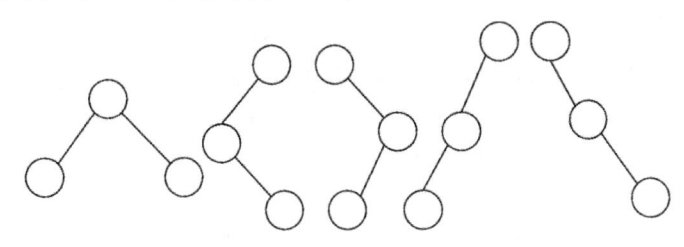

图 4-30 具有 3 个节点的二叉树的形态

➢ **本章小结**

本章介绍了数据结构的概念与研究内容，算法的定义、表示、性能分析与度量，线性表、栈、队列等线性结构的定义和基本操作，树和二叉树的概念、性质及应用，图的基本概念、遍历及应用，以及查找和排序的定义、常用方法。

➢ **课后拓展**

国产操作系统——Harmony OS

华为鸿蒙系统（HUAWEI Harmony OS）是华为公司在 2019 年 8 月 9 日于东莞举行的华为开发者大会（HDC.2019）上正式发布的操作系统。

华为鸿蒙系统是一款全新的面向全场景的分布式操作系统，用于创造一个超级虚拟终端互联的世界，将人、设备、场景有机地联系在一起，将消费者在全场景生活中接触的多种智能终端实现极速发现、极速连接、硬件互助、资源共享，用合适的设备提供场景体验。

谷歌 Android 和苹果 iOS 系统长期占据了全球移动端操作系统的绝大多数市场份额，好在华为在外界的持续打击下率先推出了全新的国产操作系统——鸿蒙系统（Harmony OS）。

鸿蒙系统从发布以来，虽然受到了大多数用户的好评，但是也有一部分用户觉得鸿蒙系统不过是安卓系统套壳罢了。其实，鸿蒙系统与安卓系统还是有许多区别的。

首先，鸿蒙系统与安卓系统的内核不同。安卓系统基于 Linux 系统的宏内核设计，宏内核包含了操作系统绝大多数的功能和模块，而且这些功能和模块都具有最高的权限，只要一个模块出错，整个系统就会崩溃，这也是安卓系统容易崩溃的原因。而鸿蒙系统基于微内核设计，微内核仅包含了操作系统必要的功能模块，并具有最高权限，其他模块不具有最高权限，也就是说，其他模块出现问题，对于整个系统的运行是没有阻碍的，微内核的稳定性很高。

其次，鸿蒙系统与安卓系统的应用场景不同。安卓系统主要应用于手机、电视、智能穿戴设备等。而鸿蒙系统则定位于"万物互联"，除可以应用于手机、智能穿戴设备之外，还可以应用于智能家居、自动驾驶等几乎所有能够接入物联网的智能设备。所以，鸿蒙系统在未来的发展前景更加广阔。

不过，处在 Android 和 iOS 系统垄断的手机市场，鸿蒙系统想要突围，在未来还有很长的路要走。中国工程院院士倪光南接受媒体采访时也表示，在操作系统方面，不一定是我们的技术比人家差，而是在生态系统的建设上更加难一些。因为发达国家"先入为主"，已经在市场中建立了完备的一个生态系统，而新的生态系统必须通过市场的良性循环才能建立起来，这是很不容易的。同时，他认为，包括操作系统在内的核心技术，中国是肯定需要掌握的。关键核心技术还是要立足于自主创新，要自主可控。希望我国自主研发的操作系统，能够在中国庞大市场的支持下更快地建立起自己的生态系统。

资料来源：腾讯网。

> 习题

1．填空题

（1）栈的特点是_____，队列的特点是_____。

（2）由3个节点构成的二叉树共有_____种不同的结构。

（3）哈夫曼树又称_____，路径上权值较小的节点与根节点的距离较_____（近、远）。

（4）图的遍历有_____、_____两种方法。

（5）图的深度优先搜索序列_____唯一的。

（6）拓扑排序算法是通过重复选择具有_____个前驱顶点的过程来完成的。

（7）已知一棵二叉树的先序遍历序列为ABDCEFG，中序遍历序列为DBCAFEG，其后序遍历序列为_____。

2．选择题

（1）算法的有穷性是指（　　）。

　　A．当输入数据非法时，算法也能作出反应或进行处理

　　B．在任何情况下，算法都不会出现死循环

　　C．算法的执行效率高

　　D．算法中没有逻辑错误

（2）当线性表采用顺序存储结构时，数据元素的存储地址（　　）。

　　A．必须是连续的　　　　　　B．连续与否均可

　　C．必须是不连续的　　　　　D．以上说法均不对

（3）一个向量第一个元素的存储地址是100，每个元素的长度为2，则第25个元素的地址是（　　）。

　　A．125　　　B．148　　　C．149　　　D．150

（4）如果进栈序列为abc，则通过入栈和出栈操作可能得到的a、b、c的不同排列个数为（　　）。

　　A．4　　　B．5　　　C．6　　　D．7

（5）树形结构最适合用来描述（　　）。

　　A．有序的数据元素

　　B．无序的数据元素

　　C．数据元素之间具有层次关系的数据

　　D．数据元素之间没有关系的数据

（6）"二叉树为空"意味着二叉树（　　）。

　　A．由一些未赋值的空节点组成

B. 根节点无子树

C. 不存在

D. 没有节点

（7）假设深度为 k 的二叉树上只有度为 0 或度为 2 的节点，则这类二叉树上所含节点的总数至少为（   ）。

    A. $k+1$　　　　B. $2k$　　　　C. $2k-1$　　　　D. $2k+1$

（8）在一个图中，所有顶点的度数之和等于图的边数的（   ）倍。

    A. 1/2　　　　B. 1　　　　C. 2　　　　D. 4

（9）在一个有向图中，所有顶点的入度之和等于所有顶点的出度之和的（   ）倍。

    A. 1/2　　　　B. 1　　　　C. 2　　　　D. 4

（10）有 8 个节点的有向完全图有（   ）条边。

    A. 14　　　　B. 28　　　　C. 56　　　　D. 112

（11）任何一个无向连通图的最小生成树（   ）。

    A. 只有一棵　　　　　　　　B. 有一棵或多棵

    C. 一定有多棵　　　　　　　D. 可能不存在

3．简答题

（1）一棵度为 2 的有序树与一棵二叉树有何区别？

（2）已知一棵二叉树的先序遍历序列为 *ABDGHCEFI*，中序遍历序列为 *GDHBAECIF*，试画出此二叉树。

（3）已知一棵二叉树的中序遍历序列为 *DBEFAGHCI*，后序遍历序列为 *DEFBHGICA*，试画出这棵二叉树。

（4）画出由权值分别为 9、12、6、3、5、15 的叶子节点 *a*、*b*、*c*、*d*、*e*、*f* 构造的一棵哈夫曼树，并求出它的带权路径长度 WPL。

（5）画出图 4-31 所示网络的最小生成树。

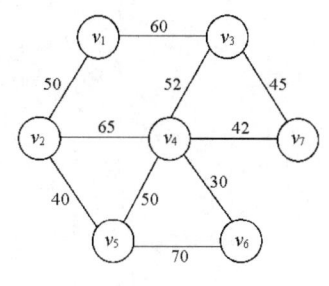

图 4-31　网络

（6）节点集 {*a,b,c,d,e,f,g,h*} 由 8 个字母构成，它们的概率分别为 {0.01,0.19,0.03,0.15,0.32,0.09,0.20,0.01}。试画出 8 个字母的哈夫曼树，并写出 8 个字母的哈夫曼编码。

第 5 章 软件开发语言

> 学习导入

"工欲善其事，必先利其器。"想要高效地进行软件开发活动，首先应该掌握一种甚至多种软件开发语言。只是现代编程语言种类繁多，应该如何选择一种适合的编程语言呢？想要作出正确的选择，了解主流编程语言的特性是重要的一环。只有在了解了不同编程语言的特性和异同之后，才能知道应该选择何种编程语言来开发一个软件项目。本章将介绍当前流行的一些编程语言，以及这些编程语言的发展历史和特点等。

> 思维导图

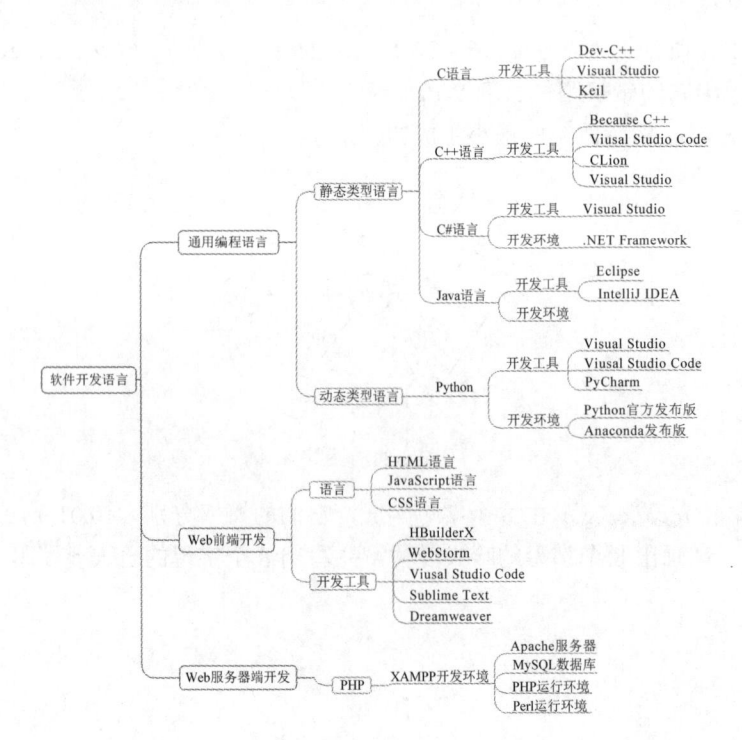

```
                                                                    ┌─ Dev-C++
                                              ┌─ C语言 ── 开发工具 ──┼─ Visual Studio
                                              │                      └─ Keil
                                              │                      ┌─ Because C++
                                              │                      ├─ Viusal Studio Code
                                              ├─ C++语言 ─ 开发工具 ──┼─ CLion
                                              │                      └─ Visual Studio
                         ┌─ 静态类型语言 ─────┤         ┌─ 开发工具 ── Visual Studio
                         │                    ├─ C#语言 ─┤
         ┌─ 通用编程语言 ┤                    │         └─ 开发环境 ── .NET Framework
         │               │                    │                      ┌─ Eclipse
         │               │                    │         ┌─ 开发工具 ─┤
         │               │                    └─ Java语言 ┤          └─ IntelliJ IDEA
         │               │                               └─ 开发环境
软件开发语言 ─┤               │                                      ┌─ Visual Studio
         │               │                               ┌─ 开发工具 ┼─ Viusal Studio Code
         │               └─ 动态类型语言 ── Python ──────┤          └─ PyCharm
         │                                                │          ┌─ Python官方发布版
         │                                                └─ 开发环境 ┤
         │                                                           └─ Anaconda发布版
         │                               ┌─ HTML语言
         │                 ┌─ 语言 ──────┼─ JavaScript语言
         │                 │             └─ CSS语言
         ├─ Web前端开发 ──┤              ┌─ HBuilderX
         │                 │              ├─ WebStorm
         │                 └─ 开发工具 ──┼─ Viusal Studio Code
         │                                ├─ Sublime Text
         │                                └─ Dreamweaver
         │                                                      ┌─ Apache服务器
         └─ Web服务器端开发 ── PHP ── XAMPP开发环境 ────────────┼─ MySQL数据库
                                                                ├─ PHP运行环境
                                                                └─ Perl运行环境
```

- 学习目标
  - ✧ 了解常见的编程语言
  - ✧ 了解常见编程语言的发展历史和特点
  - ✧ 了解常见的编程语言类型
  - ✧ 了解常见编程语言擅长的场景
  - ✧ 了解常见编程语言语法之间的差异
- 相关知识

5.1 Java 语言

Java 语言是一门纯面向对象编程语言。面向对象编程（Object Oriented Programming，OOP）是软件工程中的一种方法论，其中涉及软件开发过程中数据结构与代码的组织方式。面向对象编程让 Java 语言在大型软件工程上具有先天的优势。

5.1.1 Java 语言简介

Java 语言是一种通用编程语言，其原本是作为 C++语言的改进语言而被开发出来的。经过多年的发展，Java 语言已经在桌面应用、智能移动设备应用、企业级应用、互联网 Web 应用、大数据应用、分布式应用、基于云技术的应用等领域成为主流的开发语言。

由 Java 语言开发并被大量使用的软件列举如下。

（1）Apache Tomcat，该软件是由 Apache 软件基金会支持开发的应用服务器软件，在互联网上被广泛使用。

（2）Hadoop，该软件是被广泛使用的分布式文件系统（Distributed File System），一般用于大数据领域。

（3）Android，该软件是智能移动设备使用的操作系统，该操作系统及其中的大部分应用都是使用 Java 语言开发的，它们被大量应用于智能手机、汽车、家电等设备上。

（4）Eclipse、IntelliJ IDEA 等集成开发环境（用于软件开发），大量基于 Java 语言的各类软件是由这些工具开发的。

（5）淘宝、京东等互联网电商平台的 Web 服务器是使用 Java 语言开发的，多数银行系统、金融系统、企业管理系统等也是使用 Java 语言开发的。除此之外，大量日常生活中常用的各类应用的服务器端也是使用 Java 语言开发的。

Java 语言适用于开发业务流程复杂、需求变化较快、对稳定性和安全性要求高的软件项目。

5.1.2 Java 语言的发展历史

20 世纪 90 年代，Sun 公司准备开拓消费类电子产品市场，使消费类电子产品能够为用户提供更强的智能交互体验。当时的嵌入式单片机系统种类繁杂，由不同企业生产的不同嵌入式处理器之间有较大的差异，使用 C 语言或 C++语言进行软件开发存在通用性和可移植性的问题。

为此，Sun 公司于 1991 年成立 Green 项目组，开始研发既具有 C++语言的优势，又具备平台通用性与可移植性的编程语言。这种语言最初被称为 Oak 语言。

在 Oak 语言被开发出来后的最初几年，由于 Sun 公司在消费类电子产品市场上失利，连带着 Oak 语言也岌岌可危，转折点在 1995 年。由于互联网的兴起，Oak 语言的开发团队改变了努力的目标，他们决定将该技术应用于万维网，也是这一年，他们使用 Oak 语言开发了一款万维网浏览器——HotJava，以及在网页中嵌入 Oak 程序的技术——Applet。

同年，Oak 语言被更名为 Java 语言（Java 是印度尼西亚一个盛产咖啡的大岛的英文名称，咖啡也被称为 Java），开启了 Java 语言蓬勃发展的道路。

1996 年 1 月，Sun 公司发布了 Java 语言的第一个开发工具包 JDK 1.0。同年 9 月，大约 8.3 万个网页应用了 Java 技术来制作。同年 10 月，Sun 公司发布了 Java 平台的第一个即时（JIT）编译器。

1997 年 2 月，JDK 1.1 发布，其在随后的 3 周时间里达到了 22 万次的下载量。同年 4 月，JavaOne 会议召开，参与者逾一万人，创当时全球同类会议纪录。

1999 年 6 月，Sun 公司发布了应用于不同领域的 3 个版本：标准版（Java 2 Standard Edition，J2SE）应用于桌面环境、企业版（Java 2Enterprise Edition，J2EE）应用于基于 Java 的应用服务器、微型版（Java2 Micro Edition，J2ME）应用于移动设备及有限资源的环境。

2000 年后的最初几年，Sun 公司发布了 JDK 1.3、JDK 1.4，以及 J2EE 1.3、J2EE 1.4，那几年随着手机的普及，支持 J2ME 的设备快速增多，到 2003 年，仅 Nokia 就宣称出售了 1 亿部支持 Java 的手机。

2004 年 9 月，J2SE 1.5 发布，成为 Java 语言发展史上的又一里程碑。为了表示该版本的重要性，J2SE 1.5 更名为 Java SE 5.0。这一版本为 Java 提供了大量新特性，其中包括泛型支持、基本类型的自动装箱、改进的循环、枚举类型、格式化 I/O 及可变参数等。

2005 年 6 月，JavaOne 大会召开，Sun 公司公开了 Java SE 6。此时，Java 的各种版本已经更名，以取消其中的数字"2"：J2ME 更名为 Java ME，J2SE 更名为 Java SE，J2EE 更名为 Java EE。

2006 年 11 月，Java 技术的发明者 Sun 公司宣布，将 Java 技术作为免费软件对外发布，Sun 公司正式发布有关 Java 平台标准版的第一批源代码，以及 Java 迷你版的可执行源代码。从 2007 年 3 月起，全世界所有的开发人员均可对 Java 源代码进行修改。

2009 年，Oracle 公司宣布收购 Sun 公司。此后，Oracle 公司于 2014 年发布了 Java 8，于 2017 年发布了 Java 9 等版本，到 2022 年 3 月时，最新版本为 Java 18。

5.1.3 Java 语言的特点

Java 程序的运行依赖于一个解释程序的执行，即 Java 虚拟机（Java Virtual Machine，JVM）。执行 Java 程序的流程是：首先将 Java 源文件编译成字节码，字节码类似于 CPU 执行的指令，不过它不对应于任何真实的 CPU 指令集；然后字节码经由 JVM 转译为特定平台的指令，如 x86 的 64 位平台的 CPU 指令。

这样的执行方式虽然会造成一些性能上的损失，但是好处是 Java 程序不再受限于软硬件平台，而是能够通过 JVM 去适配不同的运行环境。而且现在 JVM 支持 JIT（Just In Time Compile，即时编译）技术，能让 Java 程序的运行效率接近 C/C++程序的运行效率，满足有高性能需求的应用场景。

Java 程序的运行过程如图 5-1 所示。

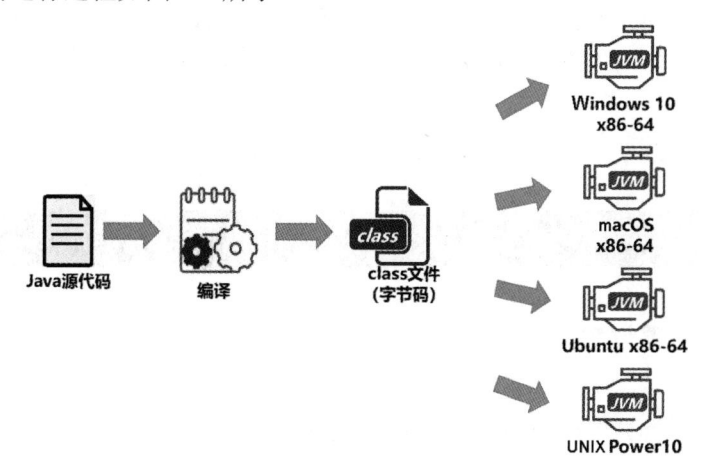

图 5-1　Java 程序的运行过程

另外，Java 程序的运行必须依托于 JVM，JVM 能够为 Java 程序的运行提供安全保障。JVM 可以在程序运行过程中管理各种异常情况，防止"黑客"利用软件中的缺陷去运行未经授权的代码。

在最初设计 Java 语言时，正处于面向对象编程思想开始流行的时期，设计人员就想设计一种既具有 C 语言和 C++语言的优点，又是完全面向对象的编程语言。

选择成为纯面向对象编程语言，使得 Java 语言在软件工程上具备了强大的管理能力，使其在大型软件的开发上具有先天的优势，运用抽象化、封装、继承、多态等面向对象能力在管理大型项目时，能让软件架构变得更清晰、职责更明确。但是，完全面向对象也让 Java 语言失去了一定的灵活性，在一些情况下，使用 Java 语言编写的代码稍显冗长。

C/C++语言长期被人诟病的一个特性就是需要由开发人员自己对内存进行管理，这个特性为 C/C++程序开发人员赋予了极大的自由性，在有经验的程序开发人员手里能开发出充分利用计算机内存的软件。但是，另一方面，使用 C/C++语言开发软件，极容易在内存管理上出现漏洞，如对内存使用完成后不能及时清理，或者访问了已经被释放的内存等问题，从而影响程序的稳定性。

Java 语言依托于 JVM，将内存管理完全从软件开发人员手中接管过来，让软件开发人员根据需要使用内存，而不必关心如何管理内存，极大地降低了软件开发的难度，也减少了内存管理出错的问题。这一机制就是 Java 语言的垃圾回收（Garbage Collection，GC）机制。为了能够高效地管理内存，JVM 采用多种不同的算法，如引用计算、标记-清除算法、复制算法、标记-整理算法等，为不同的内存使用场景提供高效的管理方式。相对来说，使用 GC 机制的 Java 程序比 C/C++程序占用更多的内存。但是，Java 程序减少了内存出错的情况，因为程序的稳定性由 Java 语言和 JVM 提供保证，而非由开发人员的经验提供保证，这也是很多大型商业软件使用 Java 语言开发的原因。

5.1.4　Java 环境配置

这里以配置 Windows 平台中的 Java 开发环境为例讲解配置过程。

首先从 Oracle 公司的官网上下载最新的 JDK 安装包，当前最新版本为 JDK 18。JDK 的下载页面如图 5-2 所示。

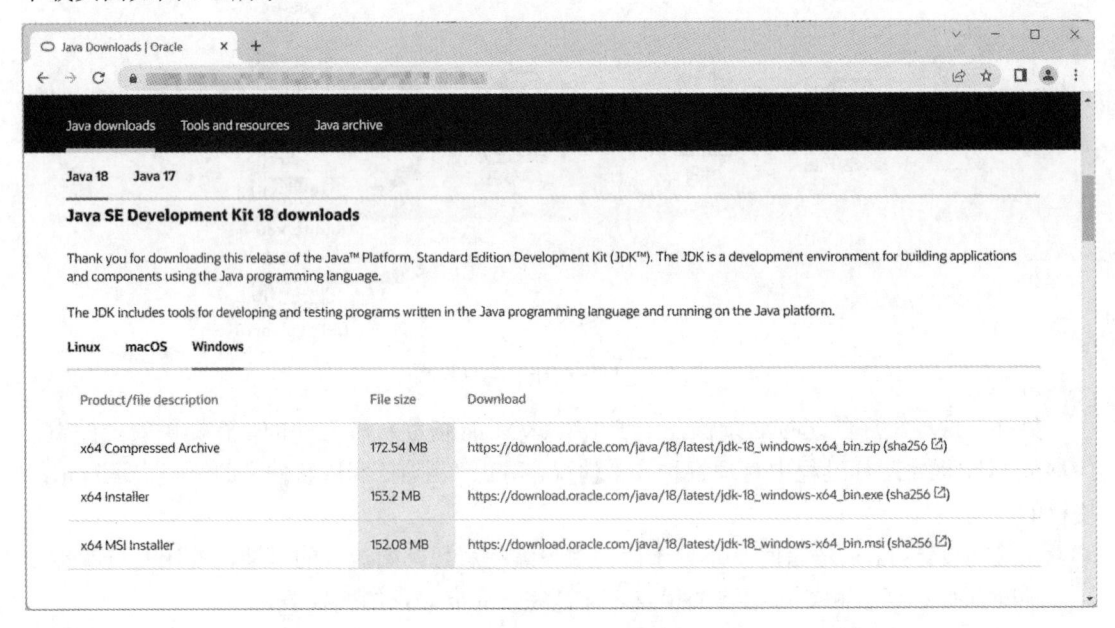

图 5-2　JDK 的下载页面

下载完成后，JDK 安装程序如图 5-3 所示，双击该安装程序即可开始安装。

图 5-3　JDK 安装程序

在安装界面设置安装路径，这里使用默认安装路径"C:\Program Files\Java\jdk-18.0.1\"，如图 5-4 所示。

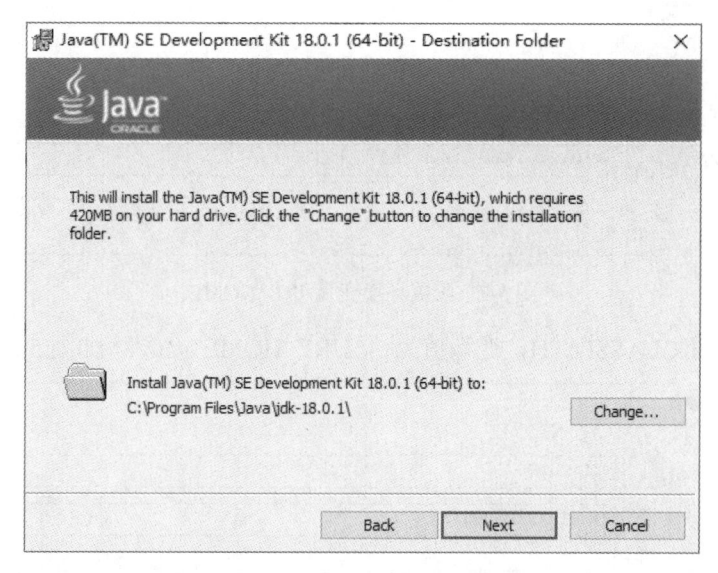

图 5-4　设置 JDK 的安装路径

在不同版本的 Windows 系统中，找到管理环境变量界面的方法有所不同，这里以 Windows 10 和 Windows 11 这两个版本的操作系统为例。在任务栏的搜索框中输入"编辑系统环境变量"，按 Enter 键后会自动打开"系统属性"对话框，在"高级"选项卡中单击右下角的"环境变量…"按钮，会打开"环境变量"对话框。在"环境变量"对话框中有上下两个"新建…"按钮，可以根据需要选择是创建用户变量还是创建系统变量。在选择变量类型后，配置环境变量 JAVA_HOME，变量值为 JDK 的安装路径，如图 5-5 所示。

图 5-5　配置环境变量 JAVA_HOME

以管理员身份运行"CMD"（命令行窗口），使用命令创建对应的 JRE，如图 5-6 所示。

图 5-6　使用命令创建对应的 JRE

命令执行完成后，系统会在安装目录下创建 jre 目录。

配置环境变量 JRE_HOME，变量值为刚才创建的 JRE 的路径，如图 5-7 所示。

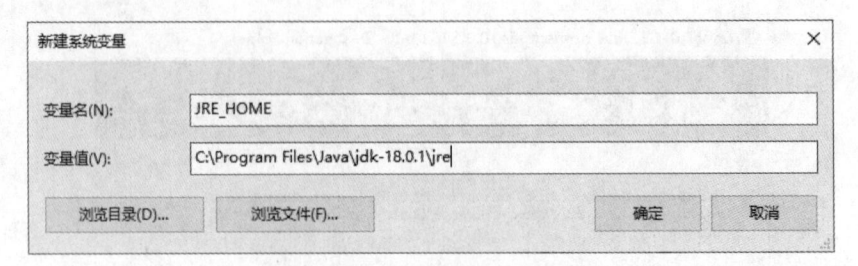

图 5-7　配置环境变量 JRE_HOME

配置环境变量 CLASSPATH，变量值为"%JRE_HOME%\lib"，如图 5-8 所示。

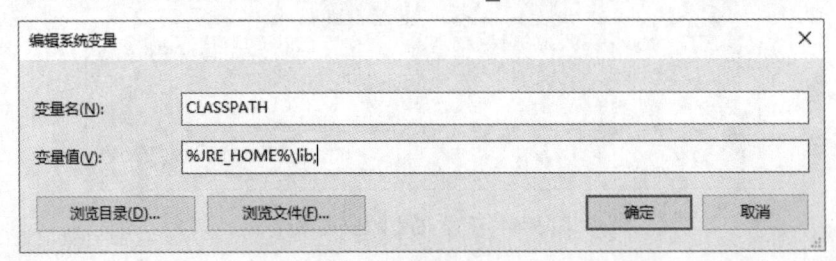

图 5-8　配置环境变量 CLASSPATH

最后将 JDK 的 bin 目录及 JRE 的 bin 目录加入环境变量 PATH 中，值分别是"%JAVA_HOME%\bin"和"%JRE_HOME%\bin"，如图 5-9 所示。

图 5-9　将 JDK 的 bin 目录及 JRE 的 bin 目录加入环境变量 PATH 中

Java 的开发工具有很多，如 Eclipse、IntelliJ IDEA 等，这里介绍 IntelliJ IDEA 的安装配置。

首先从 IntelliJ IDEA 官网上下载安装程序。IntelliJ IDEA 官网的主页如图 5-10 所示。

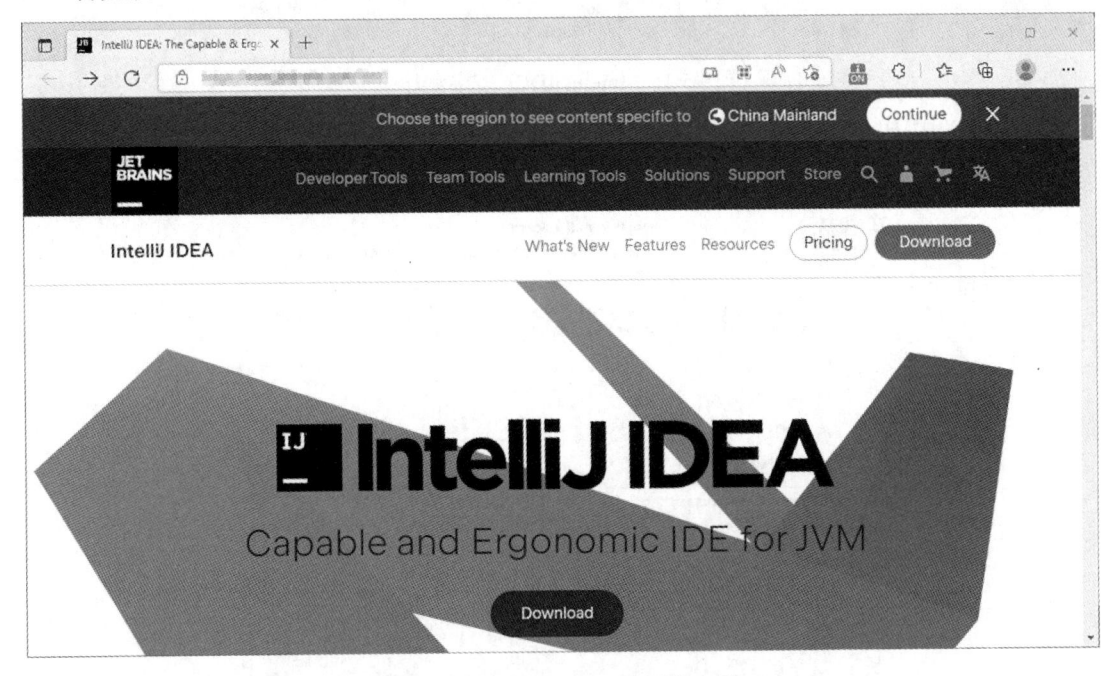

图 5-10　IntelliJ IDEA 官网的主页

打开页面后，单击"Download"按钮进入下载页面，如图 5-11 所示。

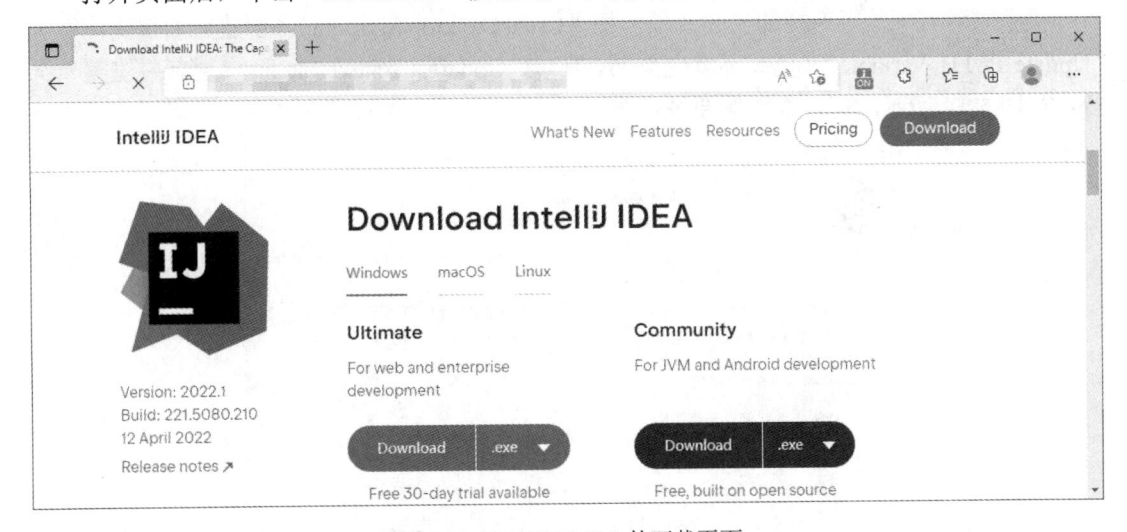

图 5-11　IntelliJ IDEA 的下载页面

有两个版本可供选择，即最终版（Ultimate）和社区版（Community）。这里选择社区版。下载完成后，IntelliJ IDEA 安装程序如图 5-12 所示，双击该安装程序即可开始安装。

图 5-12　IntelliJ IDEA 安装程序

在安装过程中，需要设置安装路径，如图 5-13 所示。

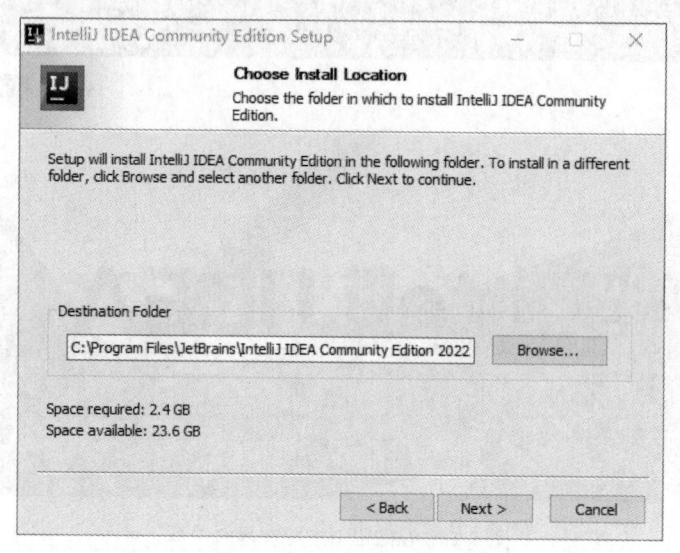

图 5-13　设置安装路径

接下来，有一些可选择的安装选项，如"Creat Desktop Shortcut"（创建桌面快捷图标）、"Update PATH Variable"（更新环境变量 PATH）、"Update Context Menu"（更新右键菜单）等，如图 5-14 所示，可以根据需要进行选择。

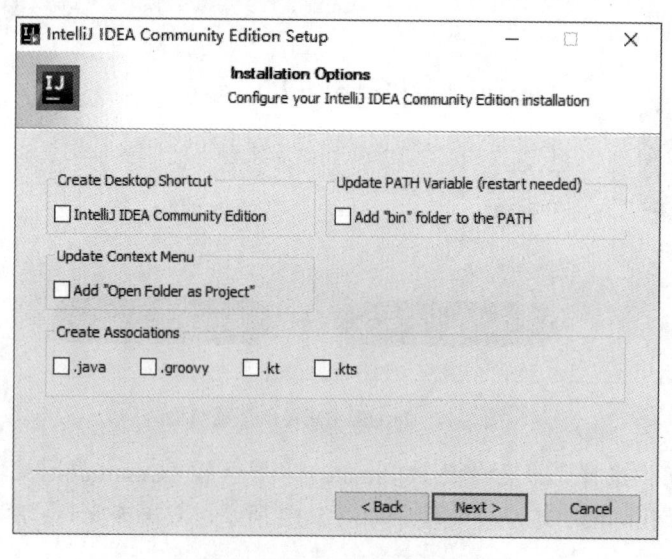

图 5-14　可选择的安装选项

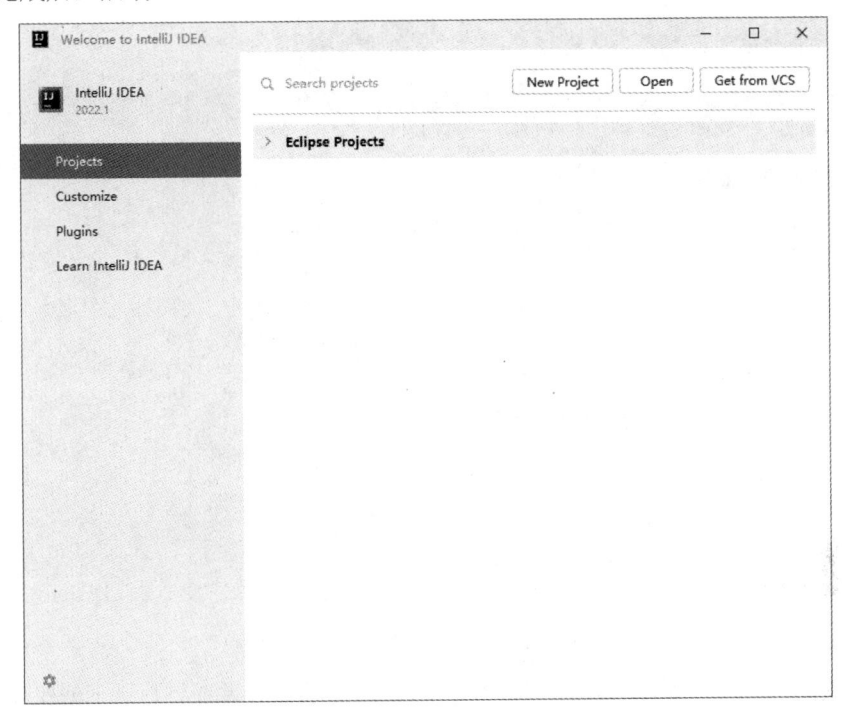

安装完成后，启动 IntelliJ IDEA 并创建新项目，如图 5-15 所示。

图 5-15　启动 IntelliJ IDEA 并创建新项目

设置项目名称、项目保存路径、语言、JDK 版本等。在"Name"文本框中输入"HelloWorld"，然后选择项目保存路径，其他选项保持默认设置即可，如图 5-16 所示。

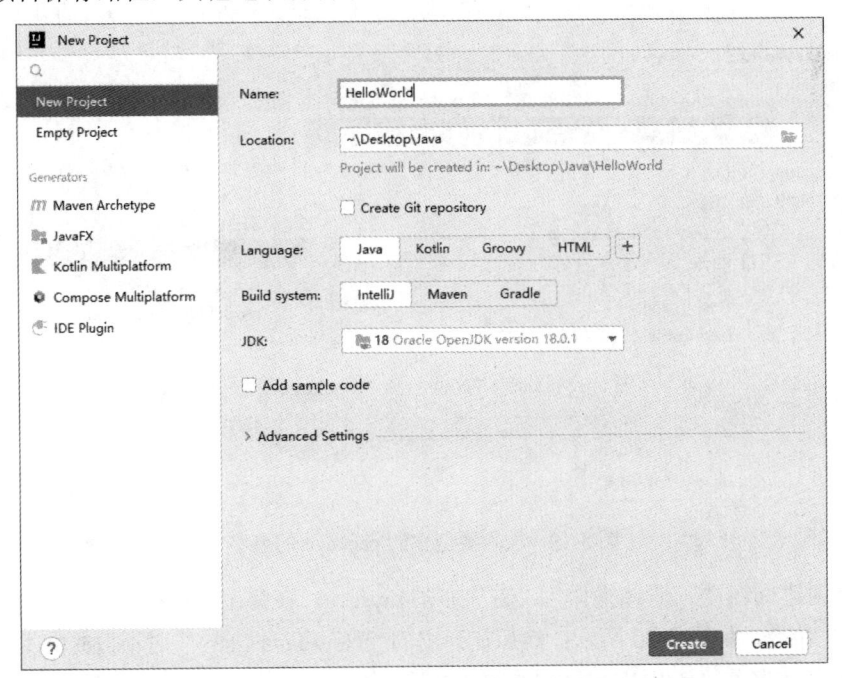

图 5-16　设置项目名称和项目保存路径等

创建项目后，会显示 IntelliJ IDEA 的主界面，如图 5-17 所示。

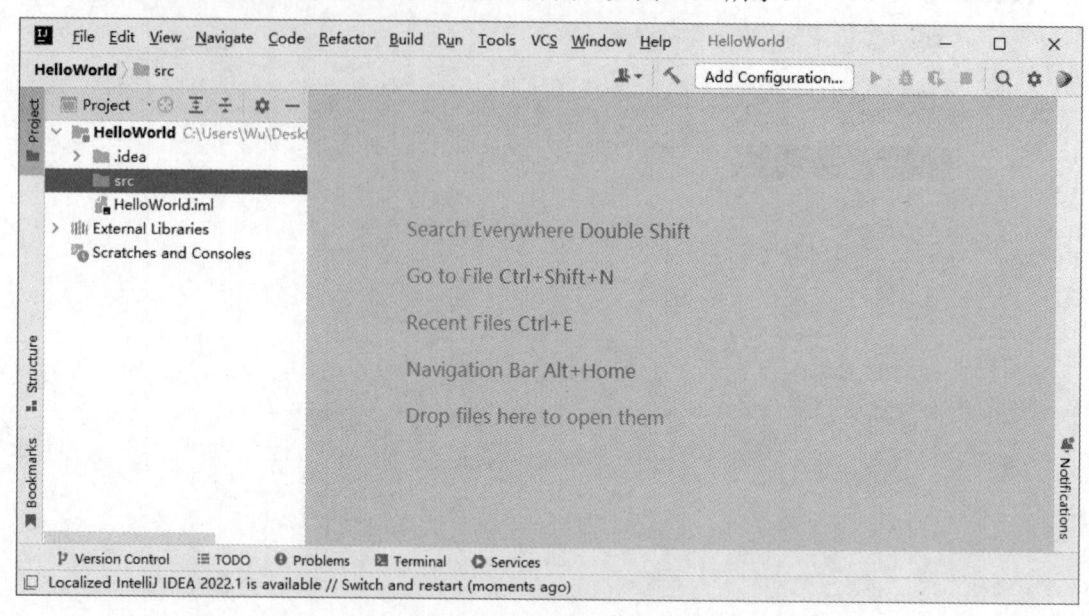

图 5-17　IntelliJ IDEA 的主界面

注意，这里需要在主界面左侧的项目窗格中选择 src 目录，并在该目录下创建 package。具体操作为：首先右击 src，在弹出的快捷菜单中选择"New"→"Package"命令，如图 5-18 所示；然后在弹出的"New Package"对话框的文本框中输入要创建的 package 的名称"myJava"，如图 5-19 所示。

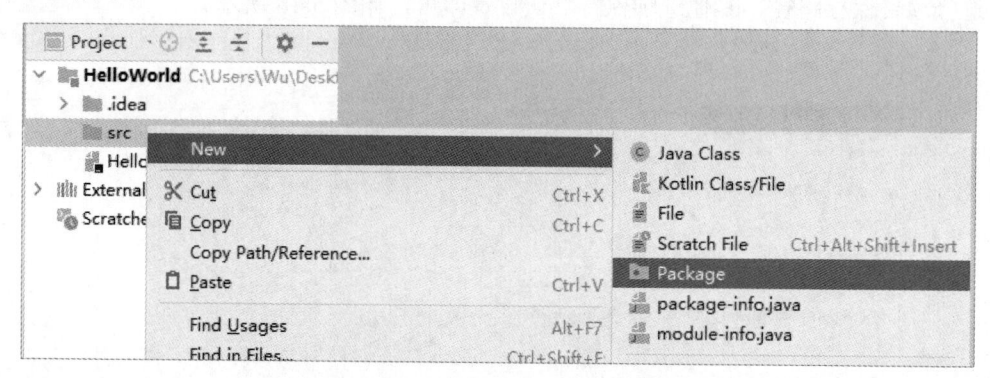

图 5-18　选择"New"→"Package"命令

图 5-19　输入要创建的 package 的名称

接下来创建 Java 类。具体操作为：首先右击 myJava，在弹出的快捷菜单中选择"New"→"Java Class"命令，如图 5-20 所示；然后在弹出的"New Java Class"对话框的文本框中输入要创建的 Java 类的名称"HelloWorld"，如图 5-21 所示。

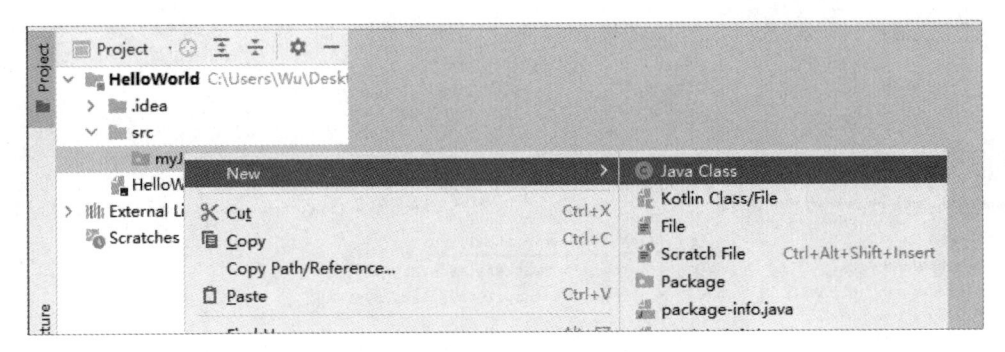

图 5-20 选择 "New" → "Java Class" 命令

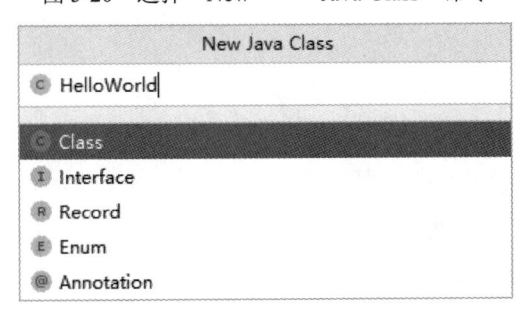

图 5-21 输入要创建的 Java 类的名称

在主界面左侧项目窗格中的 src 目录下找到 HelloWorld，如图 5-22 所示，双击打开文件。

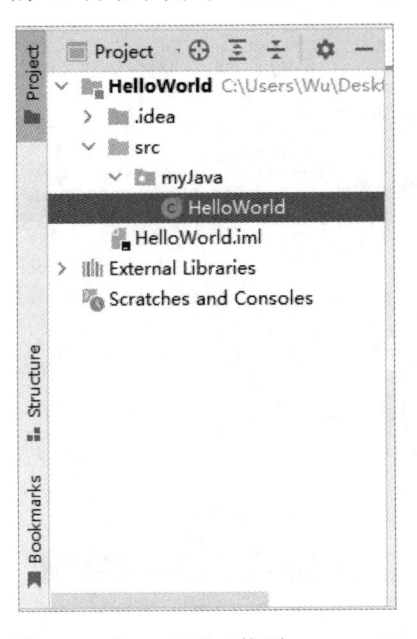

图 5-22 在 src 目录下找到 HelloWorld

在右侧代码编辑器中编辑如下代码，如图 5-23 所示。

```
package myJava;
import java.lang.System;
public class HelloWorld{
```

```
    public static void main(String[] args){
        System.out.println("Hello world!");
    }
}
```

图 5-23　编辑代码

代码编辑完成后，在菜单栏中选择"Run"→"Run…"命令，如图 5-24 所示，编译并运行程序。

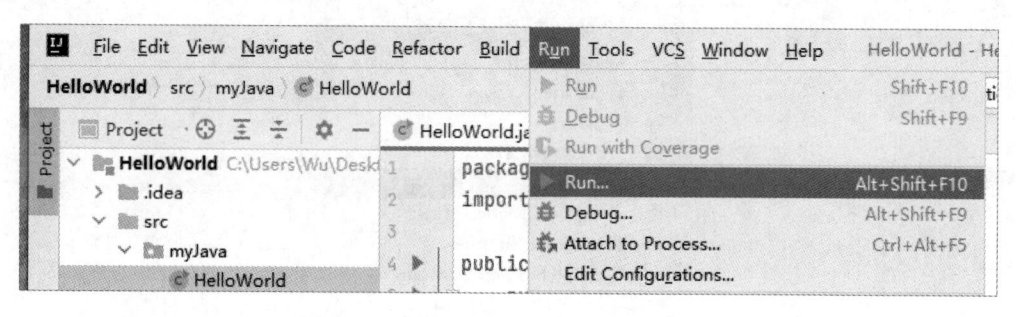

图 5-24　选择"Run"→"Run…"命令

在弹出的窗口中选择"HelloWorld"程序，如图 5-25 所示。

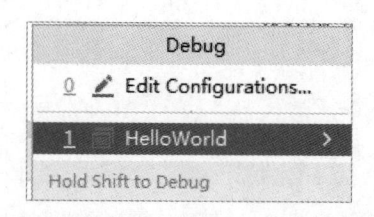

图 5-25　选择"HelloWorld"程序

如果没有语法问题，则会在界面下方的输出窗口中显示程序运行结果，如图 5-26 所示。

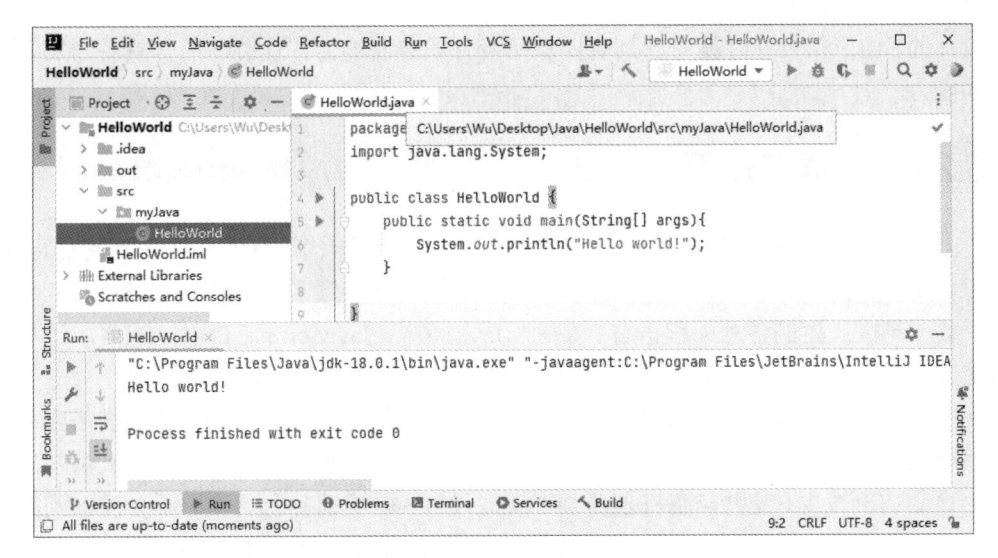

图 5-26　程序运行结果

5.1.5　Java 代码展示

下面的代码展示了使用 Java 语言编写的"Hello World"程序：

```java
import java.util.Scanner;
public class Alphabet{
    public static void main(String[] args){
        System.out.println("请在下面输入字母或数字：");
        Scanner s=new Scanner(System.in);
        String str=s.nextLine();
        char[] ch=str.toCharArray();
        int shuzi=0,zimu=0;
        for(int i=0;i<ch.length;i++){
            if(ch[i]>='0'&&ch[i]<='9'){
                shuzi++;
            }
            else if(ch[i]>='a'&&ch[i]<='z'||ch[i]>='A'&&ch[i]<='Z'){
                zimu++;
            }
        }
        System.out.println("字母有："+zimu+"个");
        System.out.println("数字有："+shuzi+"个");
    }
}
```

5.2　C 语言

"为操作系统而生、为程序员而生的 C 语言"。

C 语言是一种面向过程（Procedure Oriented）的通用编程语言，最初是为开发 UNIX 系统而设计的。由于在设计时就考虑到对计算机硬件的控制能力，因此 C 语言具备开发高性能程序的能力。

5.2.1　C 语言介绍

C 语言于 1973 年被正式发布，正赶上二十世纪七八十年代计算机技术的飞速发展时期，得益于自身面向过程、访问硬件灵活的特点，C 语言迅速占领了系统软件开发领域，并影响了此后数十年间产生的各种编程语言。C++、Java、C#、JavaScript、PHP、D、Go 等编程语言都受到了 C 语言的影响，这一大类语法相近的语言被称为"C like"语言。

现在，虽然 C 语言不再像以前一样在软件开发领域占据着统治地位，但是在需要高性能软件系统的领域，C 语言仍然是首选的开发语言。而且在如今的软件产业中，大量基础软件都是由 C 语言开发的，这些软件在服务器、智能设备、电子设备上及我们不会注意到的幕后默默地运行着，支撑着现代信息社会的运转。可以说，C 语言是现代软件产业的基石。

C 语言适用于开发功能明确、有较高性能要求的软件。由 C 语言开发或核心功能由 C 语言开发并被大量使用的软件列举如下。

（1）华为鸿蒙、UNIX、Linux、苹果 macOS 等操作系统，这些操作系统可以为各类计算机系统管理硬件资源、支持程序运行。操作系统作为特殊的软件，需要极高的运行效率及管理计算机硬件的能力，而编写操作系统就是 C 语言被设计出来的目的之一，因此，在操作系统开发领域，C 语言占据着统治地位。

（2）各种编程语言的编译器、虚拟机、解释器等都是由 C 语言开发的。例如，Python 语言的解释程序就是由 C 语言开发的，并且解释程序的 C 语言源代码全部开源，任何人都可以将 Python 解释程序整合到自己的软件中，同时，任何人都可以使用 C 语言为 Python 语言开发新的功能；Java 语言的编译器与 JVM 都是由 C 语言开发的，这意味着同样可以使用 C 语言扩展 Java 语言的功能；C 语言自身的编译器也是由 C 语言开发的，如 GCC。

（3）MySQL、Oracle 等数据库管理系统的核心部分是由 C 语言开发的。由于数据库管理系统需要管理大量的数据，同时对外提供高并发服务，因此对性能要求极高。

（4）Subversion、Git 等源代码管理工具是由 C 语言开发的，大量软件企业使用这些工具管理自身的源代码。

（5）在互联网领域，由 C 语言开发的 Apache、Nginx 等高性能 Web 服务器为全世界的网站提供服务。

（6）在嵌入式开发领域，由于硬件资源的限制，要求程序不能有过多的消耗，最好能直接访问各种硬件资源。因此，C 语言成为嵌入式开发领域的首选语言，其他语言目前还无法撼动其地位。例如，各种小型电子设备的软件、小型家用路由器、车载电子控制单元（ECU）等都是由 C 语言开发的。随着物联网、智能汽车等新兴电子设备的兴起，C 语言在嵌入式领域将发挥更大的作用。

（7）C 语言也可以使用 GNOME/GTK+开发桌面应用程序，如 Linux 系统的 Ubuntu 发行版桌面环境就是 C 语言使用 GNOME/GTK+开发的，有着不输于 Windows、macOS 等操作系统的美观界面。

（8）在机器学习领域，TensorFlow 框架的核心部分就是由 C 语言开发的，该框架在大数据、人工智能、自动驾驶等领域被大量使用。

5.2.2　C 语言的发展历史

1970 年，肯尼斯·蓝·汤普森和丹尼斯·里奇在贝尔实验室参与 UNIX 系统的开发。随着 UNIX 系统的成功，贝尔实验室考虑将操作系统从 PDP-7 电脑移植到其他类型的电脑上，由于汇编语言不具备跨平台的能力，因此 UNIX 系统开发团队决定使用 BCPL 语言重写操作系统。在开发过程中，肯尼斯·蓝·汤普森发现 BCPL 语言不能很好地满足操作系统的开发，就在 BCPL 语言的基础上设计了一种新的编程语言，这种语言被命名为"B 语言"（取 BCPL 语言名称中的第一个字母）。

后来，在使用 B 语言开发 UNIX 系统的过程中，发现还是无法达到预期要求，于是丹尼斯·里奇在 B 语言的基础上做了进一步的改进，设计出了具有丰富的数据类型并支持大量运算符的编程语言。为了支持在不同计算机系统中移植，新语言支持"一次编写，随处编译"。1973 年初，新语言的主体完成，改进后的语言较原来的 B 语言有了质的飞跃，这种语言被命名为"C 语言"（取 BCPL 语言名称中的第二个字母）。随后，肯尼斯·蓝·汤普森和丹尼斯·里奇使用 C 语言成功重新编写了 UNIX 系统。

二十世纪七八十年代，C 语言被广泛应用，从大型机到微型机都可以使用 C 语言，也衍生了 C 语言的很多不同版本。

1989 年，ANSI 发布了第一个完整的 C 语言标准——ANSI X3.159-1989，简称"C89"。

1999 年，在做了一些必要的修正和完善后，ISO 发布了新的 C 语言标准——ISO/IEC 9899:1999，简称"C99"。

2011 年 12 月 8 日，ISO 正式发布了新的标准——ISO/IEC 9899:2011，简称"C11"。

5.2.3　C 语言的特点

由于产生的时代及明确的目标，因此 C 语言具有小巧、精悍的特点。

第一点，C 语言足够高级。C 语言不和任何特定的计算机硬件绑定，这让它可以适应不同的硬件。C 语言有丰富的内置数据类型，如整型（short、int、long）、浮点型（float、double）、字符型（char）等。除了这些内置数据类型，还可以通过数组类型（array）、枚举类型（enum）、共用体类型（union）、结构体类型（struct）来定义复合类型，这使得 C 语言具有强大的数据描述能力。C 语言中包含大量的运算符，远多于同时代的其他编程语言。C 语言的语法灵活多变，支持不同类型数据之间的自动转换。

第二点，C 语言足够精简。C 语言的所有功能由 32 个关键字、34 个运算符实现，这让 C 语言非常简练。另外，20 世纪 70 年代 C 语言被发布时，面向对象的编程思想还没有大规模流行，C 语言面向过程的编程思想足够满足当时软件项目的需求，这也让 C 语言保持了语法简洁及易学易用的特点。

第三点，C 语言足够底层。为了适应系统编程的需要，C 语言保留了指针的概念，让程序开发人员能够自由地访问内存，而其他高级语言为了安全性和稳定性往往会隐藏内存操作。除了能够进行内存操作，C语言还能够对变量的存储类型进行设置，如将变量设置为寄存器类型（register）变量，这样就会有更快的存取速度。在必要时，甚至可以在C语言的源代码中嵌入汇编语言，实现更高的执行效率。

5.2.4　C环境配置

C语言的开发环境有很多，如微软的Visual Studio系列集成开发环境、JetBrains的CLion集成开发环境、Dev-C++集成开发环境、C-Free集成开发环境，以及嵌入式开发领域的Keil C51、AVR GCC、ADS等。

这里以Windows平台中的Dev-C++集成开发环境为例配置C语言开发环境。

Dev-C++原是由Bloodshed公司开发的，后被Embarcadero公司收购，更名为Embarcadero Dev-C++，可以从Embarcadero官网或GitHub上下载，下载页面如图5-27所示。

图5-27　下载页面

选择下载带编译器的版本，可以简化开发环境配置过程。

下载完成后，安装程序如图5-28所示，双击该安装程序即可开始安装。

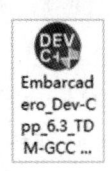

图5-28　安装程序

首先选择安装过程中使用的语言，可以选择使用中文来引导安装，如图5-29所示。

图5-29　选择语言

进入"许可证协议"界面后，单击"我接受"按钮后继续后边的步骤；然后在"选择组件"界面中选择想要安装的组件，选项保持默认设置即可，如图 5-30 所示。

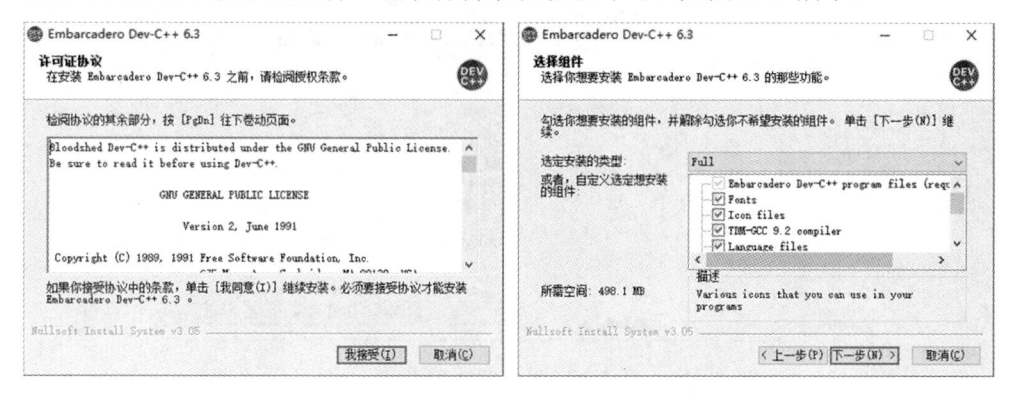

图 5-30 "许可证协议"界面与"选择组件"界面

在"选定安装位置"界面中设置安装路径，可以通过单击"浏览…"按钮来修改默认的安装路径，如图 5-31 所示。设置好安装路径后，单击"安装"按钮完成 Dev-C++集成开发环境的安装。

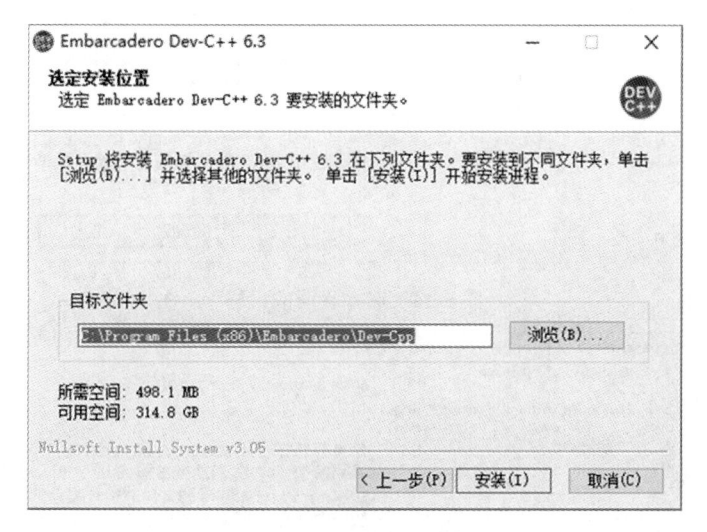

图 5-31 设置安装路径

安装完成后，桌面上会出现 Dev-C++的图标，如图 5-32 所示，双击 Dev-C++的图标即可启动 Dev-C++。

图 5-32 Dev-C++的图标

在第一次启动 Dev-C++时会要求进行一些设置。第一个是选择界面的语言，有中文、英文等选项，如图 5-33 所示；第二个是选择界面的风格，如图 5-34 所示。完成上述设置后，界面如图 5-35 所示。

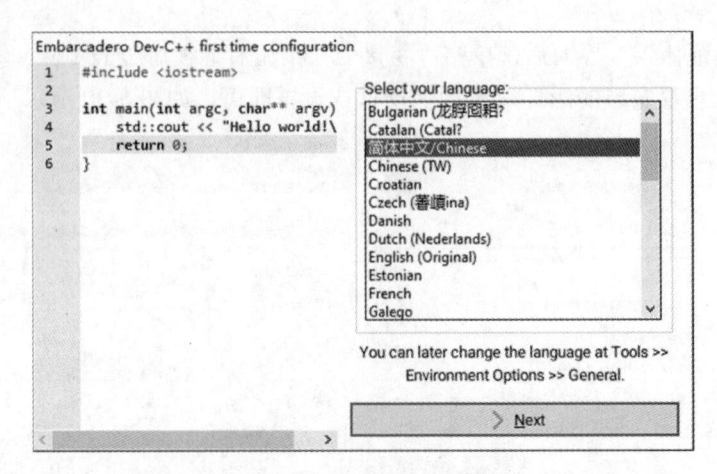

图 5-33　选择界面的语言

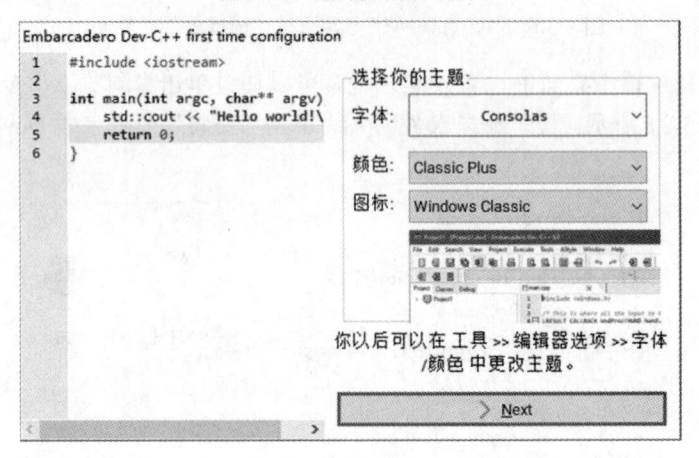

图 5-34　选择界面的风格

图 5-35　完成设置后的界面

设置完成后就可以开始使用了。在菜单栏中选择"文件"→"新建"→"项目…"命令，如图 5-36 所示，新建 C 语言项目。

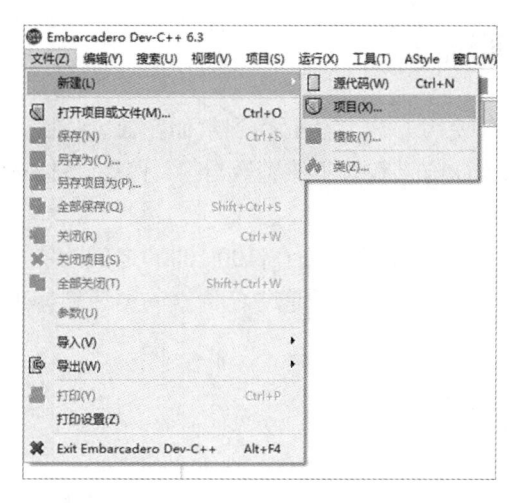

图 5-36　选择"文件"→"新建"→"项目..."命令

在弹出的"新项目"对话框的"Basic"选项卡中，可以选择项目的类型，如"Windows Application"（带图形界面程序）、"Console Application"（控制台程序）、"Static Library"（静态链接库）、"DLL"（动态链接库）和"Empty Project"（空项目）等，如图 5-37 所示。这里选择第二种项目类型"Console Application"（控制台程序），然后选中"C 项目"单选按钮，即选择 C 语言作为项目的开发语言。

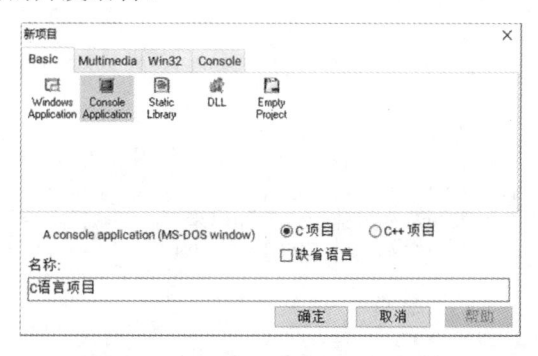

图 5-37　选择项目的类型及开发语言

选择完成后，单击"确定"按钮，Dev-C++会为我们准备一个包含一个源代码文件的项目，源代码文件中包含 main 函数，如图 5-38 所示。

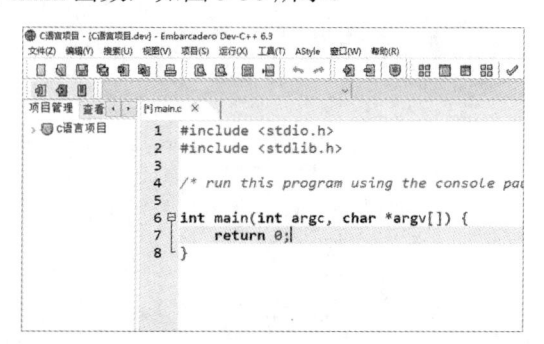

图 5-38　源代码文件

5.2.5　C 代码展示

下面的代码展示了如何使用 C 语言代码找到水仙花数。水仙花数是一个三位数整数，这个整数的每一位上的数的三次方之和等于该整数自身。例如，$153 = 1^3 + 5^3 + 3^3 = 1 + 125 + 27$，所以整数 153 是一个水仙花数。

想要找到所有水仙花数，需要逐个判断在[100,1000)之间的所有三位数是否为水仙花数。这种在某个范围内重复进行的操作，可以通过 C 语言的循环结构来实现。

```c
#include <stdio.h>
//计算 num 的三次方
int cube(int num){
    return num*num*num;
}
//判断 num 是否为水仙花数
int isNarcissistic(int num){
    int h=num/100;        //取得百位上的数
    int t=(num/10)%10;    //取得十位上的数
    int o=num%10;         //取得个位上的数
    //3 个数的三次方的和是否等于 num 自身
    return (cube(h)+cube(t)+cube(o))==num;
}

//在主函数中利用循环寻找水仙花数
int main(int argc,char *argv[]){
    //利用循环从 100 开始遍历所有的三位数
    int num;
    for(num=100;num<1000;++num){
        //利用 isNarcissistic 函数判断 num 是否为水仙花数
        if(isNarcissistic(num)){
        //如果 num 是水仙花数，则将 num 打印出来
        printf("%d**3+%d**3+%d**3=%d\n",num/100,num/10%10,num%10,num);
        }
    }
    return 0;
}
```

在 Dev-C++中新建项目，在项目中打开源代码文件 main.c，输入上述代码并保存，如图 5-39 所示。

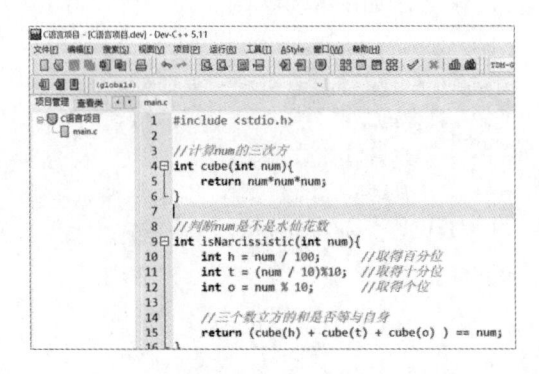

图 5-39　编辑代码

在菜单栏中选择"运行"→"编译运行"命令，如图 5-40 所示，编译程序。

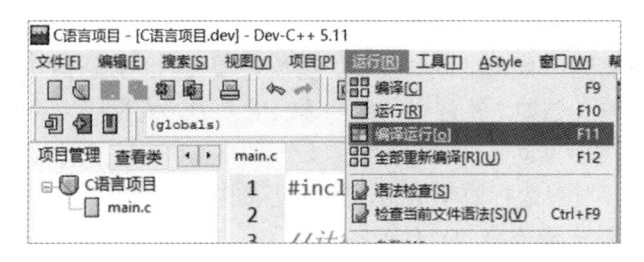

图 5-40　选择"运行"→"编译运行"命令

Dev-C++在程序编译完成后会运行程序，结果如图 5-41 所示，可知水仙花数为 153、370、371、407。

图 5-41　程序运行结果

5.3　C++语言

C++语言是由 C 语言发展而来的面向对象编程语言，最早是由本贾尼·斯特劳斯特卢普于 1979 年在 AT&T 贝尔实验室研发的。

5.3.1　C++语言介绍

20 世纪 70 年代 C 语言被发布后，编程思想在继续发展，由结构化编程发展到面向对象编程。在 20 世纪 80 年代，"个人计算机"概念兴起，为了能让非专业人员方便地使用计算机，需要简化计算机的操作方式，而原有的命令方式就显得复杂难用了，直观的图形化用户界面成为新趋势。图形化界面软件的规模和复杂性相较于以前的命令行程序大大增加，随着软件项目变得越来越大，C 语言这类面向过程的开发语言在新形势下就显得力不从心了。为了解决这个问题，面向对象编程就流行起来了，其更能适应大型软件项目中复杂的业务逻辑。

作为当时最流行的编程语言，C 语言也必然需要接受这一挑战。为了保持 C 语言简单、小巧、精悍的特点，本贾尼·斯特劳斯特卢普并没有修改 C 语言，而是在 C 语言的基础上发展出了新的支持面向对象编程的语言。新语言被命名为"C++"，从名字可以看出，新语言是从 C 语言发展而来的，其中的"++"是 C 语言中的自增运算符，表示新语言比 C 语言更强大，也更复杂。

现在经常把 C++语言与 C 语言并列，如称为"C\C++"语言，很多时候认为 C++语言是兼容 C 语言的，但实际上 C++语言并不能完全兼容 C 语言。C++语言改进了 C 语言中一些使用不方便的语法，在不考虑面向对象编程特性时，可以把 C++语言视为"一个更好的 C 语言"。

C++语言在保留 C 语言效率的同时支持大型软件项目的开发。1979 年，C++语言被发布后，迅速占领了应用软件领域。正是有了 C++语言的助力，大量应用类软件开始在个人计算机中出现，在一定程度上推动了计算机的普及。

C++语言适用于开发对运行效率敏感、功能复杂的应用程序。由 C++语言开发或核心功能由 C++语言开发并被大量使用的软件列举如下。

（1）办公类软件，如金山公司的 WPS 系列软件、微软公司的 Office 系列软件、OpenOffice 系列软件等。办公类软件功能复杂，对运行效率要求较高，这类软件多数是使用 C++语言开发的。

（2）互联网浏览器，如谷歌公司的 Chrome、Mozilla 公司的 Firefox、微软公司的 Edge 等。随着互联网的发展，为了能展示越来越丰富的互联网内容，浏览器的功能变得越来越强大，对浏览器运行效率的要求也越来越高，此类应用主要使用 C++语言开发。

（3）电子娱乐游戏类软件，如雅基软件公司的 Cocos2d-x 游戏引擎、Epic Games 公司的游戏引擎——虚幻引擎 4 等。游戏引擎是用于开发游戏的工具集，Cocos2d-x 主要应用于智能设备上，虚幻引擎 4 主要用于开发一些商业游戏。有一些游戏直接使用 C++语言作为开发语言，如《英雄联盟》《星际争霸 2》等。在网络游戏中，也常用 C++语言开发游戏服务器，用于处理游戏逻辑。

（4）计算机辅助设计类软件，如 AutoCAD、SolidWorks、UG、SolidEdge 等，这类软件也主要由 C++语言开发。

（5）阿里巴巴公司的国产企业级分布式关系数据库 OceanBase 是使用 C++语言开发的，微软 SQL Server、IBM DB2 等数据库也是使用 C++语言开发的。

（6）微软的集成开发环境 Visual Studio（VS）使用 C++语言作为主要开发语言。VS 是当前功能非常完善、运行效率非常高的集成开发环境，是 Windows 系统上主要的开发环境，支持使用 C、C++、C#、Python、HTML+CSS+JavaScript、F#等编程语言进行软件开发。

5.3.2　C++语言的发展历史

1979 年，本贾尼·斯特劳斯特卢普在 AT&T 贝尔实验室从事研究工作。当时他接触到一种名为 Simula 67 的面向对象编程语言。本贾尼·斯特劳斯特卢普发现面向对象思想在软件开发上非常有用，但是因为 Simula 67 语言的执行效率低，所以其实用性不强。不过 AT&T 贝尔实验室正好有一款小巧、精悍的编程语言——C 语言。本贾尼·斯特劳斯特卢普决定将这两种语言的优点结合在一起，最终推出了带类的 C 语言（C with classes）。

随着不断改进，带类的 C 语言与 C 语言之间的差距越来越大，最终于 1983 年该语言被正式命名为"C++"，成为一种新的编程语言。此时，C++语言与 C 语言就不再兼容，C++语言中类型检测变得严格，C 语言代码的某些写法在 C++语言代码中被视为语法错误。

1985 年，本贾尼·斯特劳斯特卢普编写的 C++参考手册 *The C++ Programming Language* 出版，成为 C++语言技术规范的重要参考。同年，C++语言的商业版本问世。

1990 年，*The Annotated C++ Reference Manual* 发布，同年，Borland 公司的商业版 Turbo C++编译器问世。Turbo C++附带了大量函数库，这一举措对使用 C++语言进行软件开发产生了极为深远的影响。

1993 年，RTTI（运行期类型识别）和 namespace（名字空间）被添加到 C++语言中。

1998 年，C++标准委员会发布了 C++语言的第一个国际标准——ISO/IEC 14882:1998，该标准就是大名鼎鼎的 C++ 98 标准，这个标准将标准模板库（Standard Template Library，STL）也纳入了 C++语言标准中。

2011 年，推出 C++ 11 标准，一些新的语言特性被添加到 C++语言中，包括正则表达式、完备的随机数生成函数库、新的时间相关函数、原子操作支持、标准线程库、新的 for 语法、auto 关键字、新的容器类、更好的 union 支持、数组初始化列表、变参模板等。

此后，在 2014 年和 2017 年又分别推出了 C++ 14 标准与 C++ 17 标准，这两个标准在 C++ 11 标准的基础上进行了较少的调整。

2020 年，发布了 C++ 20 标准，该标准相比先前的标准有了较大的变化，为 C++语言添加了协程、模块、新的操作符与关键字、原子智能指针、同步库、概念与约束、范围、指定初始化等新特性。

5.3.3　C++语言的特点

C++语言最初被设计为 C 语言的超集，希望在保留 C 语言所有优点的前提下又有更强大的功能，但是 C++语言的目标和 C 语言的目标终究是不一样的，最终这两种语言走向了两个截然不同的方向。

C++语言的第一个特点就是复杂。C++语言自发布以来，经过数十年的发展与改进，功能变得越来越强大，但是语法也变得越来越复杂，造成这一现象的原因是 C++语言承载了多种不同的编程思想，如面向过程、面向对象、函数式编程、泛型编程等，很多评论指出"C++不是一门编程语言，而是多门编程语言"。与 C 语言精简灵活的语法不同，C++语言为了在提供更多功能的同时保持灵活性，在语法中不可避免地引入了很多非常细节的语法，让学习、使用 C++语言变得困难。

C++语言除了本身的复杂性，还继承了 C 语言的一个特性——手动管理内存，这使得开发 C++程序的难度进一步增加。

与语法复杂对应的是 C++语言的强大。C++语言的强大体现在两个方面：高效率和通用性。C++语言能从底层系统的开发覆盖到应用层软件的开发，从操作系统、桌面程序的开发工作到大型分布式系统的开发工作，C++语言都能胜任，有时甚至是唯一选择。可以说，C++语言是一种能覆盖所有开发领域的通用开发语言。

C++语言有一个"零开销"（Zero Overhead）原则，即使用 C++语言开发软件不需要为没有使用的语言特性付出执行成本。例如，一个使用 C++语言开发的软件项目，如果只使用 C++语言的结构化编程的特性，则面向对象部分的特性不会影响执行效率。这让 C++语言具有了不输于 C 语言的执行效率，再加上 C++语言兼容大部分 C 语言语法，让 C++语言成了 C 语言在系统级开发领域的强力竞争者。现在很多程序开发库都先开发 C++语言版本，再使用

C++语言版本去开发其他语言版本的库,如面向高性能计算的异构计算框架 CUDA、面向计算机视觉的库 OpenCV、跨平台的图形界面库 Qt、3D 图形编程接口 DirectX 等。

C++语言中的一些高级语言特性,如面向对象编程、泛型编程、函数式编程等,让 C++语言在大型软件项目中也有优秀的表现。现在计算机中绝大部分需要较高执行效率的应用类软件或其核心部分都是由 C++语言开发的,如前文提到的浏览器、设计类软件、大型商业游戏等就属于此列。

不过想要发挥好 C++语言的优势并不容易,由于学习、使用 C++语言的成本较高,在一些用户需求快速变化的领域,如互联网领域、企业级应用领域、科研领域等,C++语言虽然可以开发,但是并不擅长,在这些领域活跃的就是 Java、C#、Python 等编程语言了。

5.3.4　C++环境配置

C++语言的开发工具有很多,而且和 C 语言的开发工具有很大的重叠。这里以微软 Windows 平台中的 Visual Studio 为例配置 C++语言开发环境。

首先从 Visual Studio 网站上下载安装程序。根据平台选择所需的安装程序,下载页面如图 5-42 所示。

图 5-42　Visual Studio 的下载页面

Windows 平台上的 Visual Studio 有 3 个版本:Community、Professional、Enterprise,分别是免费的社区版、专业版、企业版,如图 5-43 所示。社区版包含了所有常用的基础功能,如果以学习为目的,则选择社区版即可。

第 5 章　软件开发语言

图 5-43　选择下载版本

下载完成后，Visual Studio 安装程序如图 5-44 所示，双击该安装程序即可开始安装。

图 5-44　Visual Studio 安装程序

启动安装后，需要选择安装的内容，如图 5-45 所示。这里选择"使用 C++ 的桌面开发"，也可以根据需要选择其他内容，如需要使用 C# 语言，则可以选择与 .NET 相关的内容。

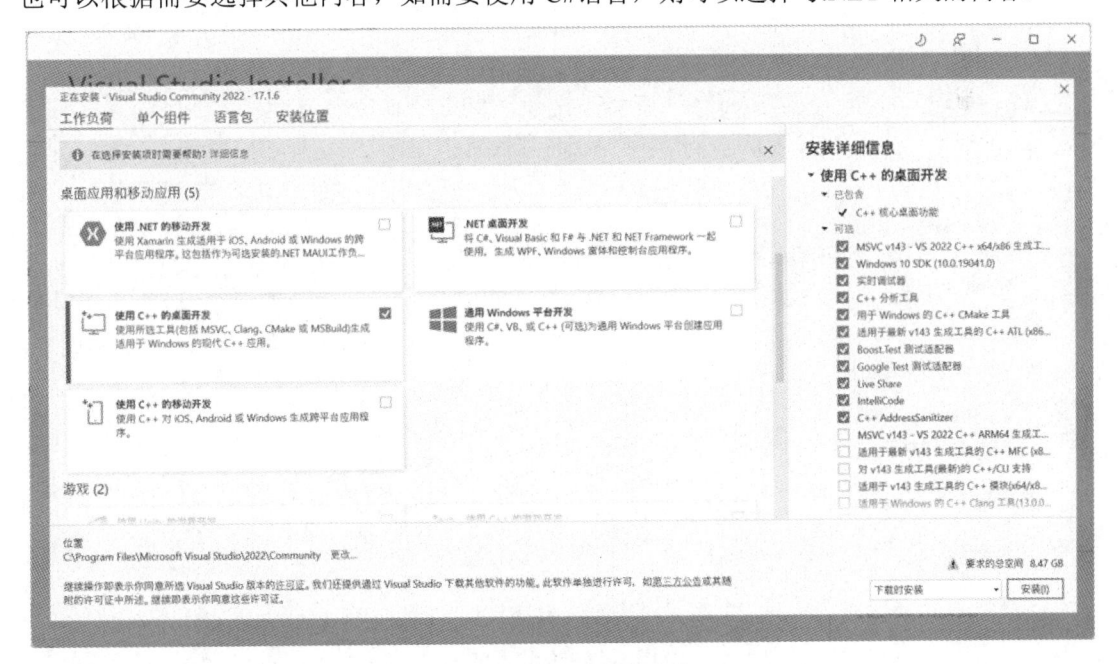

图 5-45　选择安装的内容

115

通过"单个组件"、"语言包"和"安装位置"这3个选项卡，可以分别选择安装单个组件、界面语言和安装路径，如图5-46所示。

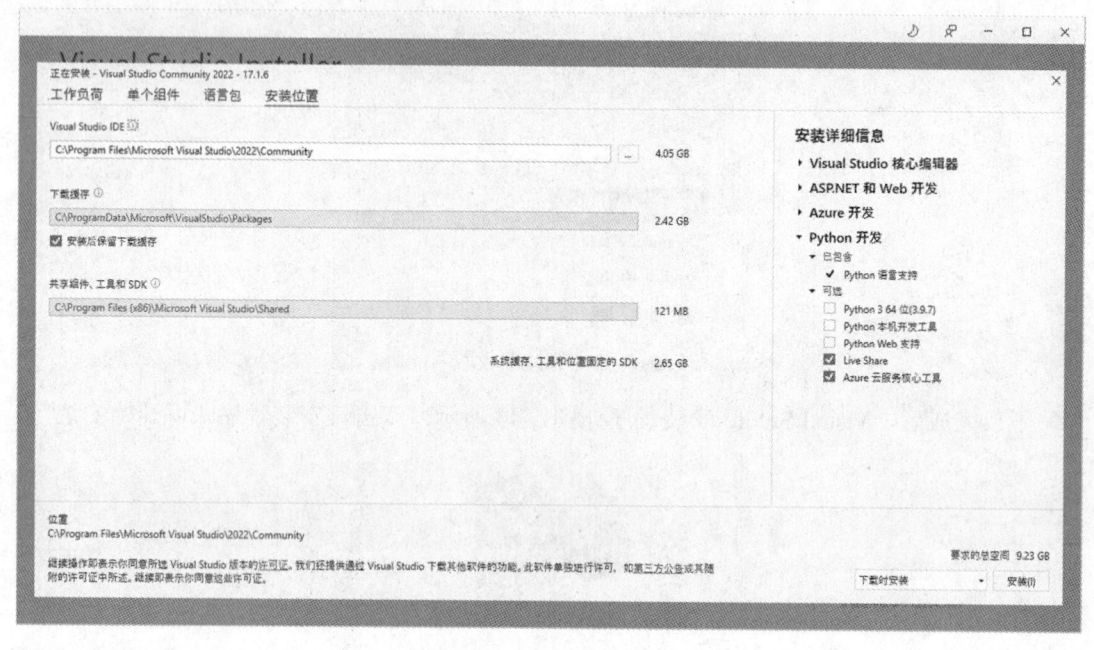

图5-46　选择安装路径

当安装内容、安装位置确定后，就可以启动安装了，这个过程会通过网络下载安装内容，可能会花费一些时间，安装进度如图5-47所示。

图5-47　安装进度

安装完成后，启动 Visual Studio 2022，界面如图 5-48 所示。

图 5-48　Visual Studio 2022 的启动界面

在启动界面中单击"创建新项目"按钮，在弹出的"创建新项目"界面中，语言选择"C++"，平台选择"Windows"，项目类型选择"控制台"，项目模板选择"控制台应用"，如图 5-49 所示。

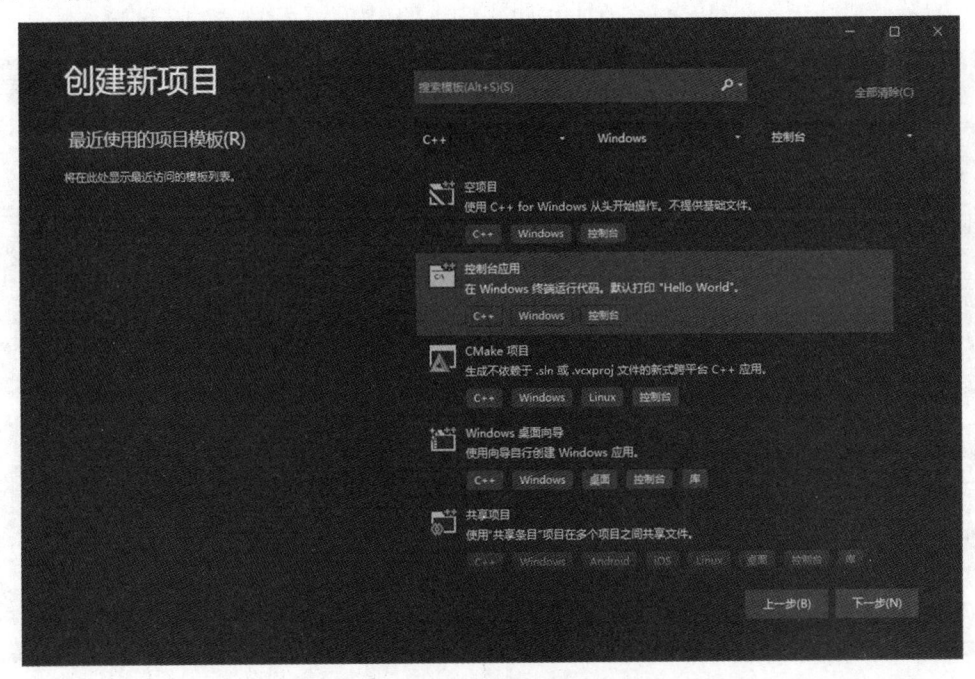

图 5-49　"创建新项目"界面

单击"下一步"按钮,进入"配置新项目"界面,在该界面中设置项目名称、保存位置、解决方案名称等内容,如图 5-50 所示,然后单击"创建"按钮即可创建项目。

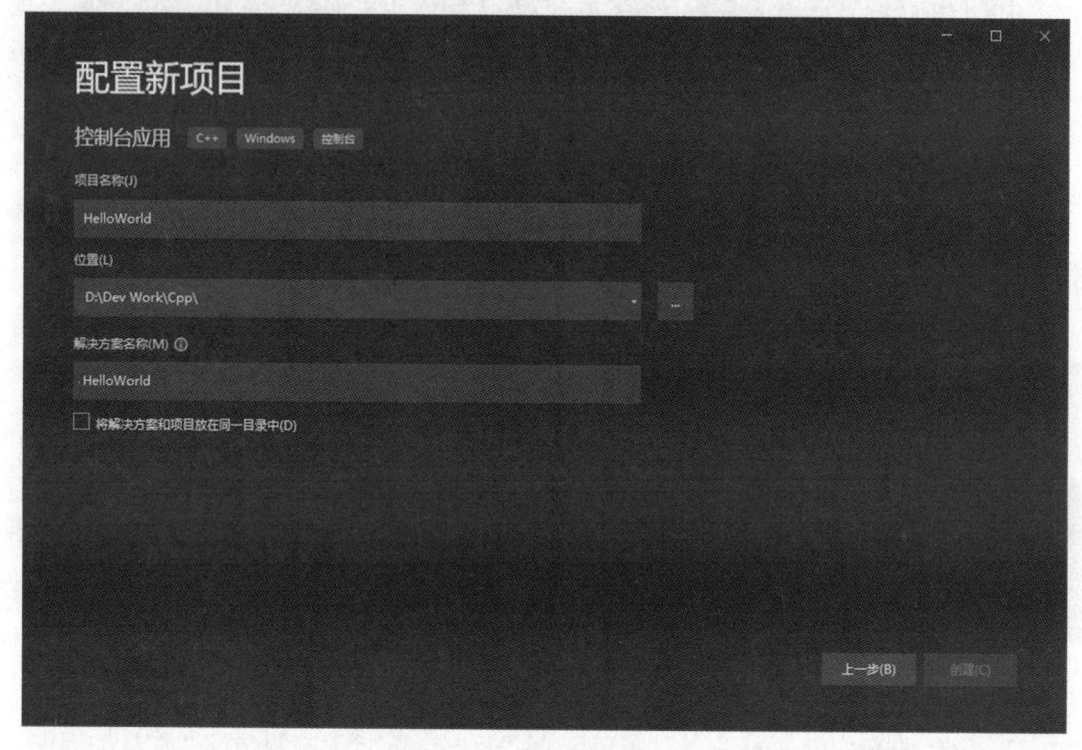

图 5-50 "配置新项目"界面

项目创建成功后,会显示包含"Hello World!"的代码,如图 5-51 所示。

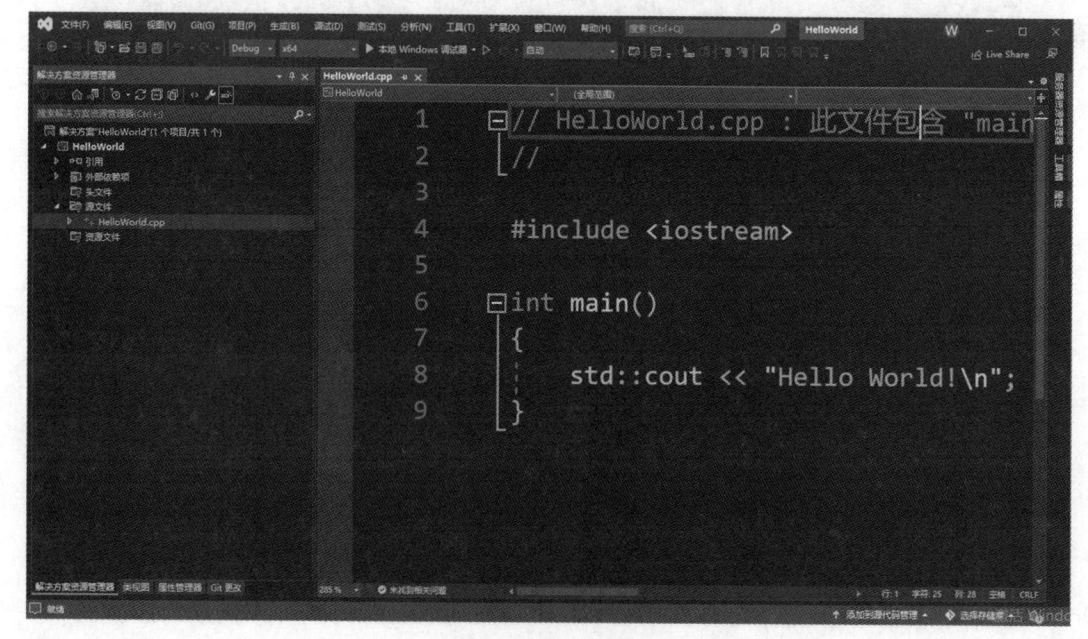

图 5-51 IDE 界面

按 Ctrl+F5 组合键编译并运行程序，运行结果如图 5-52 所示。

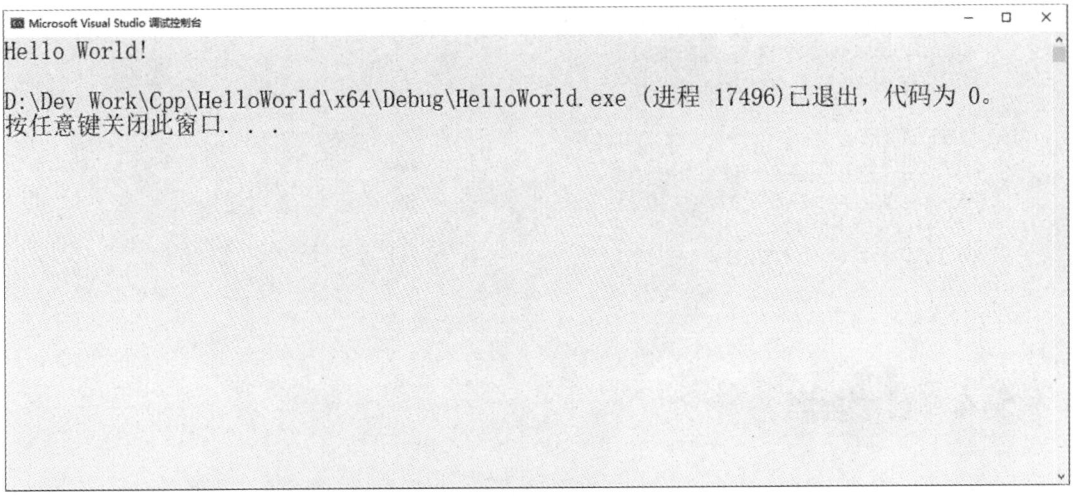

图 5-52 程序运行结果

5.3.5 C++代码展示

下面的代码展示了如何使用 C++语言代码对一百万个数进行排序。排序的方法是快速排序算法。

快速排序算法的思路是：选取一个关键数，用这个关键数将待排序的数据划分成两个区域，将小于关键数的数据集中到一个区域，将大于关键数的数据集中到另一个区域，然后在这两个区域中反复进行上述操作，直到整个区域都有序。

```cpp
#include <iostream>
#include <random>
const int MAXLEN=1024*1024;        //定义数组的最大长度
unsigned int data[MAXLEN]={0};     //定义数组
typedef unsigned int(&dataArray)[MAXLEN];
/*定义部分排序函数，将待排序的数据划分为大于关键数的部分和小于关键数的部分，并返回排序后
关键数的位置*/
int sortParttion(dataArray d,int begin,int end,int keyPos){
    std::swap(d[begin],d[keyPos]);
    auto l=begin;
    auto& keyValue=d[begin];
    for(auto index=begin+1;index<end;index++){
        if(d[index]<keyValue){
            l++;
            std::swap(d[l],d[index]);
        }
    }
    std::swap(d[begin],d[l]);
    return l;
}
//定义快速排序函数
void quickSort(dataArray d,int begin,int end){
    if(begin>=end-1)
```

```
        return;
    auto keyPos=begin;
    keyPos=sortParttion(d,begin,end,keyPos);
    quickSort(d,begin,keyPos);
    quickSort(d,keyPos+1,end);
}
int main(){
    std::default_random_engine e;
    for(auto i=0;i<MAXLEN;i++)
        data[i]=e();
    quickSort(data,0,MAXLEN);
}
```

5.4 C#语言

C#语言是微软.NET 平台上的主要开发语言。C#语言是微软公司发布的一种定位类似于 Java 语言的编程语言。在进入 21 世纪后，C#语言逐渐成为微软 Windows 系统上的两大开发语言之一，另一个为 C++语言。

5.4.1 C#语言介绍

C#语言是微软公司发布的一种由 C++语言衍生出来的面向对象编程语言，该语言是运行于.NET 平台上的高级程序设计语言之一。因为这种继承关系，C#语言与 C/C++语言具有极大的相似性，熟悉类似语言的开发人员可以很快地转向 C#语言。

C#语言与 Java 语言有着相近的定位，并且都大量借鉴了 C++语言的语法，以至于它们看起来非常相似，如两种语言都包括了诸如纯面向对象、单一继承、接口等特性。此外，C#程序的运行方式与 Java 程序的运行方式一样，即由一个被称为公共语言运行时（Common Language Runtime，CLR）的虚拟机执行。

C#语言是一种安全、稳定、简单的面向对象编程语言。它在继承 C++语言强大功能的同时去掉了一些 C++语言的复杂特性，如不允许多重继承。C#语言相对简单的语法，加上与 Windows 系统深度整合的.NET Framework 框架，使得使用 C#语言可以非常方便地开发在 Windows 平台上运行的程序。

另外，微软公司的互联网信息服务（Internet Information Services，IIS）也与.NET Framework 框架紧密整合，使得使用 C#语言可以非常便捷地开发基于互联网的 Web 应用。

基于 CLR 的运行方式势必会造成性能上的损失，不过在设计 C#语言时就考虑到了需要性能的场合。C#语言的解决方式是将性能敏感的功能使用 C++语言进行开发，再由 C#程序去调用这些功能，这样既解决了性能问题，又让 C#语言不至于像 C++语言一样复杂。

C#语言适合开发的程序和 Java 语言有很大的重叠，其适用于开发业务流程复杂、需求变化较快、对稳定性和安全性要求高的软件项目。得益于.NET Framework 框架和 Windows 系统高度绑定，在 Windows 桌面程序的开发上 C#语言具有先天优势，尤其是配合使用 Visual

Studio 集成开发环境提供的可视化开发工具,能够快捷、高效地完成开发。不过也正因如此,C#语言在可移植性上和 Java 语言相差甚远,在 Linux、UNIX 等非 Windows 系统上 C#语言就没有什么市场了。当然微软公司也考虑到了 C#语言在其他平台上的劣势,因此推出了.NET Core\.NET 5+来提高 C#语言的跨平台能力。

由 C#语言开发并被大量使用的软件列举如下。

(1)微软开发者网络(Microsoft Developer Network,MSDN)是微软公司官方关于 Windows 平台的开发者社区,这个站点上包含了微软公司全部的技术文档,以及大量开发者在其上讨论的各类开发问题。MSDN 的后台 Web 服务器端是由 C#语言开发的,类似的还有 Stack Overflow 等。

(2)微软 SQL Server 数据库产品中的大部分程序是由 C#语言开发的,如 SQL Server Management Studio 等。

(3)微软基于云计算的操作系统 Microsoft Azure 主要是由 C#语言开发的。

(4)微软 Xbox 游戏机中的操作界面主要是由 C#语言开发的。

(5)跨平台游戏引擎 Unity3D 使用 C#语言作为开发语言,配合使用开源.NET 平台 Mono 实现了跨平台游戏开发能力,可以开发 Windows、Android、微软 Xbox、索尼 Play Station、任天堂 Switch 等平台游戏。

(6)国内 ERP(Enterprise Resource Planning,企业资源计划)类软件,如用友公司的 U9、金蝶公司的 K3 Cloud、鼎捷公司的 E10 等国产大型 ERP 软件是由 C#语言开发的。

5.4.2　C#语言的发展历史

2000 年,由微软公司的安德斯·海尔斯伯格(Anders Hejlsberg)主持开发的 C#语言发布,它是一种面向对象的编程语言,其借鉴了 C++语言和 Java 语言的语法特点。

2001 年,微软公司发布.NET Framework 的第一个版本。

2003 年,.NET Framework 的版本升级到 v1.1,完善了桌面应用开发和 Web 开发。

2006 年,微软公司相继推出 2.0 和 3.0 版本的.NET Framework。在 3.0 版本中,微软公司推出了 WPC、WCF、WF 等框架。随着 3.0 版本的问世,C#语言进入发展的快车道,微软公司借此占领了开发市场的"半壁江山"。

2009 年,微软公司发布 Web 框架 ASP.NET MVC 1.0 且完全开源,并在随后几年不断对其进行完善,使其成为.NET 平台主要的 Web 开发框架。

2016 年,微软公司开启跨平台产品线.NET Core,并完全开源。同年,微软公司正式推出.NET Core 1.0,在 Web 领域推出了跨平台 Web 框架 ASP.NET Core,以及开发 Windows 10 应用的 UWP 框架。

2017 年,.NET Core 2.0 发布,传统的.NET Framework 的版本升级到 4.7。

2019 年,.NET Core 3.0 发布,.NET Framework 的版本升级到 4.8,这也是.NET Framework 的最后一个版本。

2020 年,微软公司关闭了.NET Framework 产品线,并将.NET Core 产品线更名为.NET。为了和原来的.NET Framework 4.x 进行区分,新的.NET 产品线直接从版本号 5 开始,即.NET 5.0。

5.4.3 C#语言的特点

C#语言被设计为一种安全、稳定、简单的面向对象编程语言。在设计时，C#语言借鉴了 C++语言与 Java 语言的语法特点，但是去掉了其中一些复杂的语法特性，使得使用 C#语言能够高效地编写程序。

C#程序的运行方式类似于 Java 程序的运行方式，先将 C#程序的源代码编译为被称为中间公共语言（Common Intermediate Language，CIL）的代码，再由被称为 CLR 的虚拟机执行。CLR 内建垃圾收集器，当对象的生命周期结束时，垃圾收集器负责收回不被使用的对象占用的内存空间。在使用 C#语言时，不必考虑复杂的内存管理，也不必担心指针操作带来的危险，这让使用 C#语言变得安全、简单。

C#语言是完全面向对象的编程语言，支持面向对象语言的基本特征，即封装、继承、多态。同时，C#语言简化了设计，如 C#语言不支持多重继承，减少了开发时的复杂度，让程序结构变得简洁明了，也降低了使用 C#语言的成本。

5.4.4 C#环境配置

C#语言主要的开发环境是 Visual Studio，其安装过程在介绍 C++语言时已经展示。这里简单介绍一下安装过程中的区别。在安装 Visual Studio 的过程中，在选择需要安装的内容时选择"ASP.NET 和 Web 开发"、"使用.NET 的移动开发"和".NET 桌面开发"，如图 5-53 所示。

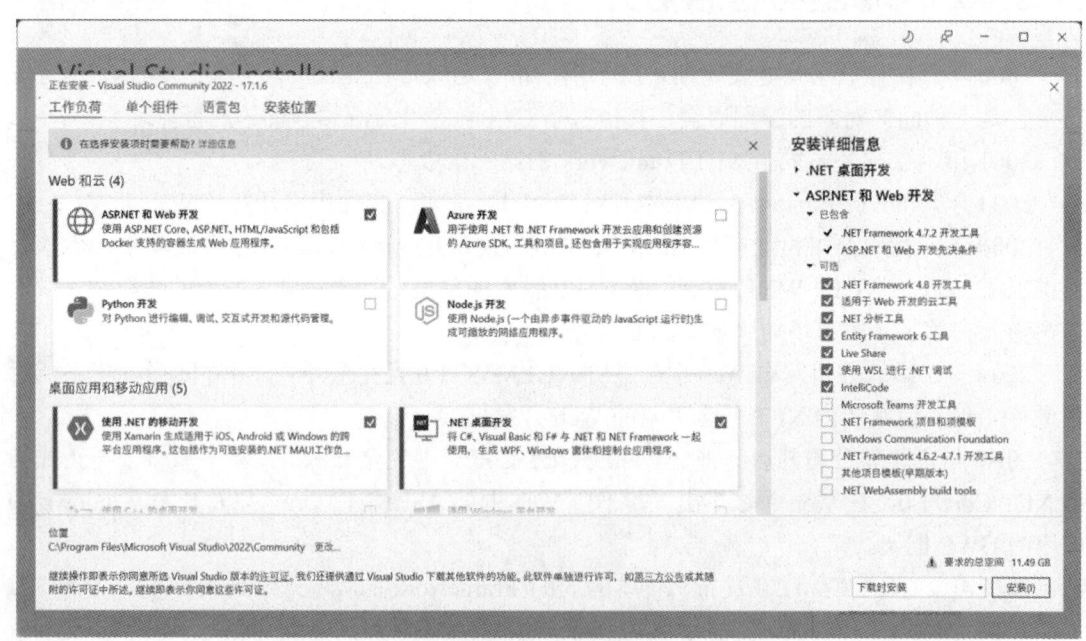

图 5-53 选择安装的内容

安装完成后，启动 Visual Studio 2022，界面如图 5-54 所示。

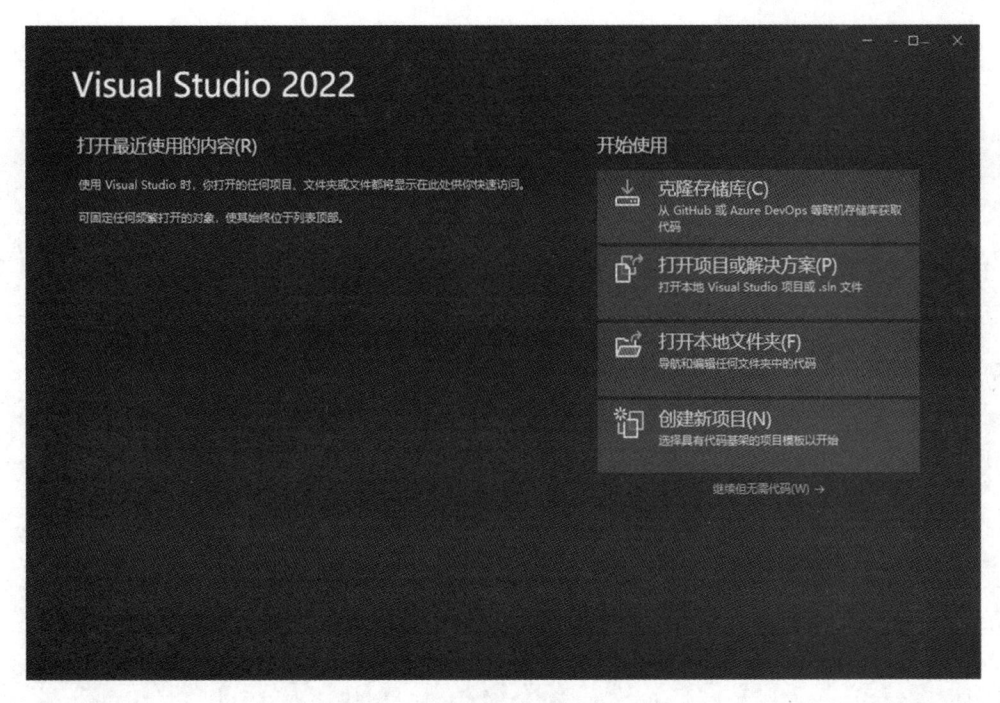

图 5-54　Visual Studio 2022 的启动界面

在启动界面中单击"创建新项目"按钮，在弹出的"创建新项目"界面中，语言选择"C#"，平台选择"Windows"，项目类型选择"控制台"，项目模板选择"控制台应用(.NET Framework)"，如图 5-55 所示。

图 5-55　"创建新项目"界面

单击"下一步"按钮,进入"配置新项目"界面,在该界面中设置项目名称、保存位置、解决方案名称、框架等内容,如图 5-56 所示,然后单击"创建"按钮即可创建项目。

图 5-56 "配置新项目"界面

项目创建成功后,会显示包含"Hello World"的代码,如图 5-57 所示。

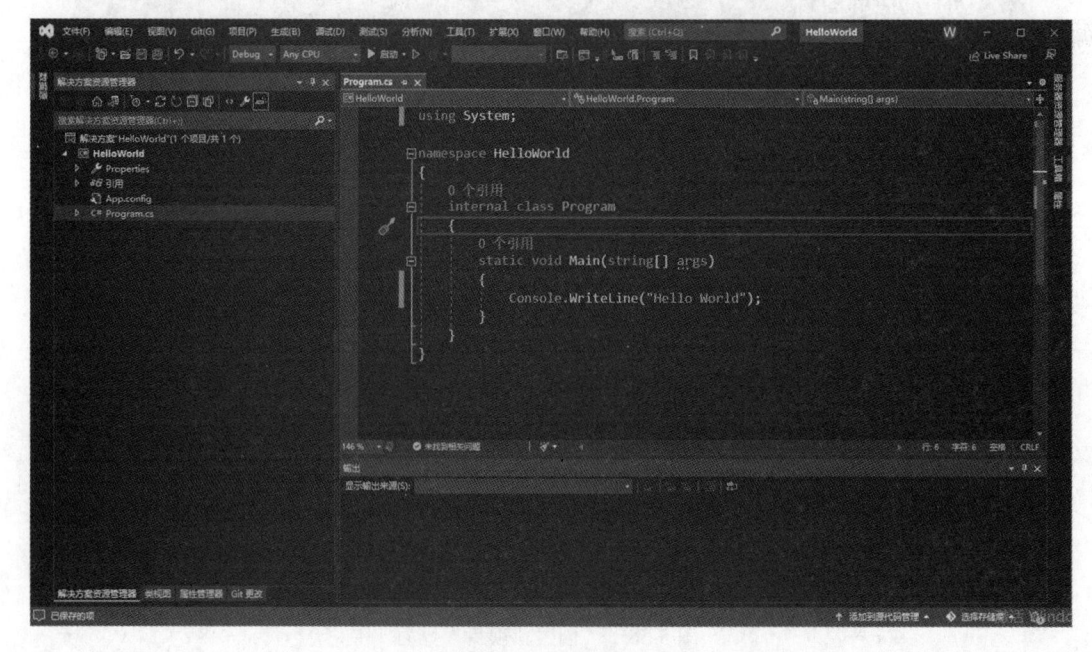

图 5-57 IDE 界面

按 Ctrl+F5 组合键编译并运行程序，运行结果如图 5-58 所示。

图 5-58　程序运行结果

5.4.5　C#代码展示

下面的代码展示了一个猜字游戏，输入长度为 5 个字符的单词，程序会根据情况给出哪些字符猜对了，哪些字符猜错了，反复猜直到猜对，游戏结束。

```
using System;
using System.Linq;
using System.Text;
namespace Word
{
    class Word
    {
        private string[] Words={"DINKY","SMOKE","WATER","GRASS","TRAIN","MIGHT","FIRST","CANDY","CHAMP","WOULD","CLUMP","DOPEY"};
        private void intro(){
            Console.WriteLine("WORD".PadLeft(37));
            Console.WriteLine("CREATIVE COMPUTING  MORRISTOWN, NEW JERSEY".PadLeft(59));
            Console.WriteLine("I am thinking of a word -- you guess it. I will give you");
            Console.WriteLine("Clues to help you get it. Good luck!!");
        }
        private string get_guess(){
            string guess="";
            while(guess.Length==0)
            {
                Console.WriteLine($"{Environment.NewLine}Guess a five letter word.");
                guess=Console.ReadLine().ToUpper();
                if((guess.Length!=5)||(guess.Equals("?"))||(!guess.All(char.IsLetter))){
```

```csharp
                guess="";
                Console.WriteLine("You must guess a give letter word. Start again.");
            }
        }
        return guess;
    }

    private int check_guess(string guess,string target,StringBuilder progress){
        int matches=0;
        string common_letters="";
        for(int ctr=0;ctr<5;ctr++){
            if(target.Contains(guess[ctr])){
                common_letters.Append(guess[ctr]);
            }
            if(guess[ctr].Equals(target[ctr])){
                progress[ctr]=guess[ctr];
                matches++;
            }
        }
        Console.WriteLine($"There were {matches} matches and the common letters were... {common_letters}");
        Console.WriteLine($"From the exact letter matches, you know... {progress}");
        return matches;
    }
    private void play_game(){
        string guess_Word,target_Word;
        StringBuilder guess_progress=new StringBuilder("-----");
        Random rand=new Random();
        int count=0;
        Console.WriteLine("You are starting a new game...");
        target_Word=Words[rand.Next(Words.Length)];
        while (true){
            guess_Word=get_guess();
            count++;
            if(guess_Word.Equals("?")){
                Console.WriteLine($"The secret Word is {target_Word}");
                return;
            }
            if(check_guess(guess_Word,target_Word,guess_progress)==0){
                Console.WriteLine("If you give up, type '?' for your next guess.");
            }
            if(guess_progress.Equals(guess_Word)){
                Console.WriteLine($"You have guessed the word. It took {count} guesses!");
                return;
            }
        }
    }
    public void play()
    {
```

```
            intro();
            bool keep_playing=true;
            while (keep_playing){
                play_game();
                Console.WriteLine($"{Environment.NewLine}Want to play again?");
                keep_playing=Console.ReadLine().StartsWith("y",
StringComparison.CurrentCultureIgnoreCase);
            }
        }
    }
    class Program
    {
        static void Main(string[] args){
            new Word().play();
        }
    }
}
```

5.5 Python 语言

"人生苦短，我用 Python！"（Life is short，You need Python。）

Python 语言最初是由荷兰的吉多·范罗苏姆（Guido van Rossum）于 20 世纪 90 年代初设计的，是一种高层次的结合了解释性、编译性、互动性和面向对象的通用编程语言。

5.5.1 Python 语言介绍

吉多·范罗苏姆设计 Python 语言的初衷是替代名为"ABC"的编程语言，ABC 语言是面向教育的强交互语言，不过最终 ABC 语言并未取得成功。作为 ABC 语言开发者之一的吉多·范罗苏姆在分析了 ABC 语言失败的原因后，开发出了语法简练的 Python 语言。

Python 语言不是一种强调运行效率的编程语言，所以如果开发需要较高运行效率的程序，则不要选择 Python 语言。但是，Python 语言却是具有非常出众开发效率的编程语言，对于同一件事情，在其他编程语言中需要大量的代码，而在 Python 中则可能只需要寥寥几行代码。之所以 Python 语言有如此高的开发效率，是因为 Python 语言具有种类丰富的开发库，这些不同功能的库往往又是由其他语言开发的，如 C、C++等语言。因此，Python 语言很多时候作为一种"胶水语言"在使用，使用其他编程语言开发功能，使用 Python 语言将这些功能整合为一个完整的软件。

自发布以来，Python 语言受到了软件开发社区的广泛支持，各类开发团体（如程序开发人员、开源社区、大型软件企业等）为 Python 语言贡献了数量庞大的软件开发库。现在，Python 语言已经在如下领域建立了庞大的用户基础。

（1）互联网 Web 开发领域：由于互联网应用需求易变的特点，Python 语言作为一种动态类型语言，在快速响应需求变化上具有先天优势，尤其以开发迅速著称，配合 Python 语言丰富的 Web 服务端框架（如 Flask、Django、Tornado 等），能够快速部署 Web 应用。

（2）科学计算和统计领域：Python 语言的 NumPy、Pandas、SciPy、Statsmodel 等库在科学计算和统计领域应用广泛，配合 Matplotlib 绘图库使用，是研究领域常见的使用方式。

（3）人工智能领域：人工智能领域广泛使用 Python 语言作为开发语言，尤其是在深度学习、统计学习、计算机视觉等领域，配合使用 TensorFlow、Keras、Caffe、OpenCV 等库，让 Python 语言成为主要开发语言之一。

（4）网络爬虫领域：Python 语言配合使用 Requests、lxml、Scrapy、Selenium 等库能够快速开发各类网络爬虫。

（5）图形用户界面（Graphical User Interface，GUI）领域：使用 PyQt、PyGTK、wxPython、Tkinter 等 GUI 库能够开发桌面应用程序，如 GIMP——一款 Photoshop 的开源替代品。

由于 Python 语言的解释器是开源软件，因此 Python 解释器也能非常方便地被集成到使用其他语言开发的程序中，尤其是使用 C 语言、C++语言开发的程序，通过集成 Python 解释器，能让宿主软件获得易于扩展、易于修改的特点。

5.5.2　Python 语言的发展历史

20 世纪 80 年代中期，吉多·范罗苏姆还在荷兰国家数学与计算机科学研究学会为 ABC 语言贡献代码。ABC 语言是一个为编程初学者打造的研究项目。这种语言与当时大部分语言不同，它以教学为目的，希望让语言变得易读、易用、易学。然而，ABC 语言存在着一些致命的问题，最终导致其失败。

不过 ABC 语言给了吉多·范罗苏姆很大的影响，后期在开发 Python 语言的过程中，从 ABC 语言中继承了很多东西，如字符串、列表和字节数列都支持索引、切片排序和拼接操作等。

时间来到 1989 年的圣诞节，在阿姆斯特丹的吉多·范罗苏姆为了打发圣诞节的无趣，决心开发一种新的语言，作为 ABC 语言的一种继承，这种语言就是 Python 语言。之所以选中 Python 作为该编程语言的名字，是因为他是一个名为"Monty Python"的喜剧团体的爱好者。

1991 年，第一个 Python 解释器诞生。它是用 C 语言实现的，并能够调用 C 语言的库文件。从一诞生，Python 语言已经具有了类、函数、异常处理、包括表和词典在内的核心数据类型，以及以模块（module）为基础的拓展系统。

1995 年，吉多·范罗苏姆在弗吉尼亚州的国家创新研究公司（CNRI）继续他在 Python 上的工作，并在那里发布了该软件的多个版本。

2000 年，Python 2 发布，目前稳定版本是 Python 2.7。同年发布 Jython，Jython 是使用 Java 语言编写的 Python 实现。

2001 年，Python 软件基金会（PSF）成立，这是一个专为拥有 Python 相关知识产权而创建的非营利组织。

2006 年，IronPython 发布，IronPython 是一个在.NET 平台运行 Python 程序的项目。

2007 年，PyPy 发布，PyPy 是用 Python 语言实现的 Python 解释器。

2008 年，Python 3 发布，Python 3 不完全兼容 Python 2，建议新软件项目使用 Python 3。2021 年，Python 语言超过 C 语言，成为 TIOBE 世界编程语言排行榜上排行第一的语言。

5.5.3　Python 语言的特点

Python 语言是基于解释器运行的编程语言，这让 Python 语言具有极强的可移植性。再加上 Python 解释器是开源软件，这也让更多的平台能够运行 Python 程序。另外，使用 C/C++ 语言开发的软件能将 Python 解释器集成到程序中，这让集成了 Python 解释器的软件也能通过 Python 语言提高扩展性和灵活性。

Python 解释器还可以通过其他编程语言来扩展 Python 语言的功能，如使用 C、C++语言为 Python 开发新的功能库。Python 种类丰富的各类库中的很多库是由其他语言开发的，如科学计算库 NumPy 就是由 C 语言开发的。

Python 语言的设计原则是"优雅"、"明确"和"简单"。为了贯彻这些原则，设计者希望 Python 语言能"用一种方法，最好是只有一种方法来做一件事"，从而让 Python 语言的使用者能聚焦于想要实现的功能，而不是过多地考虑如何去实现这个功能。这让 Python 语言具有语法简洁、易于学习、易于阅读、易于使用的特点。

Python 语言具有相对较少的关键字和简洁清晰的语法结构，学习起来非常简单。标志性的强制代码块缩进，让代码结构清晰美观，便于代码的阅读和维护。

由于 Python 语言是动态类型语言，因此在使用 Python 语言编程时不用纠结于语法细节（如不用考虑变量的类型等），而是专注于数据如何处理、如何实现功能。当然这也带来了一些问题，在面对大型软件项目时，类型安全将会成为问题，如何协调不同模块之间的数据交互，会考验开发人员的设计与项目管理能力。

5.5.4　Python 环境配置

Python 程序的运行需要运行环境支持，这里介绍 Python 运行环境的安装与配置。

首先从 Python 官网上下载官方发行版，打开官网后页面中会显示当前最新的 Python 版本，如图 5-59 所示。

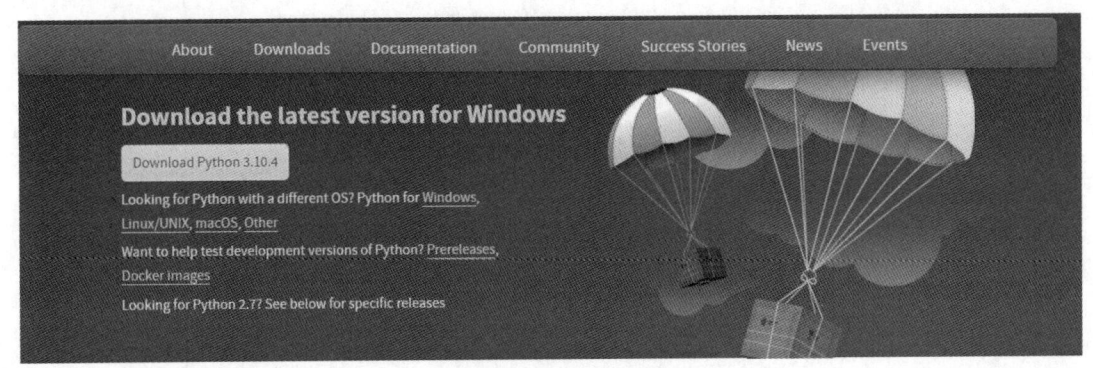

图 5-59　Python 官网页面

也可以选择"Downloads"菜单，在弹出的下拉菜单中同样会显示当前最新的 Python 版本，如图 5-60 所示。还可以选择"All releases"命令，在出现的页面中选择需要的版本。

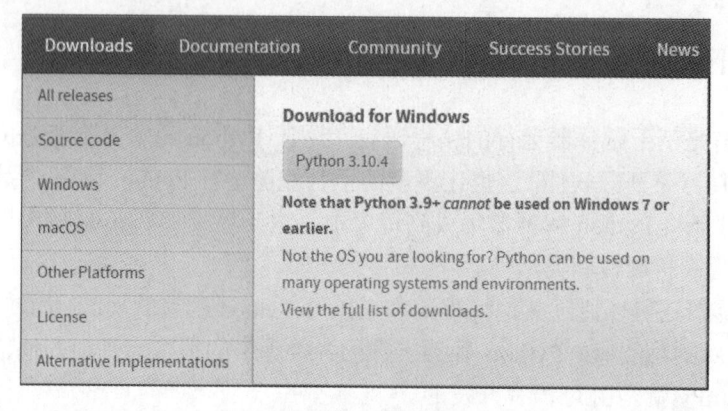

图 5-60　下载链接

选择下载最新版本，下载完成后，安装程序如图 5-61 所示，双击该安装程序即可开始安装。

图 5-61　安装程序

启动安装程序后，勾选界面底部的"Add Python 3.10 to PATH"复选框，如果不改变路径，则可以直接选择"Install Now"，也可以选择"Customize installation"改变默认的安装配置，如图 5-62 所示。

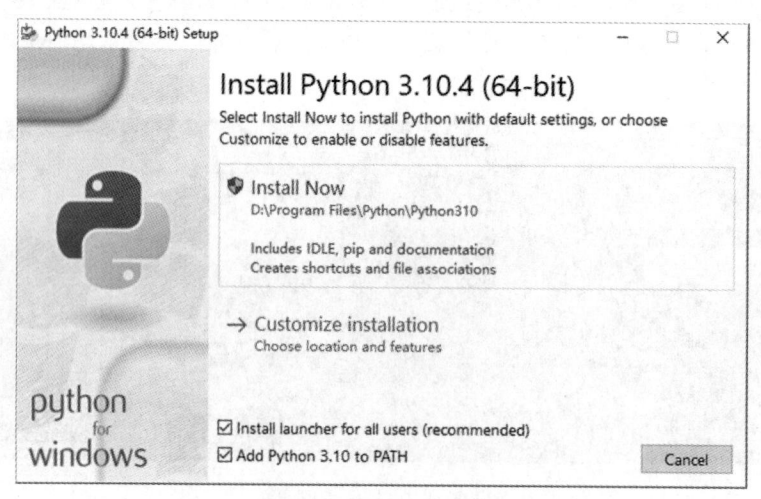

图 5-62　选择安装方式

安装完成后，可以在"开始"菜单中找到 Python 程序，如图 5-63 所示。

图 5-63　安装完成

其中，IDLE 是 Python 运行环境自带的图形化交互界面，如图 5-64 所示，在其中以交互方式执行 Python 代码。其他 3 个分别是 Python 命令行程序、用户手册、Python 模块文档。

图 5-64　IDLE 界面

除了官方的运行环境，还有第三方的运行环境，使用最多的就是 Anaconda 发行版，其中就包含 Python 解释器及一些常用科学计算库，如 NumPy、SciPy、Pandas 等。

安装运行环境后，还需要配置开发环境。能用于开发 Python 程序的工具有很多，如微软的 Visual Studio 集成开发环境、Visual Studio Code 编辑器、Sublime Text 编辑器、JetBrains 的 PyCharm 集成开发环境等。

这里介绍如何安装与配置 PyCharm 集成开发环境。

从 PyCharm 官网上下载安装程序，打开官网后页面中会显示 PyCharm 的下载链接，可以下载最新版本，如图 5-65 所示。

图 5-65　PyCharm 官网页面

PyCharm 官网中提供了两个版本，一个是收费的专业版（Professional Edition），另一个是免费的社区版（Community Edition），如图 5-66 所示。

图 5-66　选择版本

这里下载社区版用于学习。下载完成后，PyCharm 安装程序如图 5-67 所示，双击该安装程序即可开始安装。

图 5-67　PyCharm 安装程序

安装过程中可以根据需要选择安装路径，如图 5-68 所示。

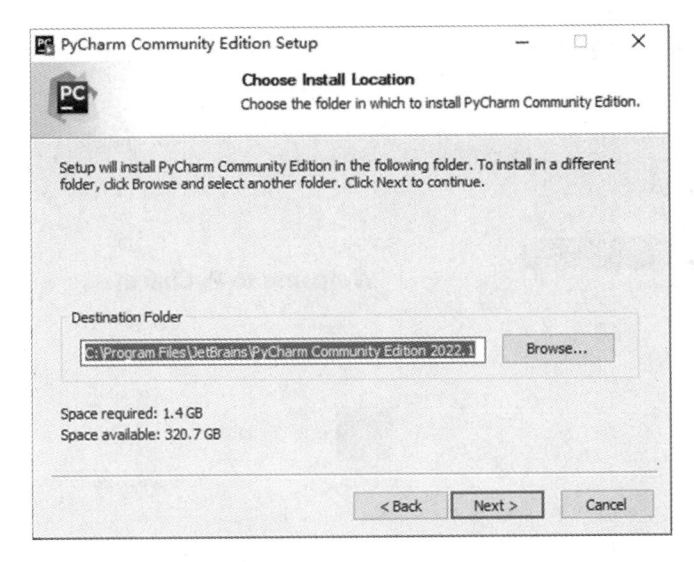

图 5-68　选择安装路径

然后选择是否在桌面创建图标、是否将 PyCharm 的 bin 目录添加到环境变量 PATH 中等选项，如图 5-69 所示。

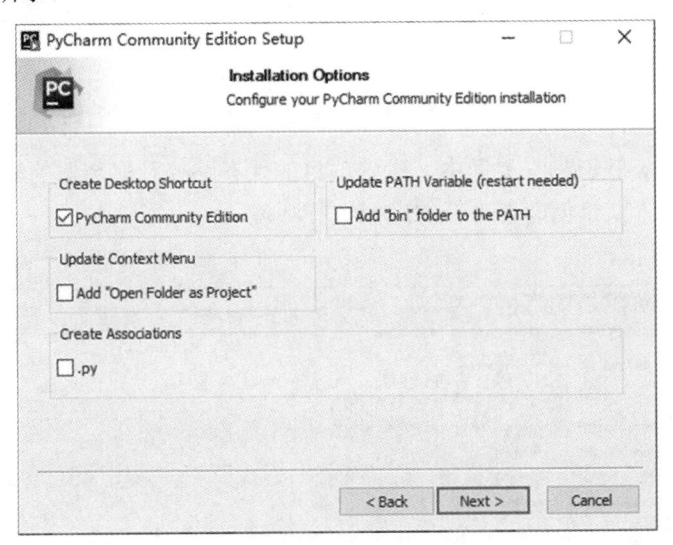

图 5-69　选择安装选项

安装完成后，双击 PyCharm 快捷图标启动程序，如图 5-70 所示。

图 5-70　PyCharm 快捷图标

启动 PyCharm 后，界面如图 5-71 所示，这里需要选择进行的操作，单击 "New Project" 按钮，创建 Python 项目。

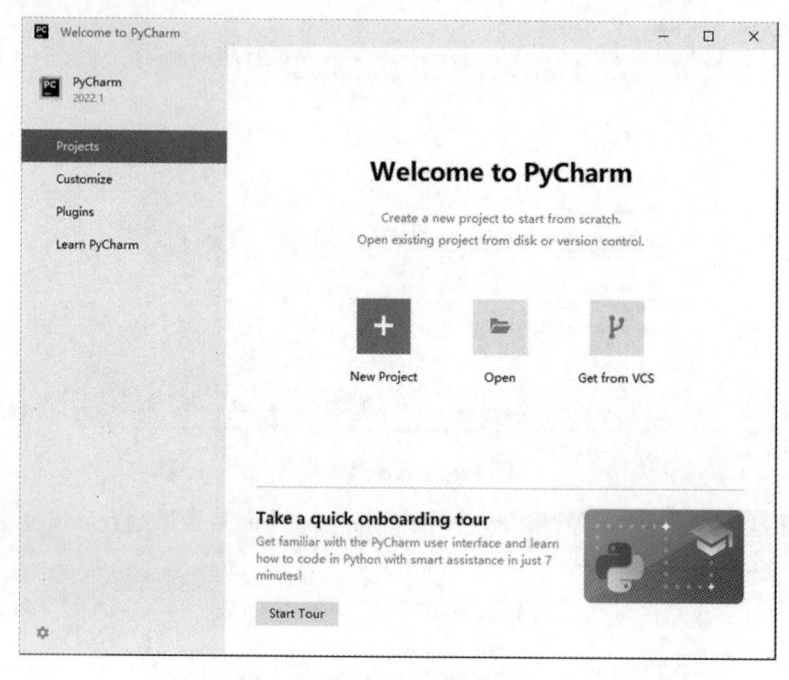

图 5-71　PyCharm 的启动界面

在弹出的 "New Project" 界面中，设置项目的保存路径及解释器的配置，如图 5-72 所示，会在项目目录下默认创建一个新的虚拟执行环境。

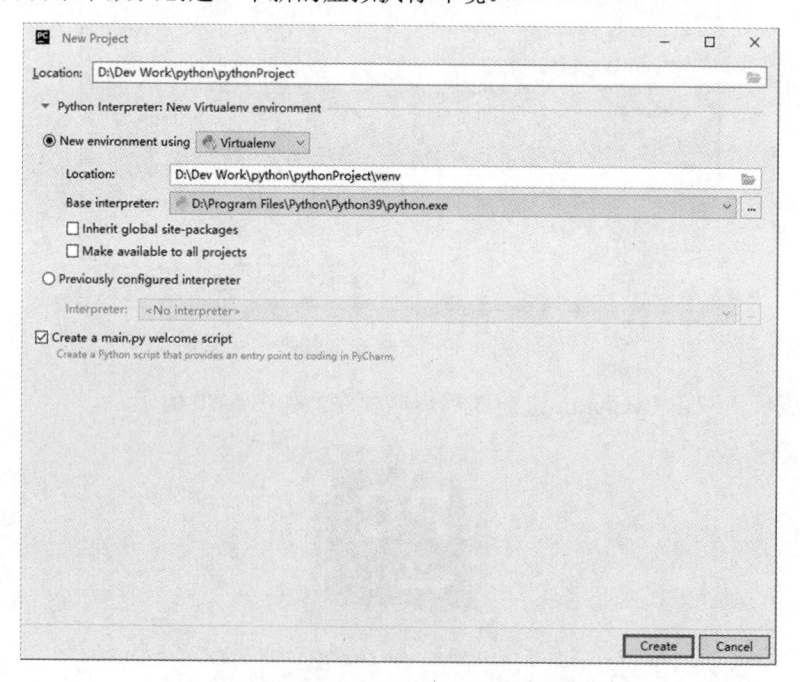

图 5-72　设置项目的保存路径及解释器的配置

配置完成后，PyCharm 中会显示项目的信息，以及自动创建的源代码文件"main.py"，如图 5-73 所示。

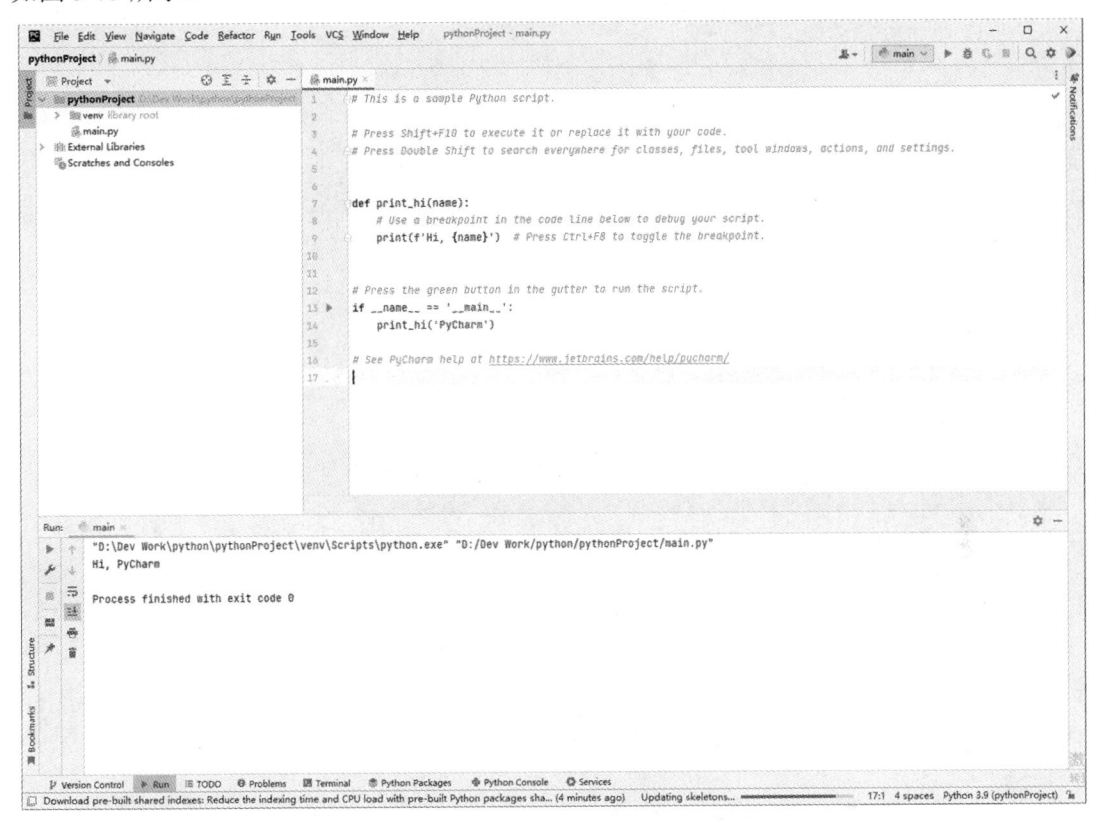

图 5-73　代码界面

在菜单栏中选择"Run"→"Run 'main'"命令，如图 5-74 所示，运行程序。

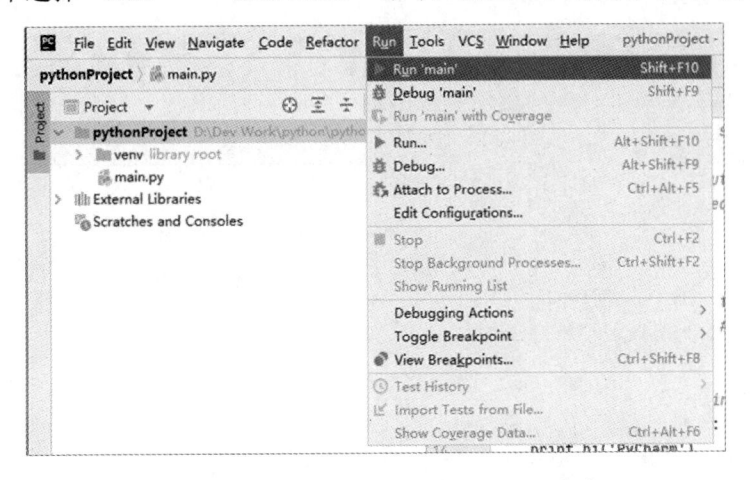

图 5-74　选择"Run"→"Run 'main'"命令

如果配置都正确，则会在界面下方的输出窗口中显示程序运行结果，如图 5-75 所示。

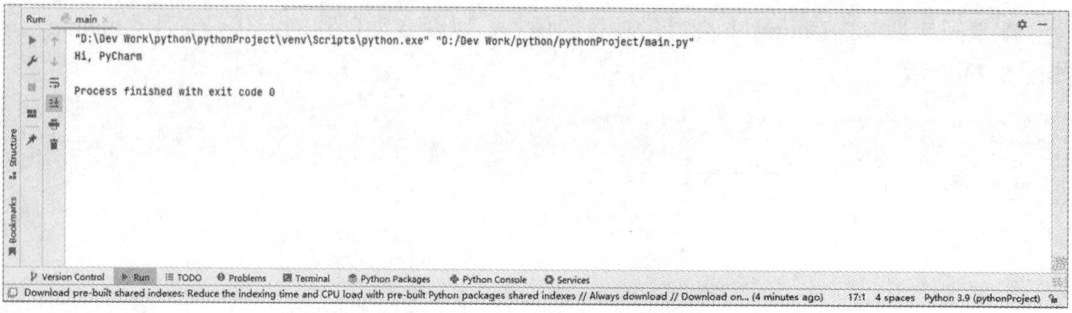

图 5-75　程序运行结果

5.5.5　Python 代码展示

在 PyCharm 中新建 Python 项目，输入如下代码：

```python
from turtle import *
def yin(radius,color1,color2):
    width(3)
    color("black",color1)
    begin_fill()
    circle(radius/2.,180)
    circle(radius,180)
    left(180)
    circle(-radius/2.,180)
    end_fill()
    left(90)
    up()
    forward(radius*0.35)
    right(90)
    down()
    color(color1,color2)
    begin_fill()
    circle(radius*0.15)
    end_fill()
    left(90)
    up()
    backward(radius*0.35)
    down()
    left(90)
def main():
    reset()
    yin(200,"black","white")
    yin(200,"white","black")
    ht()
    return "Done!"
if __name__=='__main__':
    main()
    mainloop()
```

运行代码，结果如图 5-76 所示。

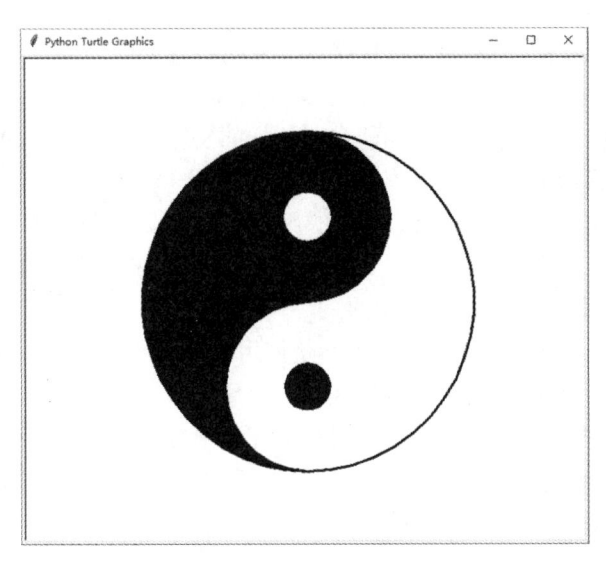

图 5-76　运行结果

5.6　PHP 语言

PHP（超文本预处理器，PHP：Hypertext Preprocessor）语言是开发 Web 服务器端程序的编程语言，最初是由拉斯马斯·勒德尔夫（Rasmus Lerdorf）为自己的网站创建的一种简单脚本语言，后来发展成为流行的 Web 服务器端编程语言。PHP 语言是一种免费开源、跨平台、被广泛使用的编程语言。

5.6.1　PHP 语言简介

PHP 语言是一种 Web 服务器端面向对象的编程语言，它结合了 C 语言、Java 语言和 Perl 语言的特点，在互联网领域被广泛使用。

PHP 程序可以比 CGI 或 Perl 程序更快速地执行动态网页。不同于其他的编程语言，PHP 语言是将 PHP 程序嵌入 HTML 文档中去执行的，执行效率比完全由其他语言生成 HTML 标记的方式快许多。PHP 程序还可以被编译成中间代码，编译后的 PHP 程序可以达到加密和优化代码运行的目的，执行起来更快。其他用于开发 Web 服务器端程序的编程语言所具有的功能，PHP 语言都能实现。PHP 语言的功能非常强大，能够满足 Web 服务器端程序的开发，而且支持几乎所有流行的数据库及操作系统。

PHP 语言可以配合使用 Laravel、CakePHP、Zend、Yii 2、ThinkPHP 等框架进行服务器端编程，也可以使用 mysqli、PDO 等库连接到数据库进行数据持久化。

互联网上大量的网站都是使用 PHP 语言开发的。

微信支付商户平台的服务器端是使用 PHP 语言开发的。微信支付商户平台每天为数量庞大的商户与顾客服务，优秀的后台程序确保了支付过程能够完整、安全地执行。

腾讯问卷为数千万用户管理数十亿份文件，为企业、学校等各行各业提供数据收集服务，没有一个高效、稳定的后台服务器是不能完成这样的工作的，而使用 PHP 语言可以为腾讯问卷开发这样的服务器端程序。

兔小巢是腾讯推出的一款轻量级、免费的用户意见反馈服务平台，为中小产品或团队快速搭建用户反馈通道，提供便捷的用户反馈解决方案，帮助产品提升服务水平和效率，其后台服务器端程序就是使用 PHP 语言开发的。

互联网上被广泛使用的开源论坛 Discuz!是使用 PHP 语言开发的，为超过 200 万不同的网站提供服务，构建了数量庞大的网络社区。

禅道项目管理软件是一款拥有超十万用户的开源项目管理软件，其开发语言为 PHP 语言。禅道项目管理软件广泛为软件企业提供项目管理支持，功能涵盖需求管理、任务管理、Bug 管理、缺陷管理、测试用例管理等。

5.6.2　PHP 语言的发展历史

PHP 语言是在 1994 年由拉斯马斯·勒德尔夫创建的，最初只是一个简单的用 Perl 语言编写的统计他自己网站访问者数量的程序，取名为"Personal Home Page Tools"，后来用 C 语言重新编写，同时可以访问数据库，可以让用户开发简单的动态 Web 程序。

1997 年，首个发行版 PHP 2 发布，功能开始逐渐完备，用户量增多。

1998 年，Andi Gutmans 和 Zeev Suraski 在为一所大学的项目开发电子商务程序时发现 PHP 2 的功能明显不足，于是他们重写了代码，发布了 PHP 3。

2000 年，PHP 4 发布，包含新增的 Zend 引擎、支持更多的 Web 服务器、HTTP Sessions 支持、输出缓冲、更安全地处理用户输入的方法、一些新的语言结构等功能。

2004 年，PHP 5 发布，Zend 引擎升级到 Zend 2，引入了新的对象模型和大量新功能。

2015 年，PHP 7 发布（PHP 6 被取消，未发布），Zend 升级到 Zend 3，性能提升并在 Windows 平台上支持 64-bit 整数、统一的变量语法、基于抽象语法树编译过程。

2020 年，PHP 8 发布，新版本对各种变量判断和运算采用更严格的验证判断模式，这点有利于后续版本对 JIT 的性能优化。

5.6.3　PHP 语言的特点

作为 Web 服务器端编程语言，PHP 语言的一大优势就是开源免费。这里的"开源免费"不仅指 PHP 语言自身，还包括一整套开发部署工具链。互联网上常见的 PHP 开发组合包括 Linux、Apache、MySQL、PHP，这 4 款工具简称 LAMP，并且全部是开源免费的，这一组合可以节约大量的授权费用。而且这 4 款工具都有强大的开发者社区作为支撑，持续的迭代为 LAMP 提供新功能及维护服务。

PHP 语言的核心包含了数量超过 1000 的内置函数，功能全面，开箱即用，程序代码简洁，开发快捷便利。PHP 数组支持动态扩容，既支持以数字作为键名的索引数组，也支持以字符串或字符串与数字混合作为键名的关联数组，能大幅度提高开发效率。PHP 语言是一种弱类型语言，程序编译通过率高，相对于其他强类型语言能够更快地开发程序。此外，PHP 解释器由 C 语言开发，有非常高的执行效率，还可以使用 C 语言开发高性能的扩展组件。PHP 天然热部署，在 php-fpm 运行模式下覆盖代码文件即完成热部署，不需要复杂的配置和重启 Web 服务的过程。

随着 PHP 语言版本的迭代，PHP 程序的运行效能显著提高，尤其是在 PHP 8 引入 JIT 技术后，性能进一步提升。并且每次版本升级不仅会带来运行性能的提升，还会为 PHP 语言带来新的便捷语法，进一步提升开发效率。为了保证持续的更新，版本迭代保持每 5 年发布一个大版本，每个月发布两个小版本的频率进行。

每个平台均有对应的 PHP 解释器版本，使用 PHP 语言开发的程序可以不经修改就运行在 Windows、Linux、UNIX 等操作系统上。

PHP 语言中所有的变量都是页面级的，无论是全局变量还是类的静态成员，都会在页面执行完毕后被清空，这样既降低了程序开发的难度，也减少了内存的占用，特别适用于中小型系统的开发。

5.6.4　PHP 环境配置

使用 PHP 语言开发程序需要配置开发环境，这里建议使用 XAMPP 作为学习 PHP 语言的开发环境，事实上，XAMPP 也可以作为开发 PHP 程序的实际工作环境。XAMPP 包含 Apache、MySQL、PHP、Perl 这几款工具。Apache 作为 Web 服务器，MySQL 作为数据库，还包含 PHP 语言、Perl 语言的运行环境。

首先从 XAMPP 官网上下载官方发行版，打开官网页面后，根据平台选择下载安装程序。这里以 Windows 平台为例展示安装过程，如图 5-77 所示。

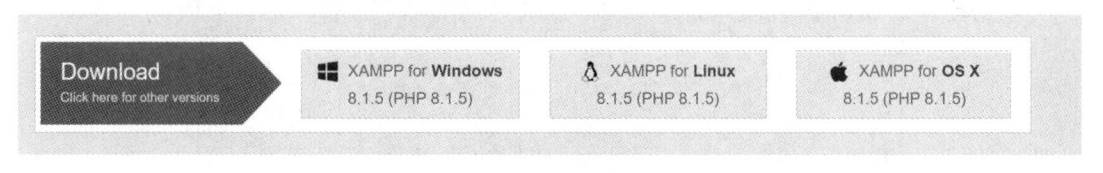

图 5-77　选择版本

这里使用 Windows 平台的 8.1.5 版本作为开发环境，选择下载"XAMPP for Windows 8.1.5（PHP 8.1.5）"。下载完成后，安装程序如图 5-78 所示，双击该安装程序即可开始安装。

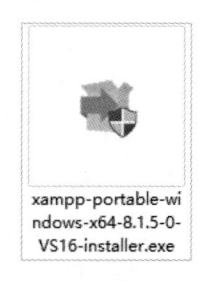

图 5-78　安装程序

启动安装程序后，可以选择安装的内容，默认全部选择，如图 5-79 所示。

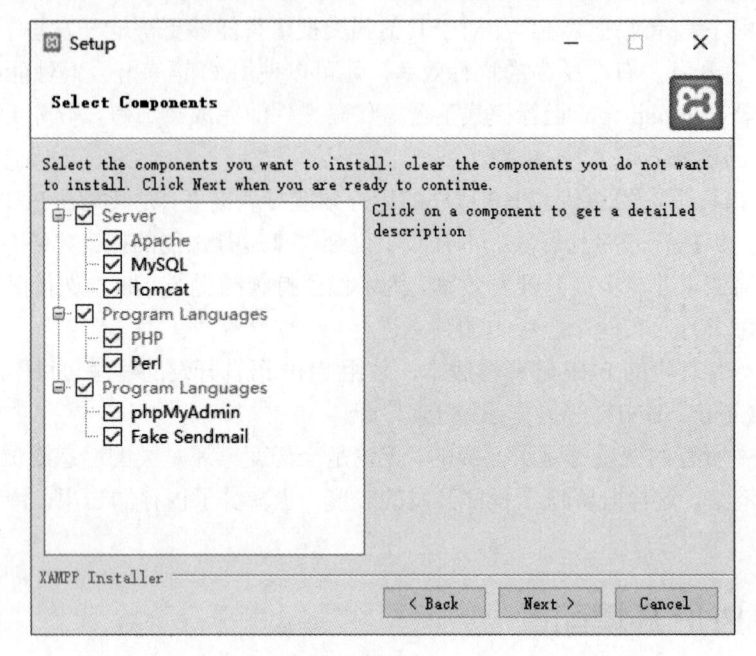

图 5-79　选择安装的内容

选择 XAMPP 的安装路径，如图 5-80 所示。

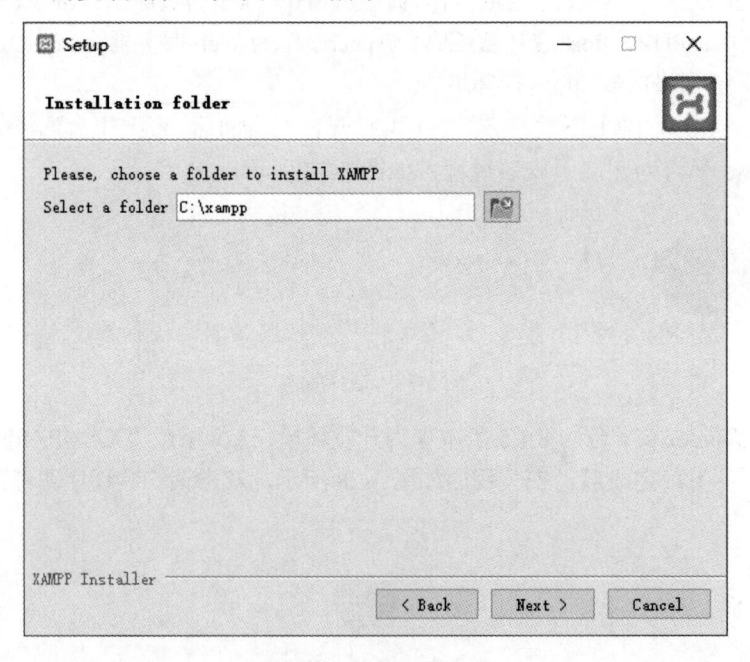

图 5-80　选择安装路径

后边使用默认设置，每步设置完成后均单击"Next"按钮。安装完成后，启动 XAMPP 进入"XAMPP Control Panel"界面，如图 5-81 所示。

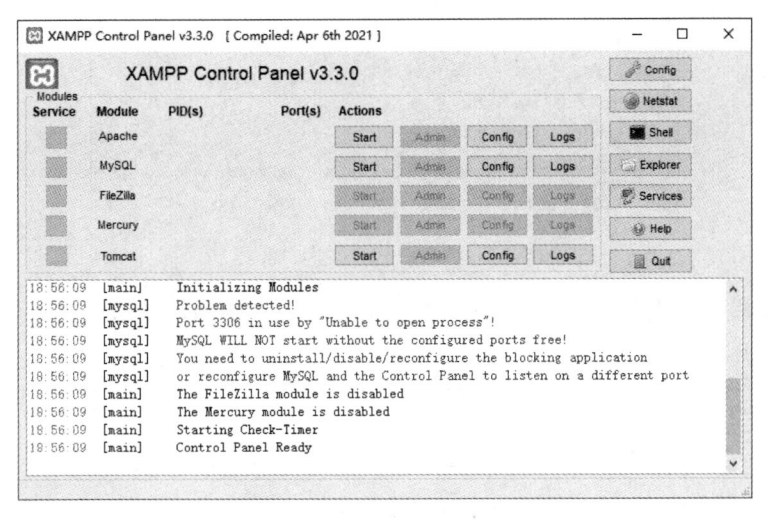

图 5-81　XAMPP 的启动界面

在启动 Apache 服务器前，需要对服务器进行配置。单击 Apache 右侧的"Config"按钮会弹出菜单，在菜单中选择"Apache(httpd.conf)"命令，如图 5-82 所示。

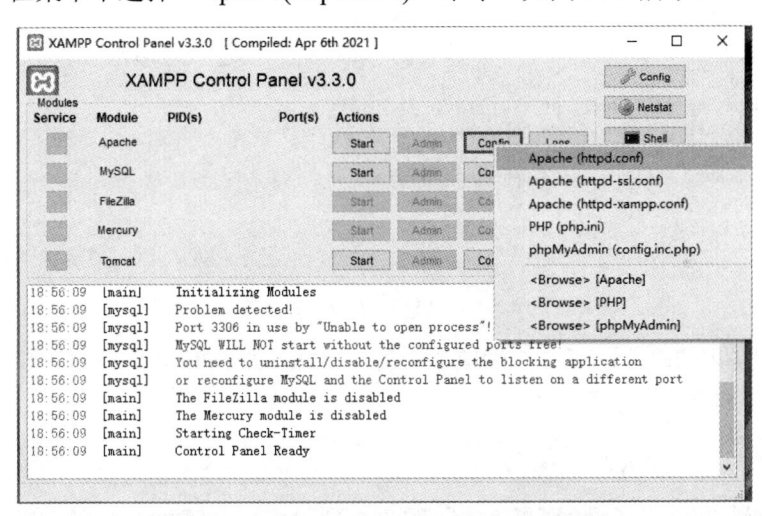

图 5-82　选择"Apache(httpd.conf)"命令

此时会打开配置文件，找到"Listen 80"，如图 5-83 所示。

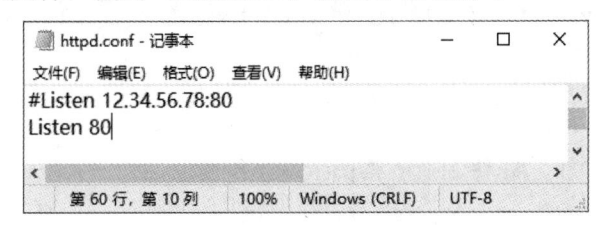

图 5-83　配置文件中的内容

将"Listen 80"修改为"Listen 8088"或其他没有冲突的端口，如图 5-84 所示。如果确认 80 端口没有被占用，也可以继续使用 80 端口。

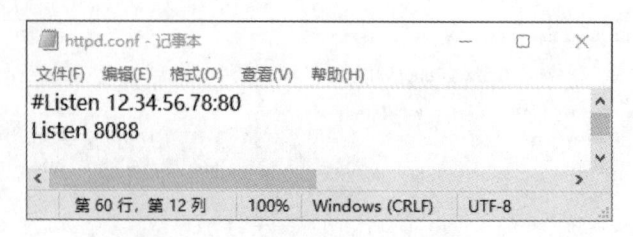

图 5-84　将端口号修改为"8088"

也可以根据需要对其他几款软件进行配置。在配置完成后，就可以启动 Apache 服务器了，如图 5-85 所示。

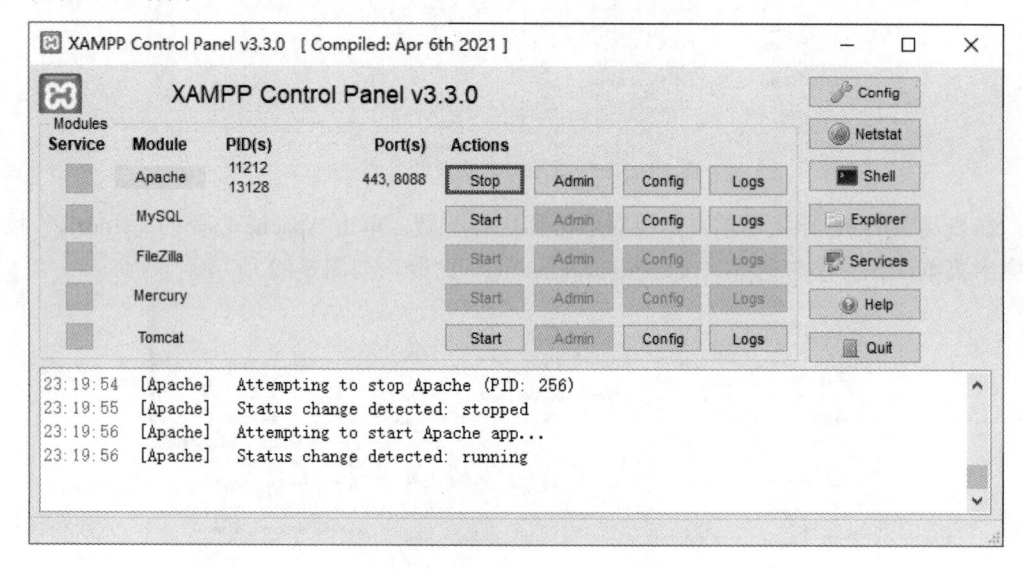

图 5-85　启动 Apache 服务器

Apache 服务器启动成功后，在浏览器中访问"http://localhost:8088/dashboard/"，如果显示 XAMPP 的欢迎页面，如图 5-86 所示，则说明配置成功。

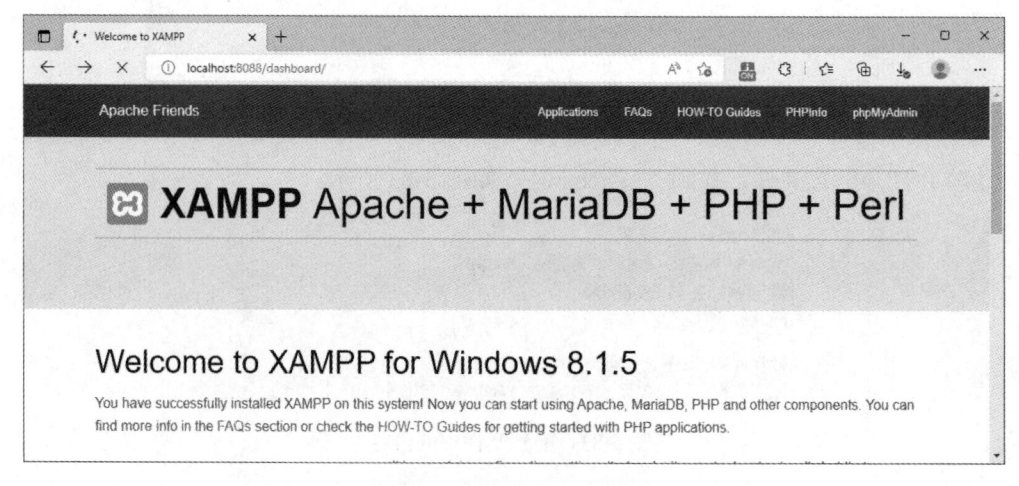

图 5-86　XAMPP 的欢迎页面

开发工具可以使用 Sublime Text 编辑器。可以从 Sublime Text 官网上下载安装程序，官网页面如图 5-87 所示。

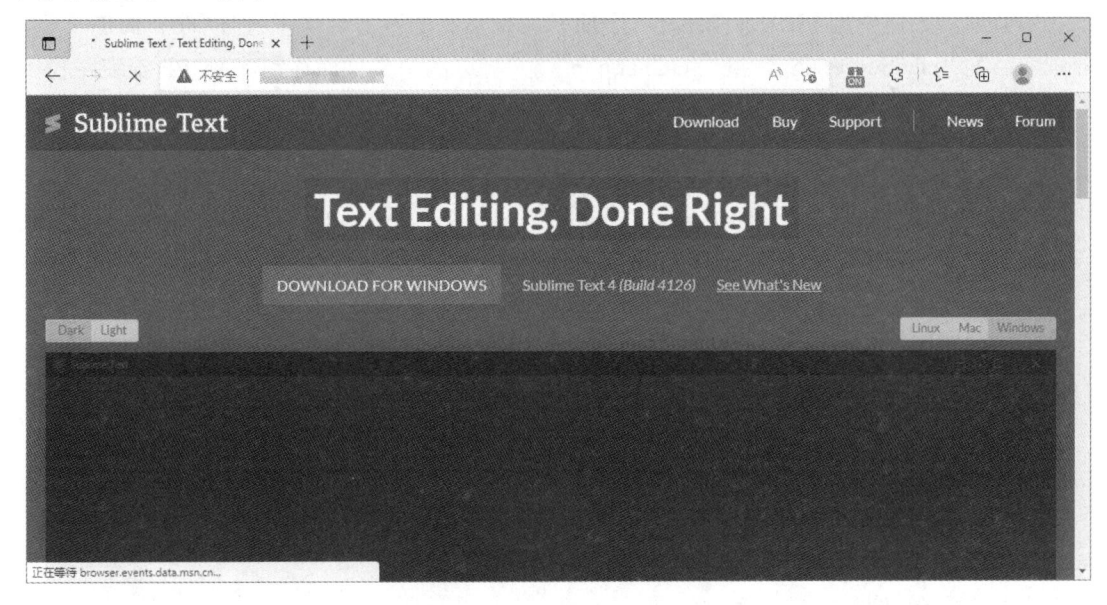

图 5-87　Sublime Text 官网页面

下载完成后，启动安装程序开始安装，安装完成后即可使用。启动 Sublime Text 后，新建文件，在其中输入代码，如图 5-88 所示，将该文件命名为"test.php"，并保存到 XAMPP 安装路径下的 htdocs 目录中。

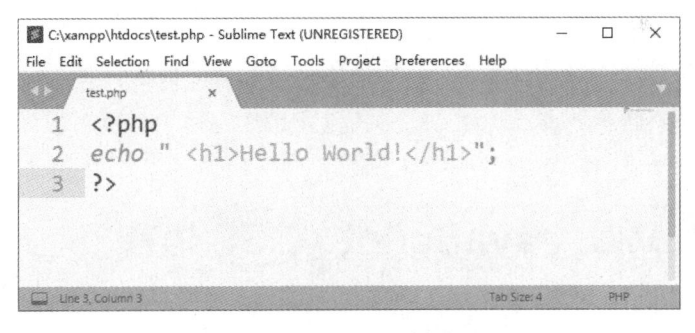

图 5-88　在文件中输入代码

启动浏览器，在地址栏中输入"http://localhost:8088/test.php"，访问结果如图 5-89 所示。

图 5-89　浏览器访问结果

5.6.5 PHP 代码展示

本节展示如何使用 PHP 语言开发一个简易聊天室的服务器端程序。创建两个 PHP 文件，分别命名为"chatServer.php"和"getChat.php"，并将这两个文件保存到 XAMPP 安装路径下的 htdocs 目录中。

chatServer.php 文件中的代码如下：

```php
<?php
$json=file_get_contents('php://input');
$json=json_decode($json);
session_id("wechat");
session_start();
if(!isset($_SESSION['contentList'])){
    $_SESSION['contentList']="";
}
$_SESSION['contentList']=$_SESSION['contentList']."\n".$json->{'userName'}.":".$json->{'msg'};
?>
```

getChat.php 文件中的代码如下：

```php
<?php
session_id("wechat");
session_start();
if(!isset($_SESSION['contentList'])){
    $_SESSION['contentList']="";
}
$contentList = $_SESSION['contentList'];
echo $contentList;
?>
```

只有这两个文件还不是完整的程序，还需要与之配套的前端页面，下一节将介绍如何使用前端技术创建聊天室界面。

5.7 HTML、JavaScript、CSS 语言

HTML、JavaScript、CSS 语言常常被一起提及，看似不同的 3 种语言实际上是相互配合使用的。现在互联网技术已经渗透到生活中的方方面面，很多时候我们就是通过 HTML、JavaScript、CSS 这三者构建的页面来使用互联网的。

5.7.1 HTML、JavaScript、CSS 语言介绍

HTML 的全称是 Hyper Text Markup Language（超文本标记语言），是一种用于创建网页的标准标记语言。它包括一系列标签，通过这些标签可以将网络上的文档格式统一，使分散于互联网上的资源连接为一个逻辑整体。HTML 文本是由 HTML 标签组成的描述性文本，HTML 标签可以说明文字、图形、动画、声音、表格、链接等内容。

HTML 文档的后缀名是.htm、.html，如果细心，则我们会发现在日常使用浏览器的过程中，经常在地址栏中见到这两个后缀。我们日常说的"网页"实际上就是由 HTML 标签构成的。HTML 标签给出了页面的基础结构，如页面中包含哪些文本、图片、视频、链接内容等，这些内容的显示形式可能是表格、列表、表单、按钮、选项，或者其他显示形式。HTML 通过将整个页面组织成树形结构来描述整个页面的内容之间的关系，如图 5-90 所示。

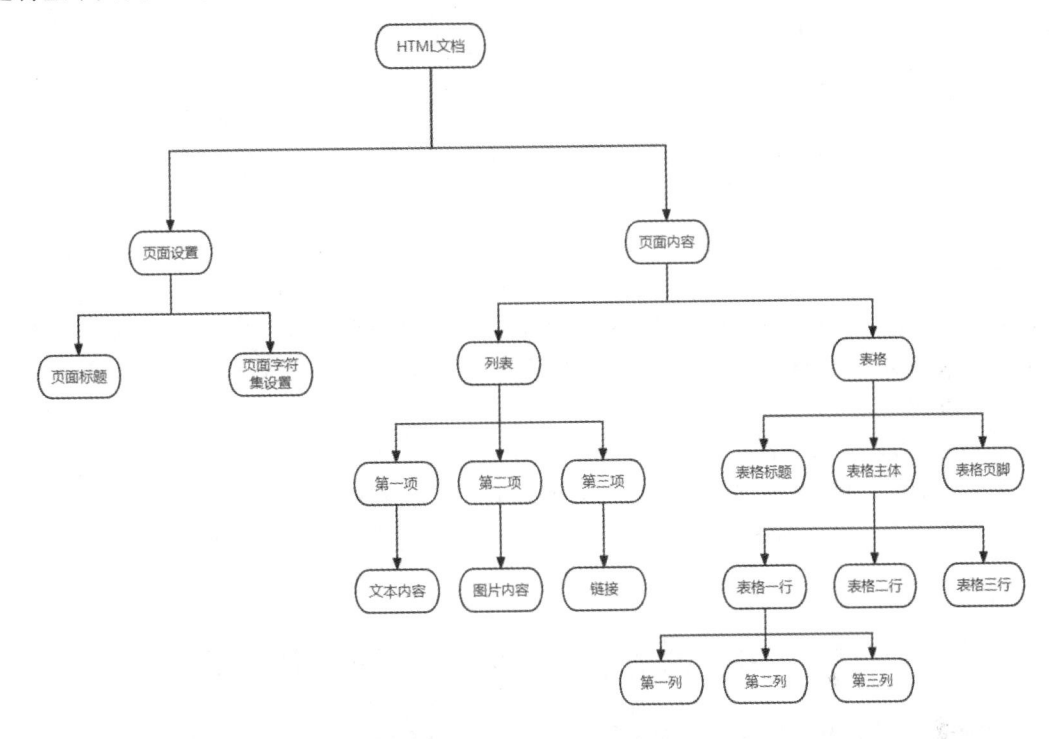

图 5-90　HTML 树形结构

使用 HTML 语言能够展示静态的内容，但是很多时候，页面中显示的内容需要根据情况变化。例如，一个师生信息收集表，不仅要根据用户是学生还是教师来显示不同的收集内容，还要根据前面填写的内容决定后面可能的不同选项。要实现这样的功能，只使用 HTML 语言是不行的。这个时候就需要使用能够在页面中执行不同业务逻辑的工具——JavaScript 语言。

JavaScript 语言是一种编程语言，它能让页面"动"起来，让页面能够根据 JavaScript 程序的控制执行相应的功能，如页面内容的显示与隐藏、向服务器提交数据、从服务器接收数据、修改页面结构等。

一般直接将 JavaScript 代码嵌入 HTML 文档中执行，或者将代码组织为后缀名为.js 的源代码文件，HTML 文档通过<script>标签将该源代码文件引入文档中执行。JavaScript 语言的语法与 C 语言的语法类似，不过更为简单。使用 JavaScript 语言不必考虑内存管理、变量类型等内容，可以将更多的精力投入业务开发中。

当页面中有内容，并且能根据需要执行不同业务逻辑后，还有一个重要的需求没有满足，那就是让页面美观。承担这一任务的就是 CSS（Cascading Style Sheets，层叠样式表）。CSS 能够对网页中元素的位置进行像素级精度的排版，让页面更加美观。

但是只使用它们开发页面的效率不会很高，为了能更好地开发页面，出现了很多提升开发效率的工具。例如，jQuery 能帮助使用 JavaScript 语言的开发人员更快捷地操作页面元素，使用 Bootstrap 框架能开发出漂亮的页面，使用 Vue.js 能简化数据与视图之间的绑定等。

HTML、JavaScript、CSS 这 3 种语言主要是为开发页面服务的，互联网上所有的页面都是使用它们开发出来的，无论是百度、淘宝、微博、知乎，还是哔哩哔哩等网站，都有使用这 3 种语言开发的页面。

现在互联网上不仅有普通页面，还有各种互联网应用。有在线文档应用，如腾讯在线文档，能满足基本的办公需要；有在线作图设计工具，如 ProcessOn，能满足常见作图需要；有在线游戏，如网易的《梦幻西游》。

除了用于网页开发，还有很多将 HTML、JavaScript、CSS 应用于其他领域的尝试。

Node.js 可以使用 JavaScript 语言应用于服务器端的开发。一般情况下，JavaScript 语言只能用于前端（页面）的开发，Web 应用服务器一般使用 Java、C#、Python 等语言来开发。这样会为开发者、企业带来较多的成本，如开发者需要学习不同的开发语言，企业需要配置更大的开发团队等。Node.js 可以将前端和后端的开发都统一使用 JavaScript 语言，这样将大大降低开发成本。

Electron 可以使用 HTML、JavaScript、CSS 这 3 种语言来开发桌面应用程序。开发桌面应用程序一般会使用 C++、C#等语言，以及 MFC、Qt、GTK、WinForm 等工具，有学习成本高、开发麻烦、美化困难等问题。使用 Electron 能方便地开发出更美观、交互性更强的桌面应用程序。

5.7.2　HTML、JavaScript、CSS 语言的发展历史

HTML 是由 Web 的发明者蒂姆·伯纳斯-李（Tim Berners-Lee）于 1990 年创立的一种标记语言。自 1990 年以来，HTML 就一直被用作万维网的信息表示语言，使用 HTML 描述的文件需要通过 Web 浏览器显示效果。不过 HTML 的历史还可以往前追溯，HTML 的前身是蒂姆·伯纳斯-李在 20 世纪 80 年代为欧洲核子研究中心（CERN）开发的一套共享文档系统 ENQUIRE。ENQUIRE 系统中的文档使用一系列标签进行描述，这一设计来自标准通用标记语言（Standard Generalized Markup Language，SGML），而 SGML 的前身是 IBM 公司于 1969 年发布的通用标记语言（Generalized Markup Language，GML）。如果梳理 HTML 语言的发展历史，有如下时间线：

1969 年，查尔斯·戈德法布（Charles Goldfarb）博士带领 IBM 公司的研究人员发布通用标记语言（GML）。

1986 年，国际标准化组织基于通用标记语言发布标准通用标记语言（SGML）。

1990 年，蒂姆·伯纳斯-李在欧洲核子研究中心基于标准通用标记语言提出超文本标记语言（HTML），用于 ENQUIRE 系统。

1993 年，HTML 1.0 作为互联网工程工作小组（IETF）工作草案发布。

1995 年，发布 HTML 2.0。

1997 年，发布 HTML 3.2 和 HTML 4.0。

1999 年，发布 HTML 4.01。

2014 年，发布 HTML 5.0。

到目前为止，HTML5 标准已成为主流，互联网上的大部分页面是使用 HTML5 开发的，并提供更为丰富、交互性更强的互联网使用体验。

JavaScript 语言的诞生时间比 HTML 语言要晚一些。在 20 世纪 90 年代，当时只能通过 28.8kbit/s 的拨号方式访问互联网，但是对于一些复杂的互联网应用，则需要频繁地和服务器进行交互。例如，用户填写表单后将表单发送给服务器，服务器需要验证表单，如果数据有问题，则需要用户重新填写。在网速较低的情况下，这个过程会非常耗时，用户体验非常差。如果能在浏览器中完成表单的验证，就可以极大地改善用户体验。在这样的背景下，网景（Netscape）公司的布兰登·艾奇（Brendan Eich）在 1995 年发布了名为"LiveScript"的脚本语言，这就是 JavaScript 的前身。在网景公司与 Sun 公司合作之后，LiveScript 被更名为了"JavaScript"。

JavaScript 出现后，很多浏览器跟风推出了类似语言，如微软 IE 浏览器中的 JScript，有的使用名为"ScriptEase"的嵌入式脚本语言。为了方便地开发 Web 应用，也为了统一标准，1997 年，欧洲计算机制造商协会（ECMA）推出了 ECMA-262 标准，该标准定义了名为"ECMAScript"的全新脚本语言，也就是 JavaScript 1.1。从此，前端开发可以使用统一标准的 JavaScript 语言为不同浏览器开发 Web 应用。JavaScript 语言与 ECMAScript 语言的关系是：JavaScript 语言是 ECMAScript 语言的超集，可以认为 JavaScript 语言包含语法与基本对象（ECMAScript）、文档对象模型（DOM）、浏览器对象模型（BOM）。如果梳理 JavaScript 语言的发展历史，有如下时间线：

1992 年，Nombas 公司发布 ScriptEase 语言。

1995 年，网景公司在 Navigator 2.0 浏览器中发布 LiveScript 语言。

1996 年，微软公司在 Internet Explorer 3.0 中发布 JScript 语言。

1997 年，欧洲计算机制造商协会推出 ECMAScript 1.0 标准，即 JavaScript 1.1。

1998 年，ECMAScript 2.0 发布。

1999 年，ECMAScript 3.0 发布，成为 JavaScript 的通行标准，得到了广泛支持。

2009 年，ECMAScript 5.0 发布。ECMAScript 4.0 只发布草案，未正式发布。

2012 年，微软公司发布 TypeScript 语言，TypeScript 语言作为 JavaScript 语言的超集，被 Chrome、IE、Safari、Firefox、Edge 等浏览器支持。

2015 年，ECMAScript 6.0 发布，即 ECMAScript 2015。

2016 年，ECMAScript 2016 发布。

2017 年，ECMAScript 2017 发布。同年，微软公司发布 TypeScript 2.1。

2018 年，ECMAScript 2018 发布。同年，微软公司发布 TypeScript 3.2。

从 HTML 语言被发明开始，不同的浏览器结合它们各自的样式语言为用户提供页面效果的控制。最初的 HTML 语言只包含很少的显示属性。随着 HTML 语言的成长，为了满足页面设计者的要求，HTML 语言中添加了很多显示功能。但是随着这些功能的增加，HTML 语言变得越来越杂乱，而且 HTML 页面也越来越臃肿。哈坤于 1994 年在芝加哥的一次会议上第一次提出了 CSS 的建议，在 1995 年的万维网会议上 CSS 又一次被提出。

1996 年，CSS 1 发布。

1998 年，CSS 2 发布。

2001 年，CSS 3 被拆分为几个独立的模块组，模块组之间相互独立，每个模块组有自己的规范。每个模块组根据情况独立发布。

5.7.3 HTML、JavaScript、CSS 语言的特点

HTML 文档的制作不是很复杂，但功能强大，支持不同数据格式的文件镶入。HTML 语言具有以下特点。

（1）简易性：HTML 语言版本升级采用超集方式，更加灵活、方便。

（2）可扩展性：HTML 语言的广泛应用带来了加强功能、增加标识符等要求，HTML 语言采取子类元素的方式为系统扩展带来保证。

（3）平台无关性：只要有浏览器，那么在各种软硬件平台上都能浏览 HTML 页面。

（4）通用性：HTML 是网络的通用语言，是一种简单、通用的标记语言。它允许网页制作者建立文本与图片相结合的复杂页面，这些页面可以被网上任何其他人浏览到，无论其使用的是什么类型的计算机或浏览器。

JavaScript 语言是可以为页面提供交互性的工具。JavaScript 语言具有以下特点。

（1）解释型脚本语言：JavaScript 语言是一种解释型脚本语言，与 C、C++等语言需要先编译为二进制指令，再运行的方式不同，使用 JavaScript 语言编写的代码不需要编译，可以被浏览器直接运行。

（2）面向对象：JavaScript 语言是一种面向对象编程语言，使用 JavaScript 语言不仅可以创建对象，还能操作使用已有的对象。

（3）动态类型：JavaScript 语言是一种动态类型编程语言，变量自身没有类型，根据给变量所赋的值来确定变量类型。例如，我们可以将一个变量初始化为任意类型，也可以随时改变这个变量的类型。

（4）动态性：JavaScript 语言是一种采用事件驱动的脚本语言，它不需要借助 Web 服务器就可以对用户的输入作出响应。例如，当我们在访问一个网页时，通过鼠标在网页中进行点击或滚动窗口时，通过 JavaScript 代码可以直接对这些事件作出响应。

（5）跨平台：JavaScript 代码不依赖操作系统，在浏览器中就可以运行。因此，一个 JavaScript 脚本在编写完成后可以在任意系统上运行，只需要系统上的浏览器支持 JavaScript 语言即可。

CSS 代码为 HTML 页面提供丰富的显示设置，使用 CSS 语言可以制作出美观漂亮的页面。CSS 语言具有以下特点。

（1）丰富的样式定义：CSS 语言提供了丰富的外观属性，可以在网页中实现各式各样的效果，如为任意元素设置不同的边框及边框与元素之间的内外间距、改变文字的字体、为文字添加修饰、为网页设置背景颜色或背景图片等。

（2）易于使用和修改：CSS 样式信息可以定义在 HTML 标签的 style 属性中，也可以使

用<style>标签定义在 HTML 文档内,还可以先将样式信息集中在样式文件中,再将样式文件引用到 HTML 文档中。推荐使用最后一种定义方式,这样可以将 CSS 样式统一存放,方便后期维护。

(3)多页面应用:CSS 样式可以被单独存放在独立的样式文件中,这个文件不属于任何页面,我们可以在不同的页面引用这个样式文件,这样就可以统一设置不同页面的显示样式。

(4)层叠:层叠就是指可以对同一个 HTML 元素多次定义 CSS 样式,后面定义的样式会覆盖前面定义的样式。此外,HTML 页面可以有全局的设置,也可以通过给具体的元素设置局部的样式来实现层叠。

(5)页面压缩:一个网页中通常包含大量的 HTML 元素,为了实现某些效果,我们往往还需要为这些元素定义样式文件,如果将它们放到一起,就会使得我们的 HTML 文档过于臃肿。而如果将 CSS 样式定义在单独的样式文件中,把 CSS 样式与 HTML 文档分开,就可以大大减小 HTML 文档的体积,这样浏览器加载 HTML 文档所用的时间也会减少。另外,CSS 样式可以被重复使用,不同的元素可以使用相同的 CSS 样式,这样可以避免定义重复的样式,CSS 样式文件的体积也会相应减小,从而进一步缩短页面加载的时间。

5.7.4 HTML、JavaScript、CSS 环境配置

使用 HTML、JavaScript、CSS 语言进行开发需要配置 Web 开发环境。Web 开发环境包括开发工具及运行环境。

Web 的开发工具有很多,如 HBuilderX、WebStorm、Visual Studio Code 等。也可以使用如 Sublime Text 这样的文本编辑器。

运行环境主要就是各类浏览器,如微软公司的 Edge 浏览器、谷歌公司的 Chrome 浏览器、Mozilla 公司的 Firefox 浏览器、腾讯公司的 QQ 浏览器、搜狗浏览器等。

这里展示如何安装与配置微软公司的 Edge 浏览器和 HBuilderX 进行 Web 开发。

首先从微软公司官网上下载 Edge 浏览器的安装程序,官网页面如图 5-91 所示。

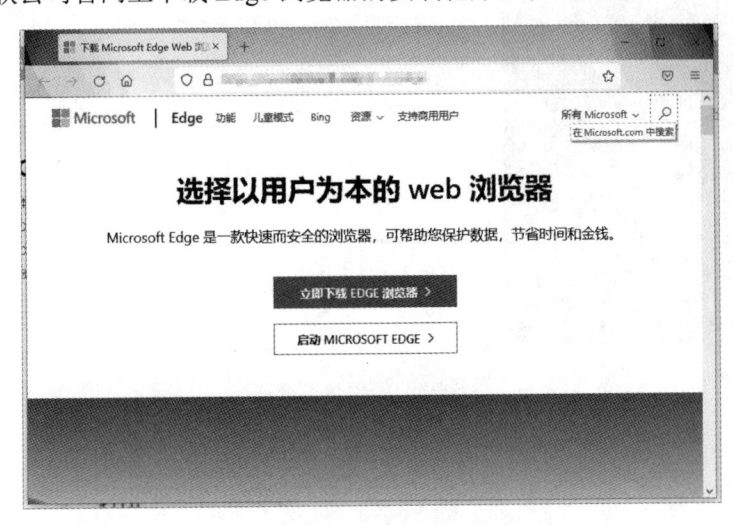

图 5-91 微软公司官网 Edge 浏览器页面

根据平台选择版本，如图 5-92 所示，下载安装程序。

图 5-92　根据平台选择版本

下载完成后，Edge 浏览器的安装程序如图 5-93 所示，双击该安装程序即可开始安装。

图 5-93　Edge 浏览器的安装程序

启动安装程序后，不用进行配置，静待安装完成即可，如图 5-94 所示。

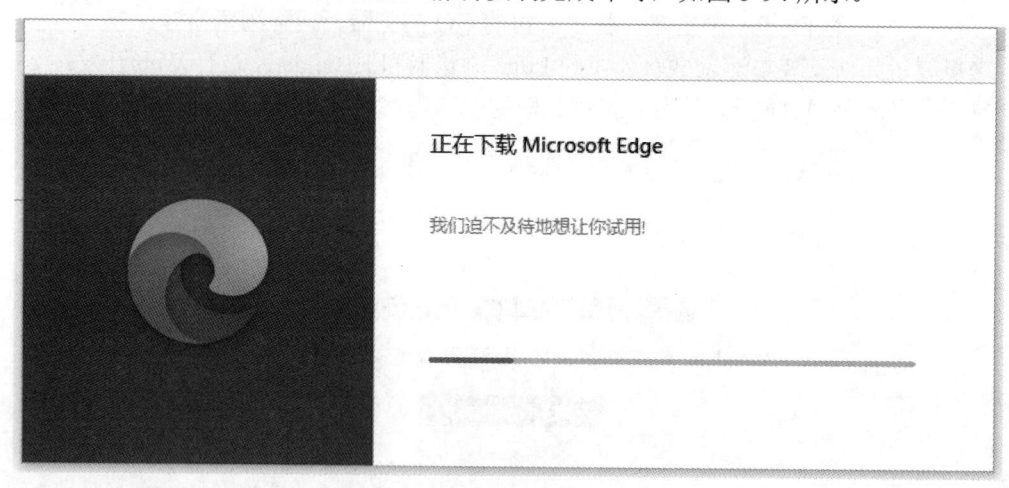

图 5-94　安装进度

安装完成后，启动 Edge 浏览器，界面如图 5-95 所示。

图 5-95　Edge 浏览器启动后的界面

接着安装 HBuilderX 开发工具，用于前端开发。可以从 HBuilderX 官网上下载安装程序，官网页面如图 5-96 所示。

图 5-96　HBuilderX 官网页面

打开页面后，选择下载 Windows 平台的 HBuilderX 版本，HBuilderX 压缩包如图 5-97 所示。

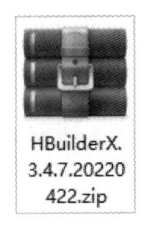

图 5-97　HBuilderX 压缩包

下载完成后，解压缩压缩包，找到 HBuilderX.exe 文件，如图 5-98 所示，双击该文件即可运行 HBuilderX 开发工具。

图 5-98　HBuilderX.exe 文件

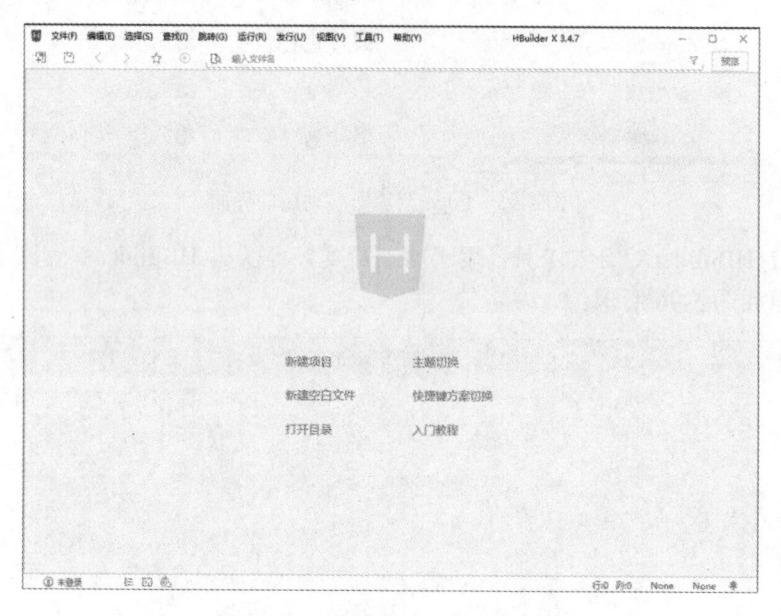

HBuilderX 启动后的界面如图 5-99 所示。

图 5-99　HBuilderX 启动后的界面

在菜单栏中选择"文件"→"新建"→"1.项目"命令，如图 5-100 所示，新建开发项目。

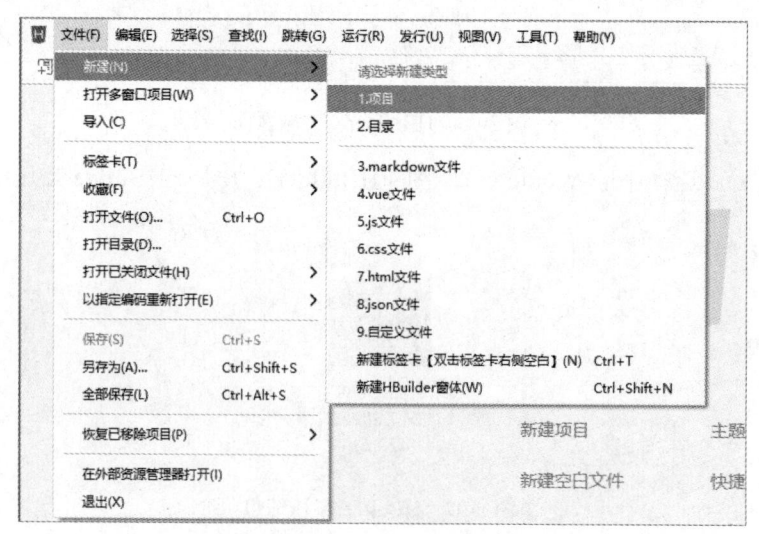

图 5-100　选择"文件"→"新建"→"1.项目"命令

在弹出的"新建项目"界面左侧的项目类型中选择"普通项目",然后在右侧的"新建普通项目"界面中选择"基本 HTML 项目",设置好项目名称与保存路径后,如图 5-101 所示,单击"创建"按钮确认创建。

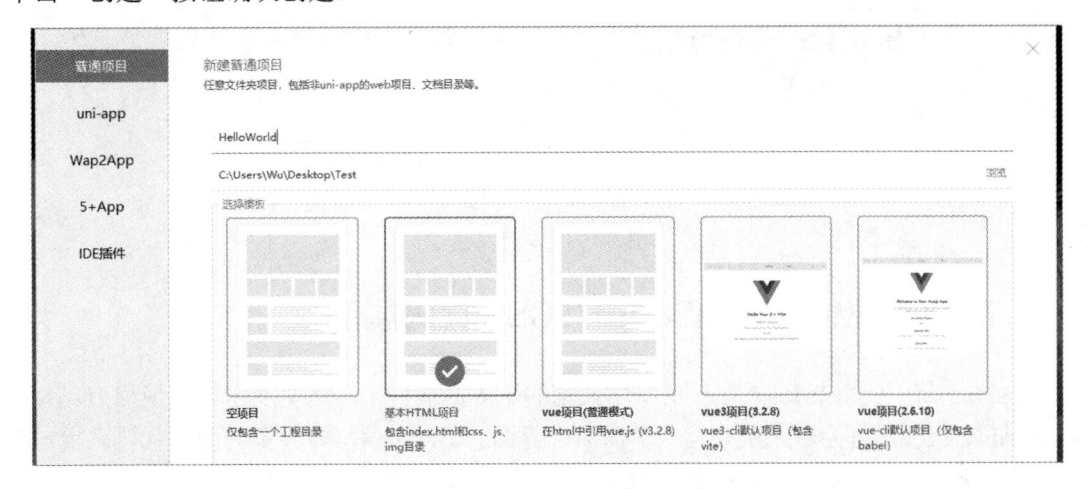

图 5-101 "新建普通项目"界面

在界面左侧展开项目,双击"index.html",在右侧代码编辑窗口中输入如图 5-102 所示的代码。

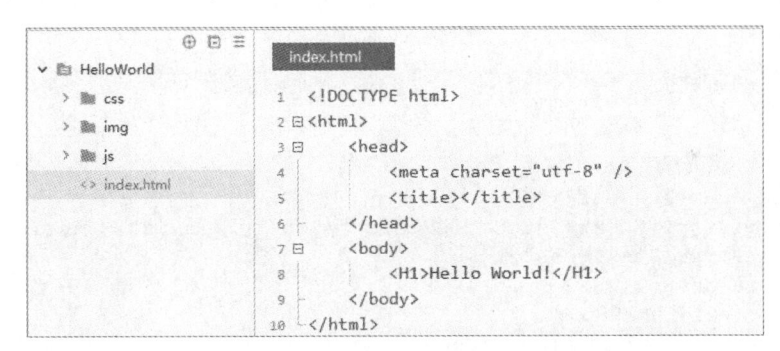

图 5-102 输入代码

在菜单栏中选择"运行"→"运行到浏览器"→"Edge"命令,如图 5-103 所示,启动浏览器。

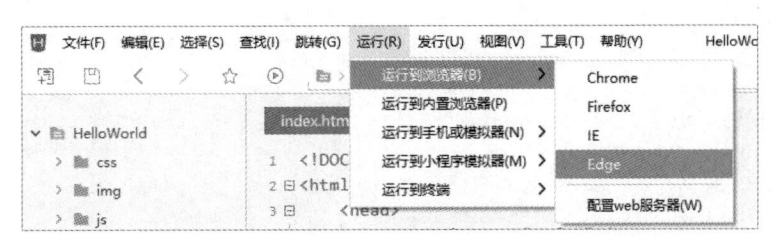

图 5-103 选择"运行"→"运行到浏览器"→"Edge"命令

如果代码正确,则会在弹出的 Edge 浏览器页面中显示如图 5-104 所示的内容。

图 5-104　运行结果

5.7.5　HTML、JavaScript、CSS 代码展示

在 5.6.5 节中使用 PHP 语言开发了聊天室的服务器端程序，这里展示如何使用 HTML、JavaScript、CSS 语言为聊天室开发一个简易的界面。在开始编写聊天室界面的代码之前，需要下载一个名为"jQuery.min.js"的开发库（可以从 jQuery 官网上下载）。jQuery 在前面介绍过，它是辅助 JavaScript 编写前端程序的工具库，能提高开发效率。

下载后将 jQuery.min.js 保存到 XAMPP 安装路径下的 htdocs 目录中。

在 XAMPP 安装路径下的 htdocs 目录中创建名为"chat.html"的文件，然后在该文件中输入如下代码：

```html
<!DOCTYPE html>
<html>
<head>
    <title>聊天程序</title>
    <meta charset="utf-8">
    <script type="text/javascript"src="/jquery.min.js"></script>
    <style type="text/css">
        fieldset{
            width:300px;
            height:250px;
        }
        textarea{
            height:180px;
        }
    </style>
</head>
<body>
    <fieldset>
        请输入姓名：<input type="text" id="Name">
        <br>
        说些什么：<input type="text" id="Message">
        <button onclick="sendMessage();">发送</button>
        <br>聊天内容：<br>
        <textarea id="ContentList" cols="50" rows="10" disabled="">
        </textarea>
    </fieldset>
    <script type="text/javascript">
```

```
        function sendMessage(){
          $.ajax({
            url:"/chatServer.php",
            type:"POST",
            data:JSON.stringify({userName:Name.value,msg:Message.value}),
            contentType:"application/json;charset=utf-8",
            async:true});
        };
        setInterval(function(){
            $.get("/getChat.php",function(data,status){
                ContentList.value=data;
            });
        },500);
    </script>
</body>
</html>
```

这里假设 XAMPP 使用的是 5.6.4 节中的配置。

本机可以在浏览器的地址栏中输入"http://localhost:8088/chat.html"进入聊天室，聊天室界面如图 5-105 所示。处于同一个网络中的其他计算机，可以在浏览器的地址栏中输入"http://Apache 服务器的 IP 地址:8088/chat.html"进入聊天室。

图 5-105　聊天室界面

> 技能训练

【案例 1】

编程语言可以分为动态类型语言和静态类型语言；根据编程思想，编程语言可以分为面向过程编程语言和面向对象编程语言。以下编程语言中属于动态类型的面向对象编程语言的是（　　）。

①C 语言
②Python 语言
③C++语言
④PHP 语言

⑤JavaScript 语言
⑥C#语言
A. ①②⑤　　　B. ②⑤⑥　　　C. ③④⑤　　　D. ②④⑤

【分析】
①C 语言：静态类型语言、面向过程编程语言。
②Python 语言：动态类型语言、面向对象编程语言。
③C++语言：静态类型语言、面向对象编程语言。
④PHP 语言：动态类型语言、面向对象编程语言。
⑤JavaScript 语言：动态类型语言、面向对象编程语言。
⑥C#语言：静态类型语言、面向对象编程语言。

【答案】D

【案例 2】

HTML、JavaScript、CSS 语言能够用于开发以下哪些类型的应用程序？（　　）
①Web 页面
②桌面应用程序
③操作系统
④Web 服务器端程序
⑤在线文档编辑器
⑥设备驱动程序
⑦工业设计软件
A. ①②⑤⑦　　　B. ①②④⑤　　　C. ③④⑤⑥　　　D. ②④⑤⑦

【分析】
①Web 页面：HTML、JavaScript、CSS 语言本身就是为开发 Web 页面而存在的。
②桌面应用程序：通过 Electron 可以开发桌面应用程序。
③操作系统：HTML、JavaScript、CSS 程序的执行方式不支持开发操作系统内核。
④Web 服务器端程序：使用 Node.js 可以开发后端程序。
⑤在线文档编辑器：HTML、JavaScript、CSS 语言可以用于开发在线文档编辑器，如腾讯文档。
⑥设备驱动程序：HTML、JavaScript、CSS 程序的执行方式不支持开发设备驱动程序。
⑦工业设计软件：HTML、JavaScript、CSS 程序的执行效率不支持开发工业设计软件。

【答案】B

> 本章小结

本章介绍了 Java、C、C++等常见的编程语言，介绍了每种语言的主要应用范围、发展历史、特点、常用开发工具等内容。通过对本章内容的学习，读者能够初步了解当前常见编程语言的情况，为未来深入学习各类语言奠定基础。

根据使用范围，软件开发语言可以分为通用编程语言和专用编程语言。通用编程语言一般能适用于多种不同领域，能开发不同运行环境下不同功能的软件，如 C、C++、Python、C#、

Java 等语言。专用编程语言往往被限定在较窄的应用范围中，如 HTML、JavaScript、CSS 等语言主要作为 Web 前端开发语言，当然也有 Node.js、Electron 等工具能突破原有限制，还有如 PHP 等语言虽然能在其他领域有一定应用，但还是被视为 Web 服务器端开发语言。

程序的运行方式可以分为原生运行方式、基于虚拟机的运行方式和基于解释器的运行方式。

使用原生运行方式的编程语言有 C、C++等，使用这类编程语言编写的代码会被编译为二进制机器指令，由 CPU 直接运行，这样的运行方式往往效率高，能更好地发挥硬件的性能，所以多数需要运行效率的软件多使用这类编程语言编写，如操作系统、大型应用软件、工业设计软件、游戏等。不过，要想用好这类编程语言，还需要花费更多时间学习、了解更多软硬件体系架构的知识及进行更多开发经验的积累。

虽然基于虚拟机的运行方式的效率没有原生运行方式的效率高，但是学习和使用的成本往往更低。基于虚拟机的运行方式需要将源代码编译为中间代码，中间代码类似于二进制机器指令，但是会包含更多高级语言的信息，这些额外的信息能够指导虚拟机更好地执行程序，或者提供高级功能所需的支持，如垃圾回收、运行时类型、权限控制等。使用基于虚拟机的运行方式的编程语言有 C#、Java 等。这类编程语言适用于比较大型、需求容易变动、对运行安全性和稳定性要求较高的场合，如用户量较大的 Web 应用、企业级应用、信息管理系统、ERP 软件、对运行效率要求不高的单机应用等。

基于解释器的运行方式与基于虚拟机的运行方式类似，但也是有区别的。基于解释器的运行方式的中间代码并不是必需的，解释器可以直接解释源代码去执行相应的操作。这种运行方式的效率比基于虚拟机的运行方式的效率更低，但是能提供更多高级语言功能，如动态类型、运行时修改代码等。使用基于解释器的运行方式的编程语言有 Python、JavaScript、HTML、CSS、PHP 等。这类编程语言适用于开发需求变化频繁、对运行效率要求不高、需要快速开发运行的软件，如小型网站、小型工具软件、原型系统、技术验证、前端界面、自动化运维、自动化测试等。

根据语言中是否区分变量类型，软件开发语言可以分为静态类型编程语言与动态类型编程语言。

静态类型编程语言有严格的类型限制，当变量被定义后，类型就固定下来了，在开发与运行过程中不能改变，如 C、C++、C#、Java 等语言。在开发过程中，编译器能根据类型发现错误的使用方式，避免潜在的错误。

在动态类型编程语言中，变量本身没有类型，根据给变量所赋的值来确定变量类型，如 Python、JavaScript 等语言。这类编程语言在开发时往往更为便利，但是由于缺少类型信息，因此很多错误往往只能在运行过程中才能发现。

根据编程思想，软件开发语言可以分为面向过程编程语言和面向对象编程语言。面向过程编程语言有 C 语言，面向对象编程语言有 C++、C#、Java、Python、JavaScript 等语言。

➢ 课后扩展

我国软件核心技术

2019 年，经过长达 10 年的研发，华为方舟编译器作为破局者正式发布。这一次，华为方舟处理器不再是为了证明我们能够开发出编译器，而是实际投入市场中助力国产操作系统的运行。

安卓系统从 2008 年的 1.0 版本到 14.0 版本，十多年间大小版本超过 15 个。但是，依然有四大难题影响着安卓系统的体验。这四大难题分别是 JVM、额外的 JNI 开销、安卓虚拟机代码优化空间有限、Java 现有内存回收机制容易造成"间歇性"卡顿。解决这四大难题是华为方舟编译器的使命。

为了解决这些难题，华为公司准备了 10 年。

2009 年，华为公司启动 5G 基础技术研究，同时开始创建编译组。

2013 年，华为公司推出面向基站领域的自研编译器 HCC，并正式提出编译器框架构想。

2014 年，众多海内外知名专家加入华为公司，方舟项目正式启动。

2016 年，华为公司成立编译器与编程语言实验室。

2019 年，华为方舟编译器正式面世。

JVM 的性能开销主要来自其运行方式，即将 Java 源代码编译为中间字节码，而不是处理器的原生指令。Java 应用在运行时使用 JVM 将字节码转换为原生指令，这必然带来性能损失。解决这个问题的传统方法是使用 JIT 和 AOT 两种技术：JIT 是在运行过程中实时编译字节码为原生指令，AOT 是在安装应用时一次性编译。但是这两种方式都有一定的问题：JIT 会造成应用启动变慢，AOT 会造成应用安装变慢。方舟编译器的解决方式是直接将 Java 源代码编译为原生指令来解决虚拟机性能问题。但是其中存在设计数据模型，以及如何在运行时高效获得动态信息两大难点，方舟编译器通过分析 Java 程序运行时的动态过程，重新对 Java 程序运行时数据建模，设计具有核心专利的动态语义匹配机制等方式解决难题，让方舟编译器能够将 Java 代码编译成机器可以直接执行的语言，从而不再需要 JVM，提升安卓应用的流畅度。

95%的安卓应用都是使用 Java、C、C++语言混合编写而成的，由于 Java 程序的运行方式与 C、C++程序的运行方式不同，因此造成相互之间调用会有很大的额外开销。方舟编译器的第二个使命就是去掉使用不同编程语言编写的代码之间互相调用所带来的 JNI 开销。华为方舟编译器的解决方式是将 Java、C、C++代码统一编译为一个中间表示（IR），IR 类似于字节码，通过统一的 IR 抹平了不同语言之前的差异，让 Java、C、C++代码能在 IR 中无差异的相互调用，然后经过 IR 优化、IR 编译，将使用不同编程语言混合编写的应用编译为原生指令，实现消除 JNI 开销。

除了 IR 中间表示、原生指令编译等技术，华为方舟编译器直接将代码优化从手机环节搬到了开发者环境，未来还可能搬到云端。利用开发者环境更强大的算力，可以实现更先进和精细的优化算法，来达到更强大的优化效果，在很多特定场景，代码优化的提升效果甚至是颠覆性的。

随着我国产业结构的升级，未来会有越来越多的国产基础软件投入应用，支持各行各业的运行。

> 习题

1. 填空题

（1）Linux 系统的内核主要是使用_____语言开发的。

（2）C语言是面向_____的开发语言。

（3）Python语言是_____（动态/静态）类型语言，使用_____（原生、基于虚拟机、基于解释器）的运行方式。

（4）PyCharm是_____语言的开发工具。

（5）_____语言和_____语言使用基于虚拟机的运行方式。

（6）微软公司的Visual Studio集成开发环境能够开发_____语言、_____语言、_____语言的程序。

（7）TypeScript语言是_____语言的超集，_____语言的核心语言是ECMAScript语言。

（8）JavaScript语言包含_____、_____、_____这3部分。

（9）HTML语言_____通用编程语言。

（10）如果需要开发功能相对明确、运行效率要求较高的软件，如操作系统、数据库核心、编译器、虚拟机等，则应该选择_____语言。

（11）在Android系统中，_____语言是首选的开发语言。

（12）PHP语言的主要应用领域是_____。

2．选择题

（1）面向对象编程语言应包含哪些特性？（　　）

    A．继承、封装、多态　　　　　　B．类、对象、接口

    C．动态类型、强类型、编译运行　　D．虚拟机、解释器、原生运行

（2）C++、C#、Java、Python语言的共同特点是（　　）。

    A．能开发操作系统　　　　　　　B．都属于动态类型编程语言

    C．都属于面向对象编程语言　　　D．能开发Web前端页面

（3）下列哪组语言适合开发Web后端服务器程序？（　　）

    A．HTML、CSS　　　　　　　　B．PHP、Python

    C．HTML、汇编　　　　　　　　D．CSS、C

（4）HTML语言的核心内容是（　　）。

    A．判断语句　　　　　　　　　　B．函数

    C．标签　　　　　　　　　　　　D．对象

（5）下列语言中哪一个是通用编程语言？（　　）

    A．HTML　　　　　　　　　　　B．SQL

    C．CSS　　　　　　　　　　　　D．C#

（6）下列语言中，（　　）语言是面向过程编程语言。

    A．C#　　　　　　　　　　　　　B．C

    C．Python　　　　　　　　　　　D．JavaScript

（7）如果要为单片机开发嵌入式系统，则应该选择（　　）语言。

    A．PHP　　　　　　　　　　　　B．JavaScript

    C．Python　　　　　　　　　　　D．C

（8）【多选】使用基于虚拟机的运行方式的编程语言有（　　）。

  A．C   B．C++

  C．Python   D．C#

  E．Java   F．PHP

  G．HTML   H．JavaScript

（9）【多选】下列语言中，（　　）语言是面向对象编程语言。

  A．C   B．C++

  C．Python   D．C#

  E．Java   F．CSS

  G．HTML   H．JavaScript

（10）【多选】下列语言中，（　　）语言是静态类型编程语言。

  A．C   B．C++

  C．Python   D．C#

  E．Java   F．CSS

  G．PHP   H．JavaScript

（11）【多选】Python 语言适合的领域有（　　）。

  A．人工智能   B．自动化运维

  C．Web 服务器端开发   D．网络爬虫

  E．驱动程序   F．操作系统

  G．游戏引擎   H．大型办公软件

（12）【多选】如果需要开发企业级应用，则适用的开发语言有（　　）语言。

  A．C   B．C++

  C．Python   D．C#

  E．Java   F．CSS

  G．PHP   H．JavaScript

3．简答题

（1）动态类型编程语言与静态类型编程语言有什么区别？哪些语言是静态类型编程语言？哪些语言是动态类型编程语言？

（2）现在互联网领域中，Java 语言与 C#语言是两种重要的服务器端开发语言，它们的哪些特性促使它们成为这个领域的主要开发语言？

（3）C、C++、C#、Java、Python、Web 前端分别有哪些合适的开发工具可以使用？如果要配置一个完全免费的 Web 开发环境（包括操作系统、前端、后端、数据库），你会怎样选择？

（4）除了书中列举的软件开发语言，你还知道哪些软件开发语言。请列举 3 种软件开发语言，并分别介绍它们的应用范围、发展历史、语言特点、开发工具等信息。

第 6 章 数据库技术

> 学习导入

随着信息技术和互联网技术的发展，数据已经渗透到人们生活中的方方面面，数据不仅是科学的度量，伴随着数据量的爆炸性增长，它带来的收益和价值也日趋显现。在计算机的世界里，我们需要将各类数据组织成一个个表格进行统一管理。这些以表格的形式组织起来的具备相互关联关系的数据集合称为数据库（Database，DB）。

数据库技术研究和管理的对象是数据，所涉及的内容主要包括：统一聚集、组织、管理和分析数据并按特定结构建立相应的数据库和数据仓库；同时，抽象和设计出对数据进行添加、删除、修改、查询、分析、处理、报表或打印等多种功能的数据管理系统和数据挖掘系统。数据库技术是研究数据库的结构、存储、设计、管理及应用的基本理论和实现方法，它是信息系统的一个核心技术，是管理和应用数据库的一门软件科学。

数据库技术研究和解决了计算机信息处理过程中大量数据有效组织和存储的问题。通过数据库管理系统（Database Management System，DBMS）来管理数据库，可以减少数据存储冗余、实现数据共享、保障数据安全及高效地检索和处理数据。本章将介绍数据库技术的起源与发展及特点、SQL 语言，以及几种常用的主流关系型、非关系型及国产的数据库管理系统，以便读者学习和了解它们的特点与安装步骤。

> 思维导图

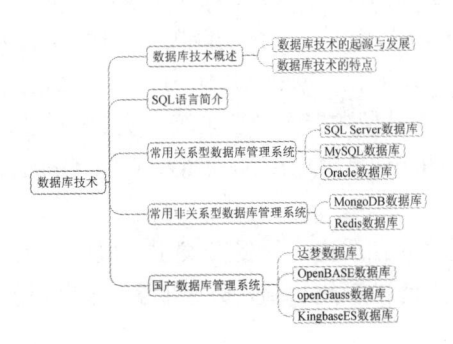

```
                                ┌─ 数据库技术概述 ─┬─ 数据库技术的起源与发展
                                │                  └─ 数据库技术的特点
                                │
                                ├─ SQL语言简介
                                │
                                │                              ┌─ SQL Server数据库
                                ├─ 常用关系型数据库管理系统 ─┼─ MySQL数据库
                数据库技术 ─────┤                              └─ Oracle数据库
                                │
                                │                              ┌─ MongoDB数据库
                                ├─ 常用非关系型数据库管理系统 ┤
                                │                              └─ Redis数据库
                                │
                                │                              ┌─ 达梦数据库
                                │                              ├─ OpenBASE数据库
                                └─ 国产数据库管理系统 ────────┤
                                                               ├─ openGauss数据库
                                                               └─ KingbaseES数据库
```

> 学习目标
> ◇ 了解数据库技术的起源与发展
> ◇ 了解数据库技术的特点
> ◇ 了解 SQL 语言
> ◇ 了解常用关系型及非关系型数据库管理系统的特点和安装步骤
> ◇ 了解国产数据库管理系统的特点和安装步骤
> 相关知识

6.1 数据库技术概述

6.1.1 数据库技术的起源与发展

数据库技术产生于 20 世纪 60 年代末 70 年代初，其主要目的是有效地管理和存取大量的数据资源，当时的数据管理非常简单，通过大量的分类、比较和表格绘制机运行数百万穿孔卡片来处理数据，运行结果在纸上打印出来或制成新的穿孔卡片。数据管理就是对这些穿孔卡片进行物理储存和处理，但穿孔卡片和磁带只能顺序存取数据。1951 年，美国雷明顿兰德公司制造出的 UNIVAC I 电子计算机采用了一种一秒可以输入几百条记录的磁带驱动器，引发了数据管理的革命。到了 1956 年，IBM 公司生产了第一个磁盘驱动器——the Model 305 RAMAC，该驱动器有 50 个盘片，每个盘片的直径为两英尺（60.96 厘米），可以存储 5MB 的数据，磁盘的出现实现了随机地存取数据。20 世纪 60 年代，在"阿波罗"登月计划中，"阿波罗"飞船中的 200 多万个零部件是由世界各地生产的，为了掌握和协调零部件的制造进度，"阿波罗"计划的主要合约者 Rockwell 公司研制了一个基于文件管理的零部件管理系统，该系统共用了 18 盘磁带存储数据，虽然能够正常工作，但 18 盘磁带中 60%的数据是冗余数据，有任何改动就会牵一发而动全身，维护起来极其困难。为了克服这个阻碍，人们引入了一种新的数据库管理技术，把应用程序的代码与它所操作的数据相分离，"阿波罗"计划的主要合约者 Rockwell 公司和 IBM 公司合作开发了数据库管理系统 IMS（Information Management System），这是 IBM 公司研制的最早的大型数据库系统程序产品，对数据库的发展起到了推动作用。1969 年，埃德加·科德博士发明了关系型数据库。1970 年，关系模型建立之后，IBM 公司开始研究著名的"System R"项目，研究目标是论证一个全功能关系 DBMS 的可行性；在 1979 年，完成了第一个实现 SQL 的 DBMS；1980 年，System R 作为一个产品正式推向市场。同年，Oracle 公司引入了第一个商用的 SQL 关系型数据库管理系统。从 20 世纪 80 年代开始，数据库技术就进入了关系型数据库时代。Microsoft SQL Server、MySQL、Oracle、DB2 等数据库都是关系型数据库中的一员。

数据库技术从诞生到现在，在国内外已经开发出了成千上万个数据库，都具备坚实的理论基础、成熟的商业产品和广泛的应用价值，数据库的诞生和发展给计算机信息管理带来了一场巨大的革命，它已经成为各企业、部门及个人的日常生产、工作和生活的基础设施。数据库技术的发展先后经历了人工管理阶段、文件系统阶段、数据库系统阶段及高级数据库阶段，如图 6-1 所示。

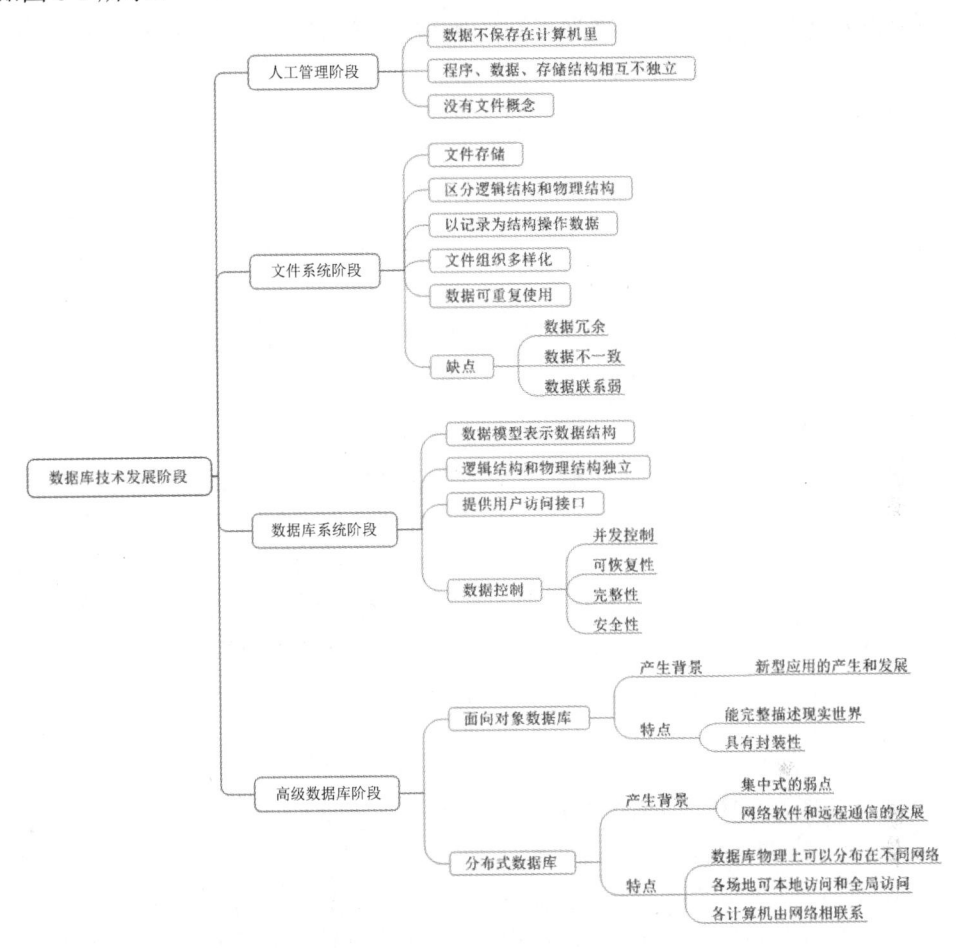

```
数据库技术发展阶段
├── 人工管理阶段
│   ├── 数据不保存在计算机里
│   ├── 程序、数据、存储结构相互不独立
│   └── 没有文件概念
├── 文件系统阶段
│   ├── 文件存储
│   ├── 区分逻辑结构和物理结构
│   ├── 以记录为结构操作数据
│   ├── 文件组织多样化
│   ├── 数据可重复使用
│   └── 缺点
│       ├── 数据冗余
│       ├── 数据不一致
│       └── 数据联系弱
├── 数据库系统阶段
│   ├── 数据模型表示数据结构
│   ├── 逻辑结构和物理结构独立
│   ├── 提供用户访问接口
│   └── 数据控制
│       ├── 并发控制
│       ├── 可恢复性
│       ├── 完整性
│       └── 安全性
└── 高级数据库阶段
    ├── 面向对象数据库
    │   ├── 产生背景：新型应用的产生和发展
    │   └── 特点
    │       ├── 能完整描述现实世界
    │       └── 具有封装性
    └── 分布式数据库
        ├── 产生背景
        │   ├── 集中式的弱点
        │   └── 网络软件和远程通信的发展
        └── 特点
            ├── 数据库物理上可以分布在不同网络
            ├── 各场地可本地访问和全局访问
            └── 各计算机由网络相联系
```

图 6-1　数据库技术发展经历的 4 个阶段

1．人工管理阶段

早在 20 世纪 50 年代以前，当时还处于电子计算机时代，计算机以电子管为主要逻辑元件进行科学运算。计算机体积大、功耗高、速度慢，并且没有系统软件，主要用真空电子管、磁鼓或磁带等进行数据存储，数据不能共享。当要求解某个问题时，先确定算法，程序员编程，然后把程序和数据一起输入计算机，同时需要考虑数据的物理存储结构，最后计算机进行处理并返回结果。该阶段的主要特点是程序和数据不独立，数据有任何变动，程序就要作出相应改变，因此，编写程序的效率很低，当时还没有"文件"的概念，数据处理基本只依赖于人工管理。

2．文件系统阶段

从 20 世纪 50 年代末到 20 世纪 60 年代中期，伴随着晶体管计算机的出现，软件技术与硬件技术都有了新的发展，大量数据的处理和存储也成为迫切需求，磁盘和操作系统的出现引入了"文件"的概念，文件是操作系统管理的重要资源之一，数据存储在文件中，逻辑结构和物理结构有所区分，数据能够长期保存。此时，对数据操作的颗粒比较大，是以记录为单位的，但文件从整体来看是无结构的，数据的共享性和独立性依旧较差。由文件系统管理数据容易导致数据冗余，从而引起数据的不一致；另一个问题是数据之间的联系较弱，但在提出数据模型后，这个问题就解决了。

3. 数据库系统阶段

20世纪60年代后期，随着集成、大规模、超大规模集成电路数字计算机向运算速度提高、体积缩小、功能强大趋势发展，计算机的应用领域进一步扩大，同时增加了数据量和数据共享的需求。为了解决数据库技术文件系统阶段的问题，提出数据模型和数据结构，通过数据库系统来管理大量数据变得更加实用，实现了有组织地、动态地存储大量关联数据，能够逐渐满足多用户、多应用共享数据的需要，同时发展了数据控制技术来保证数据的独立性、可恢复性、安全性、完整性和一致性。这时，数据库才在实际中被大量使用。

4. 高级数据库阶段

在实际应用中，随着计算机网络和通信技术的不断发展，数据量不断增加，采用集中的数据库系统进行统一管理会导致系统开销非常大，操作也很复杂，所以在新需求的刺激下产生了分布式数据库。分布式数据库在物理层面分布在各个场地或设备上，但在逻辑层面被看作一个整体，可以通过通信网络异地访问数据库，解决了集中管理带来的过度复杂、拥挤等问题。而对于现实世界中存在的许多具有复杂数据结构的实际应用领域，出现了面向对象数据库，它解决了多媒体数据、多维表格数据、CAD数据的表达问题，并且更具有封装性、继承性，也提高了可重用性。

6.1.2 数据库技术的特点

数据库技术的特点如下：

（1）应用数据模型表示复杂的数据结构，可以表示复杂的联系及面向整个应用去组织数据。

（2）以数据项作为最小的数据存取单位，比文件系统以记录为单位更加灵活。

（3）数据冗余小、共享度高，所有用户或程序可以共享数据库中的数据，甚至可以在同一时刻共同使用同一数据。

（4）数据和程序之间具有较高的独立性。数据的物理独立性体现在当数据的物理存储结构发生变化时，应用程序不做修改也可以正常工作；数据的逻辑独立性体现在当数据的全局逻辑结构改变时，应用程序不做修改仍可以正常运行。

（5）通过数据库管理系统可以实现：安全性控制，即防止不合法使用造成的数据泄漏、破坏和更改，保护数据安全；完整性控制，即保证数据的正确性、有效性和相容性，防止不符合语义的数据输入或输出；并发控制，即防止用户并行使用数据时造成数据不完整和系统运行错误；数据可恢复，即通过记录日志和定期做备份，保证数据在受到破坏时，能够及时使数据库恢复到正确状态。

6.2 SQL 语言简介

SQL 的全称是 Structured Query Language，即结构化查询语言。使用 SQL 语言可以访问和处理数据库，包括创建新数据库，在数据库中创建新表，在数据库中创建视图，数据的插入、查询、更新和删除，数据库模式的创建和修改，设置表、存储过程和视图的权限及数据的访问控制等。SQL 语言是实现数据库服务器和客户端交互的重要工具，它允许用户在高层数据结构上工作。它不需要用户了解具体的数据存放方式，因此，就算是不同底层结构的不同数据库系统也可以共同使用 SQL 语言作为接口。SQL 语言包含以下 3 部分：

- 数据定义语言（Data Definition Language，DDL），如 CREATE（创建）、DROP（删除）、ALTER（更改）等语句。
- 数据操纵语言（Data Manipulation Language，DML），如 INSERT（插入）、UPDATE（更新）、DELETE（删除）等语句。
- 数据控制语言（Data Control Language，DCL)，如 GRANT（授权）、REVOKE（回收）、COMMIT（提交）、ROLLBACK（回滚）等语句。

1986 年，SQL 成为美国国家标准学会（American National Standards Institute，ANSI）的一项标准，在 1987 年成为国际标准化组织（ISO）标准。因此，ANSI SQL 标准就是 ISO 和 IEC 发布的 SQL 国际标准。1992 年制定了一个标志性的版本，称为"SQL-92"，1999 年修订后为"SQL-99"，目前最新的版本是"SQL-2008"，期间还有"SQL-2003"和"SQL-2006"。由于技术需求的快速变化，标准修订周期也越来越短，每当国际标准修订后，Microsoft Access、DB2、MySQL、Microsoft SQL Server、Oracle、Sybase 等数据库都需要遵循。

6.3 常用关系型数据库管理系统

关系型数据库是指采用了关系模型来组织数据的数据库，它以行和列的形式存储数据，以便用户理解。关系型数据库中的行和列被称为表，一组表则组成了数据库。用户通过查询来检索数据库中的数据，而查询是一个用于限定数据库中某些区域的执行代码。关系模型可以简单理解为二维表格模型，一个关系型数据库就是由二维表及其之间的关系组成的一个数据组织。关系型数据库可以分为桌面数据库和客户/服务器数据库。

桌面数据库用于小型的、单机的应用程序，不需要网络和服务器，实现起来比较方便，但它只提供数据的存取功能。例如，Access、FoxPro 和 dBase 等数据库就是桌面数据库。

客户/服务器数据库主要适用于大型的、多用户的数据库管理系统，应用程序包括两部分：一部分驻留在客户机上，用于向用户显示信息及实现与用户的交互；另一部分驻留在服务器中,主要用来实现对数据库的操作和对数据的计算处理。例如,SQL Server、MySQL、PostgreSQL 和 Oracle 等数据库就是客户/服务器数据库。

6.3.1 SQL Server 数据库

1. SQL Server 数据库的发展及版本

SQL Server 数据库管理系统的第一个版本最早产生于 1989 年,由微软公司与 Sybase 公司共同开发,中间经历了 4.2、6.0、7.0 等版本,直到 2000 年 8 月,微软公司推出了企业级数据库管理系统 SQL Server 2000,这个版本在继承 SQL Server 7.0 的优点的同时,增加了许多更先进的功能,具有使用方便、可伸缩性好、与相关软件集成程度高等优点,可以在 Microsoft Windows 98、Microsoft Windows 2000 等多种平台上运行,这使该版本的推广和应用得到了发展。

SQL Server 2005 是一个全面的数据库平台,是具有里程碑意义的产品,它使用集成的商业智能(Business Intelligence,BI)工具提供企业级的数据管理。SQL Server 2005 数据库引擎为关系型数据和结构化数据提供了更安全可靠的存储功能,使用户可以构建和管理基于业务的高可用和高性能的数据应用程序。另外,SQL Server 2005 集合了分析、报表、集成和通知功能,与 Microsoft Visual Studio、Microsoft Office System 及新的开发工具包(包括 Business Intelligence Development Studio)的紧密集成使 SQL Server 2005 与众不同。

SQL Server 2008 是一个重要的产品版本,它推出了许多新的特性和关键的改进,使其成为强大而全面的 SQL Server 版本。SQL Server 2008 的新的特性、优点和功能充分让微软公司的这个数据平台满足当前数据爆炸式增长和下一代数据驱动程序的需求。它重新设计了安装、建立和配置架构,这些改进将计算机上的各个安装与 SQL Server 软件的配置分离开来,这使得公司和软件合作伙伴可以提供推荐的安装配置。

SQL Server 2012 在 2008 版本的基础上改进了功能,提升了性能,它不仅可以进行大规模联机事务处理(On-Line Transaction Processing,OLTP),还可以实现数据仓库和电子商务应用,它的最大数据库长度能达到 1000000TB。SQL Server 2012 被定位为可用性和大数据领域的领头羊,可以帮助企业处理大量的数据(Z 级别)增长。它与 Visual Studio 2012 有统一的开发环境,能集编程开发、产品环境配置、数据操作于一体,全面实现了应用程序的可用性、安全性、可伸缩性,表现出了较高的开发效率,获得了很多用户的喜爱。

2014 年 4 月,SQL Server 2014 带着能够整合云端海量资料的关键技术 In-Memory 问世,其内存最佳化数据表与索引功能可以将数据表存储到内存(而不是硬盘)来处理,其高速运算效能及高度资料压缩技术可以帮助用户加速业务处理和向全新的应用环境进行切换,提升了性能。SQL Server 2014 还启用了全新的混合云解决方案,可以充分获得来自云计算的种种益处,如云备份和灾难恢复。SQL Server 2014 为那些对数据库有极高性能要求的应用程序提供了符合需求的数据平台。

2. SQL Server 数据库简介

微软公司的 SQL Server 数据库实现了数据库的分布式存储和访问,有效地降低了系统负担，大大提高了系统的稳定性。它既属于大型数据库，也属于中型数据库，可以应用于各中小型企业。SQL Server 数据库的分布式、复制、全文检索、数据转换服务（Data Transfer Service，DTS）都可以满足中型软件系统的应用需求。SQL Server 数据库的数据存储在它本身的文件内，在安装目录的 DATA 目录下，由和数据库同名的数据文件和日志文件组成。此外，SQL Server 数据库支持存储器、触发器、自定义函数、数据仓库功能等操作，在集成性、可用性、安全性、可伸缩性、性能、并发控制能力、联机操作、数据挖掘等方面都强于 Access 数据库。

但是 SQL Server 数据库也存在一些问题。它只能运行在微软的 Windows 平台上，其并行实施和共存模型并不成熟；对于日益增多的用户数和数据卷，它的伸缩性有限，当用户连接数多时，SQL Server 数据库的性能会变差，并且不够稳定；SQL Server 数据库完全重写的代码对早期产品的兼容性不强，经历了长期的测试，不断延迟，许多功能还需要时间来验证。

3．SQL Server 2008 数据库的安装

开始使用 SQL Server 数据库，首先需要在 Windows 操作系统下安装它。我们以 SQL Server 2008 R2 为例，安装步骤如下所示。

（1）解压缩安装压缩包，如图 6-2 所示。

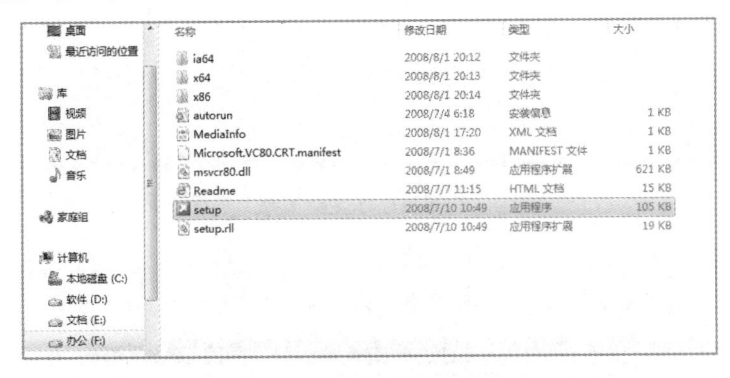

图 6-2　解压缩安装压缩包

（2）找到安装文件"setup.exe"，双击该文件，会弹出"SQL Server 安装中心"窗口，如图 6-3 所示。

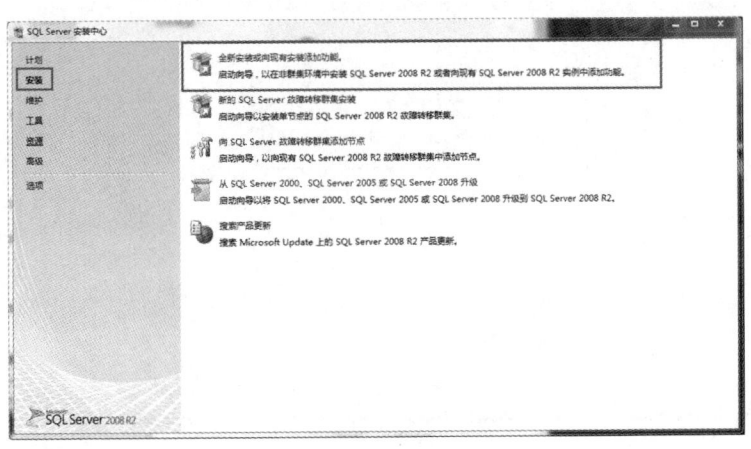

图 6-3　"SQL Server 安装中心"窗口

（3）选择窗口左侧导航栏中的"安装"标签，然后在窗口右侧单击"全新安装或向现有安装添加功能"，等系统检测环境和加载一些必要的文件后，进入"安装程序支持规则"界面，系统会自动检测配置环境，全部通过后（可以有警告），方可进行安装，如图6-4所示，单击"确定"按钮。

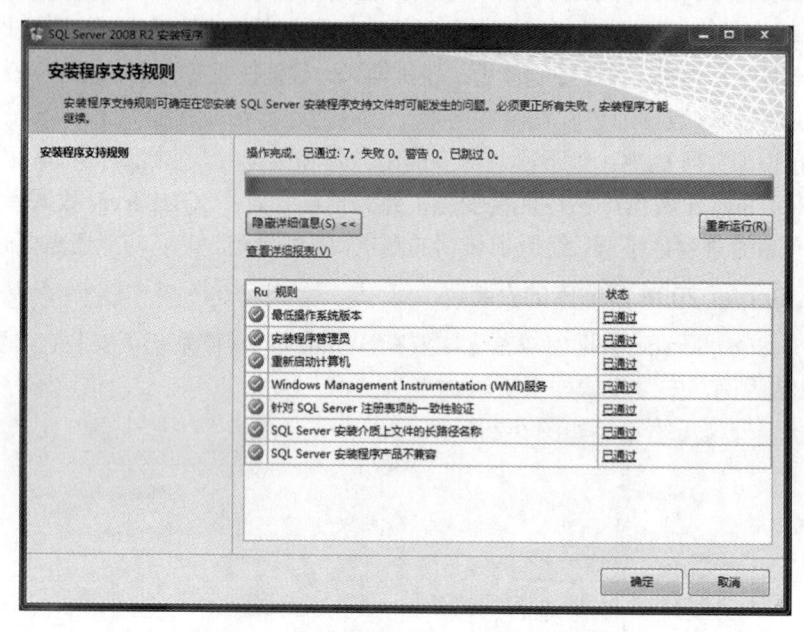

图6-4　"安装程序支持规则"界面

（4）进入"产品密钥"界面，选中"输入产品密钥"单选按钮，在下方对应的文本框中输入产品密钥后，如图6-5所示，单击"下一步"按钮。

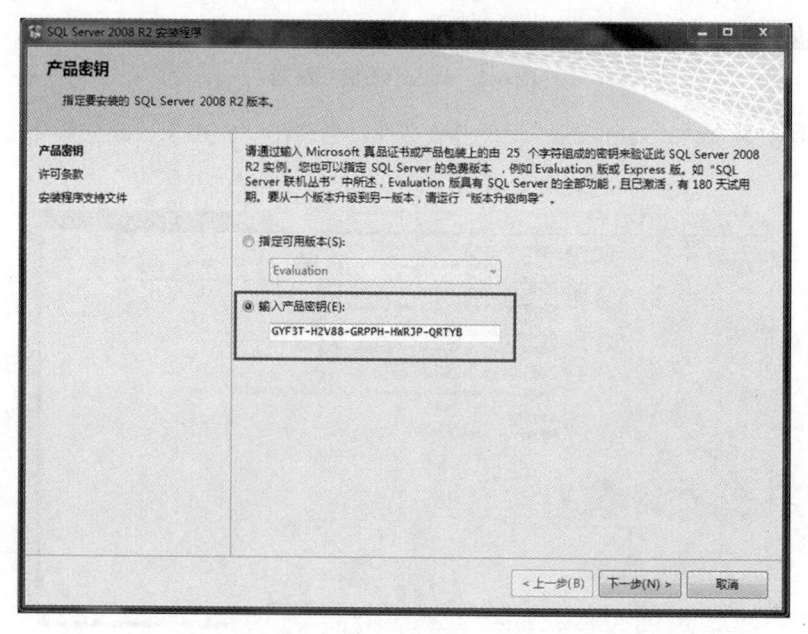

图6-5　"产品密钥"界面

(5)进入"许可条款"界面,需要勾选"我接受许可条款"复选框,如图 6-6 所示,单击"下一步"按钮。

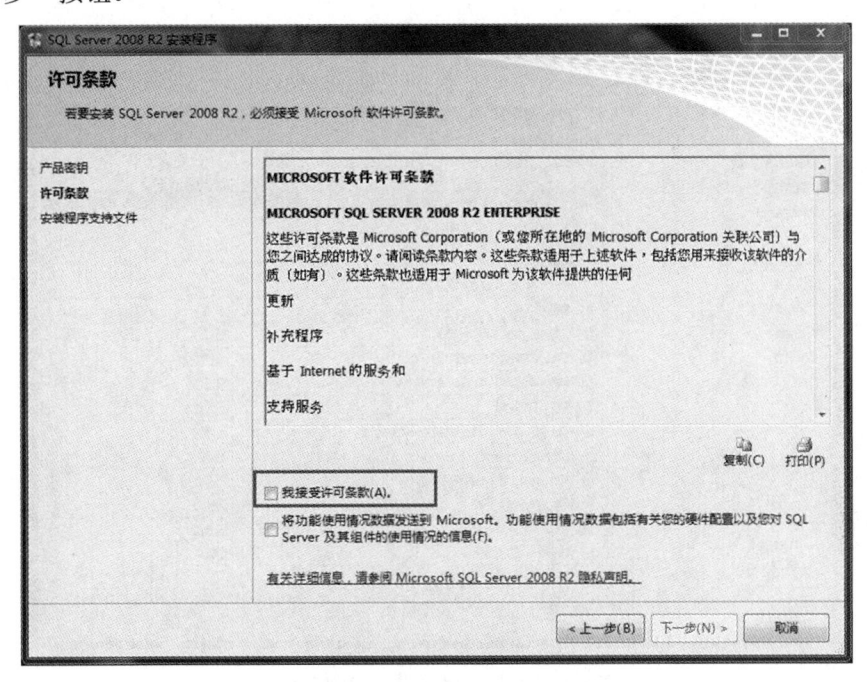

图 6-6 "许可条款"界面

(6)进入"安装程序支持文件"界面,如图 6-7 所示,单击"安装"按钮。

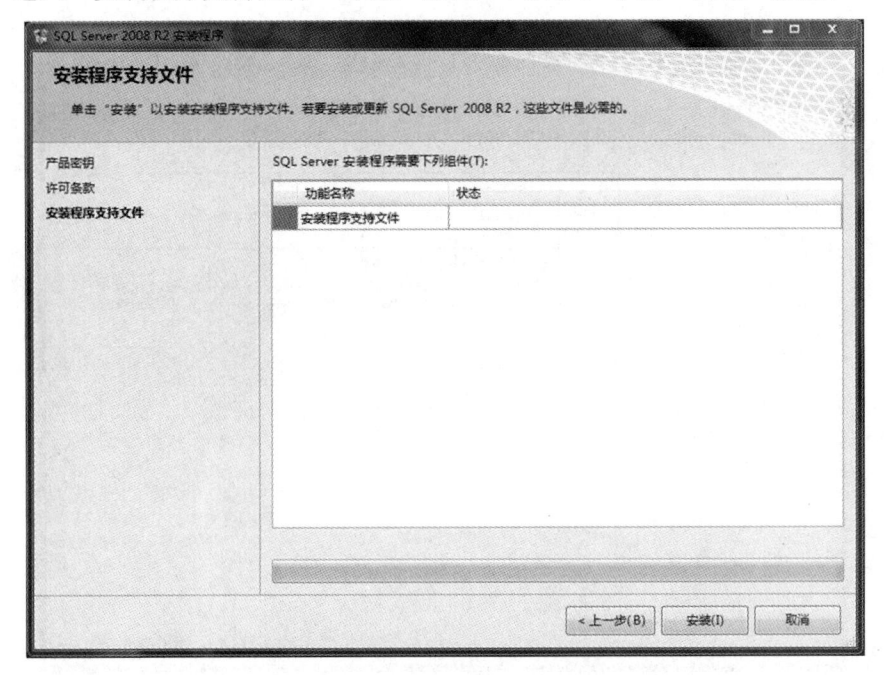

图 6-7 "安装程序支持文件"界面

（7）进入"安装程序支持规则"界面，系统会自动检测环境，全部通过后（可以有警告），如图 6-8 所示，单击"下一步"按钮。

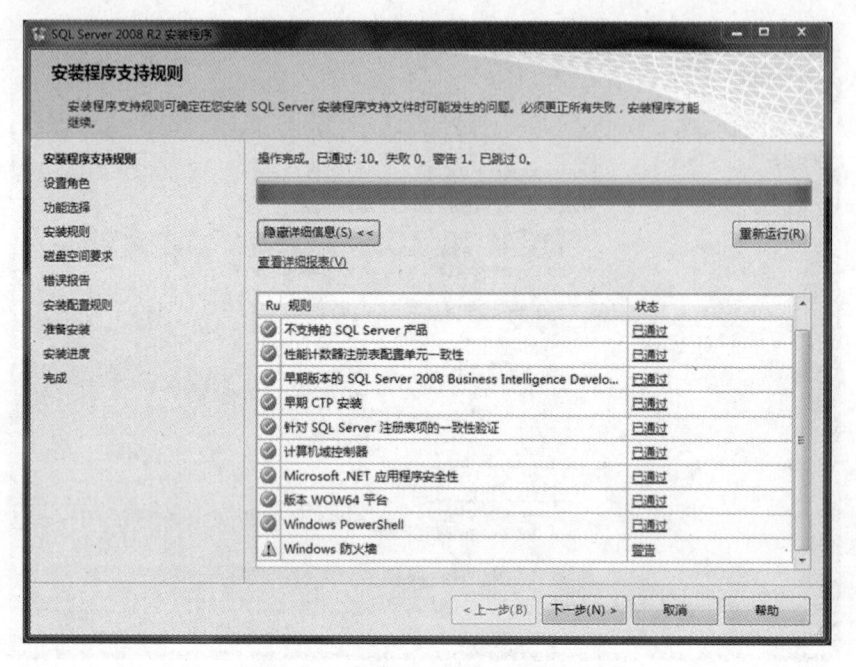

图 6-8　"安装程序支持规则"界面

（8）进入"设置角色"界面，选中"SQL Server 功能安装"单选按钮，如图 6-9 所示，单击"下一步"按钮。

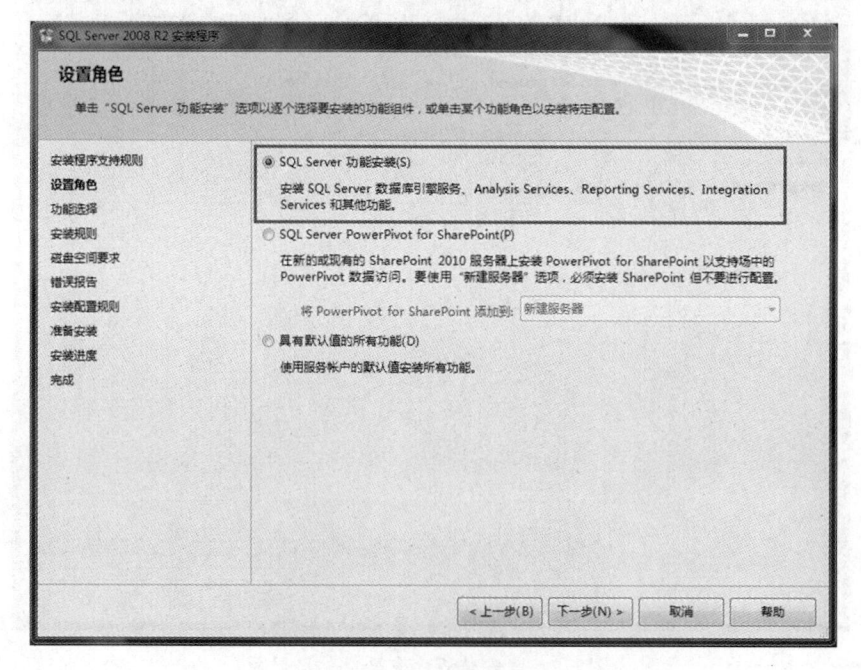

图 6-9　"设置角色"界面

（9）进入"功能选择"界面，单击"全选"按钮后，如图 6-10 所示，单击"下一步"按钮。

图 6-10 "功能选择"界面

（10）进入"安装规则"界面，系统会自动检测环境，全部通过后（可以有警告），如图 6-11 所示，单击"下一步"按钮。

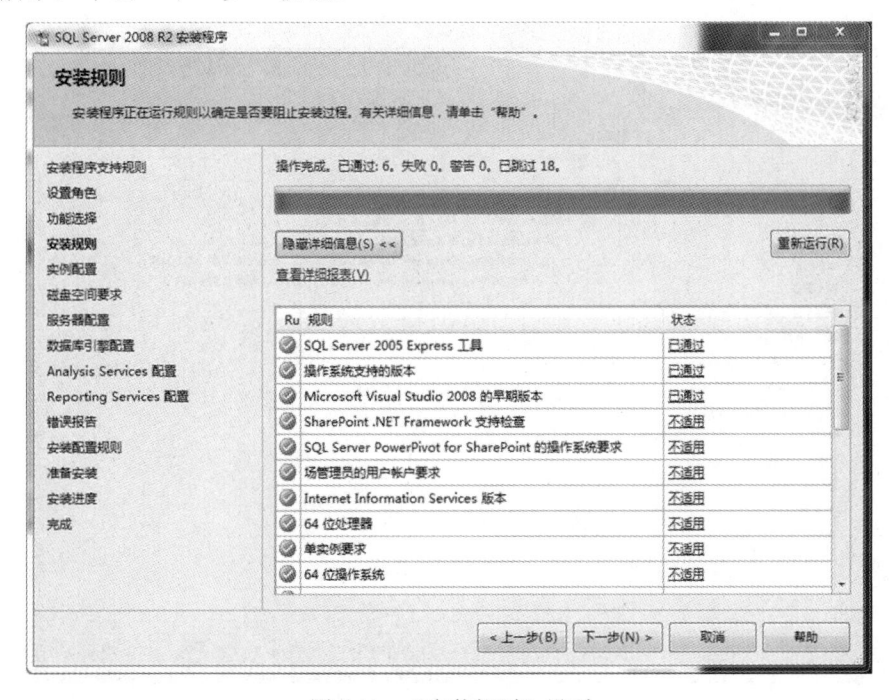

图 6-11 "安装规则"界面

（11）进入"实例配置"界面，选中"默认实例"单选按钮后，其他不要设置，如图6-12所示，单击"下一步"按钮。

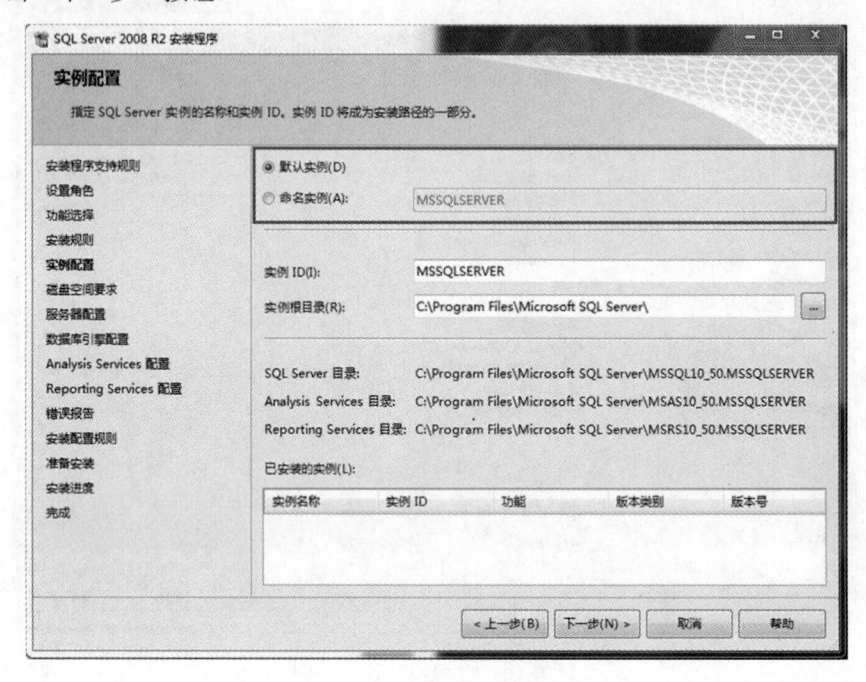

图6-12 "实例配置"界面

（12）进入"磁盘空间要求"界面，会显示需要的磁盘空间，如图6-13所示，单击"下一步"按钮。

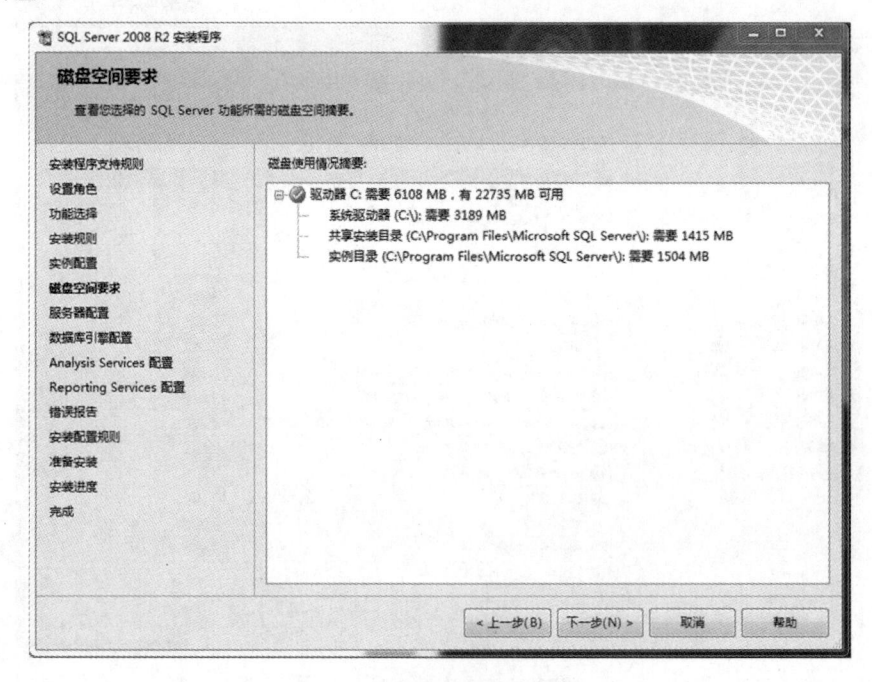

图6-13 "磁盘空间要求"界面

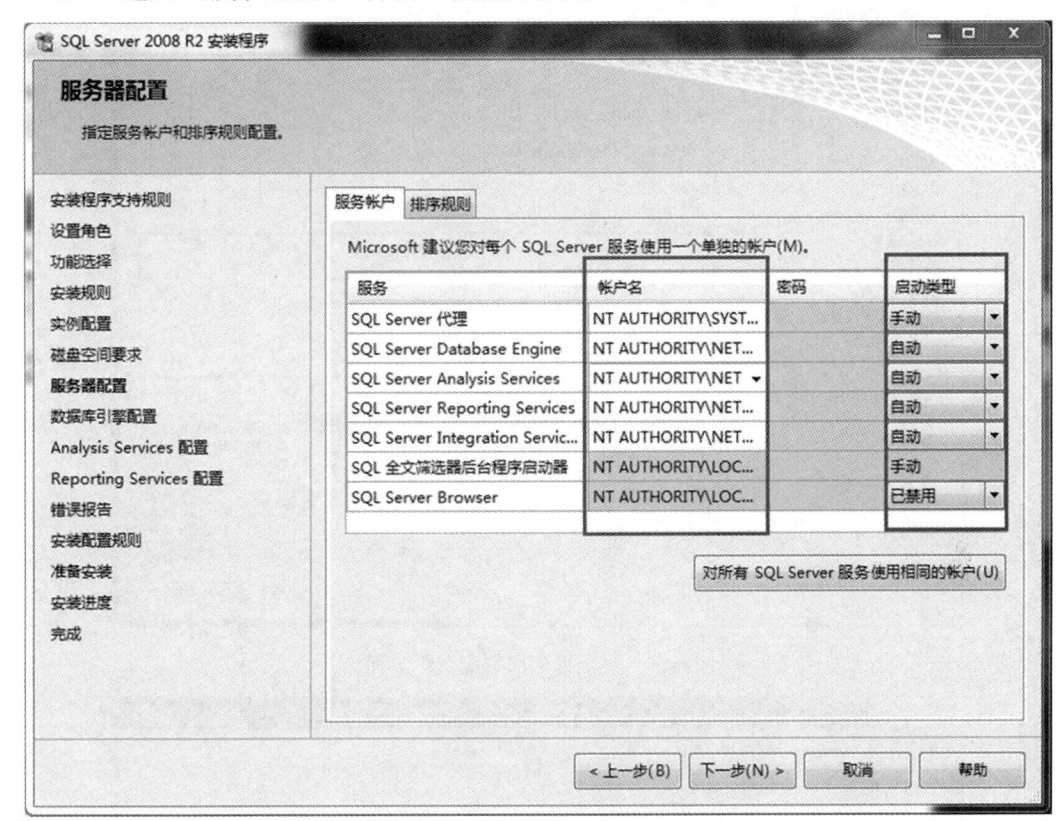

（13）进入"服务器配置"界面，设置内容如图 6-14 所示。

图 6-14　"服务器配置"界面[①]

- SQL Server 代理→NT AUTHORITY\SYSTEM。
- SQL Server Database Engine→NT AUTHORITY\NETWORK SERVICE。
- SQL Server Analysis Services→NT AUTHORITY\NETWORK SERVICE。
- SQL Server Reporting Services→NT AUTHORITY\NETWORK SERVICE。
- SQL Server Integration Services→NT AUTHORITY\NETWORK SERVICE。

最后两项"SQL 全文筛选器后台程序启动器"和"SQL Server Browser"不可设置。设置完成后，单击"下一步"按钮。

（14）进入"数据库引擎配置"界面，首先选中"混合模式(SQL Server 身份验证和 Windows 身份验证)"单选按钮，然后在"输入密码"和"确认密码"文本框中分别输入密码（设置密码为"123456"，该密码为登录 SQL Server 数据库的密码），接下来单击"添加当前用户"按钮，如图 6-15 所示，最后单击"下一步"按钮。

（15）进入"Analysis Services 配置"界面，单击"添加当前用户"按钮，如图 6-16 所示，单击"下一步"按钮。

---

① 本书所有软件安装界面中的"帐户"是错误写法，正确写法应为"账户"。后文同。

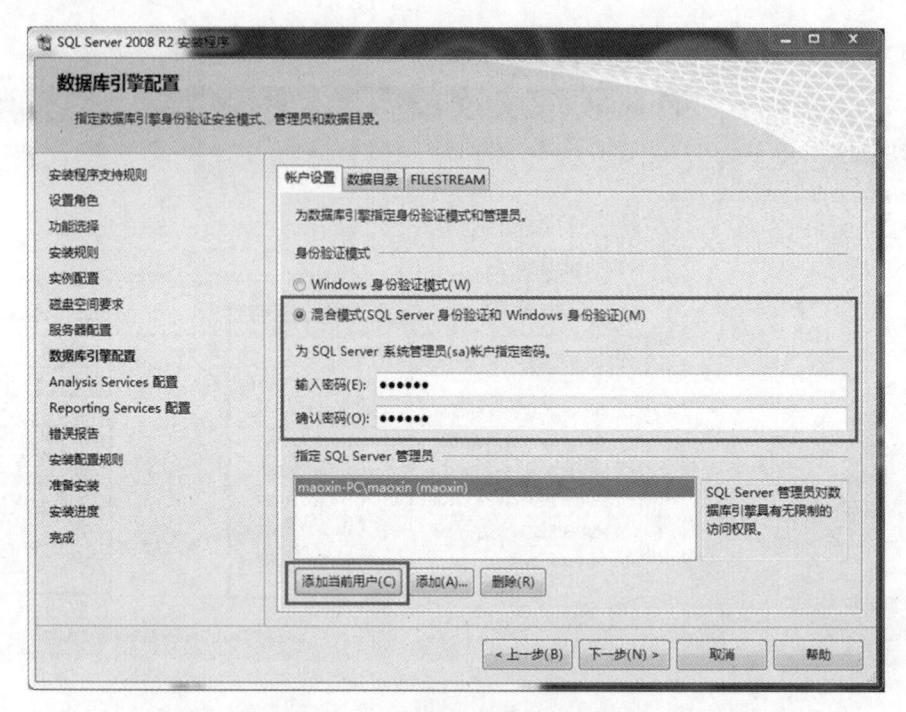

图 6-15 "数据库引擎配置"界面

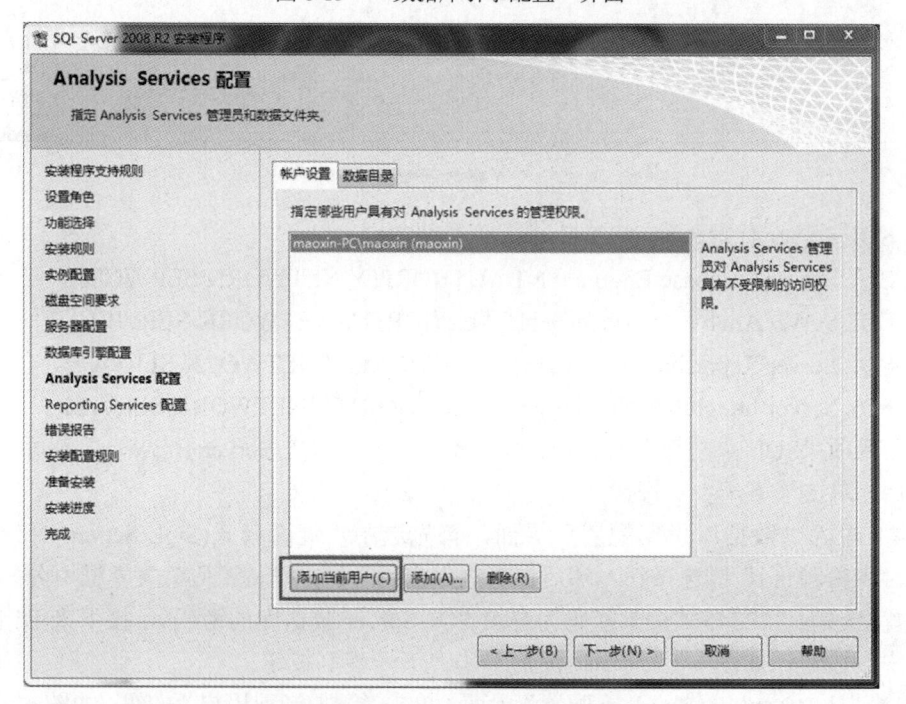

图 6-16 "Analysis Services 配置"界面

（16）进入"Reporting Services 配置"界面，选中"安装本机模式默认配置"单选按钮，如图 6-17 所示，单击"下一步"按钮。

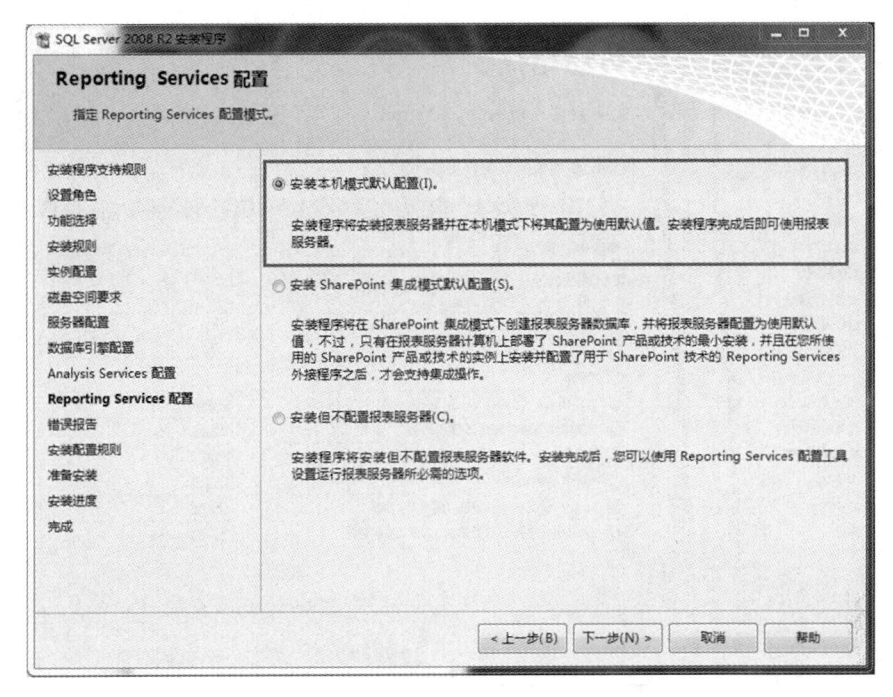

图 6-17 "Reporting Services 配置"界面

（17）进入"错误报告"界面，如图 6-18 所示，直接单击"下一步"按钮即可。

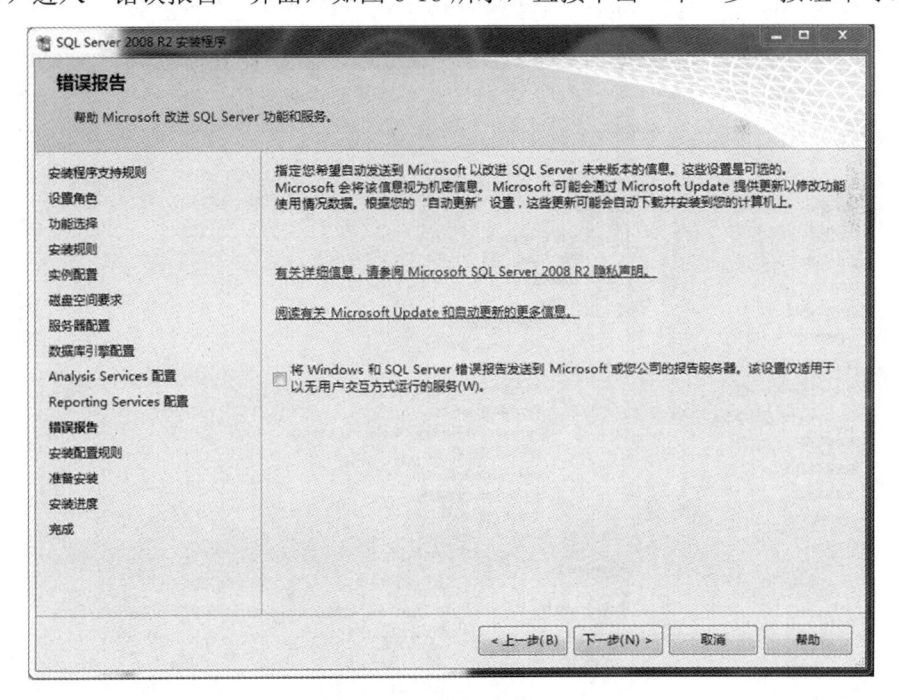

图 6-18 "错误报告"界面

（18）进入"安装配置规则"界面，系统会自动检测环境，全部通过后（可以有警告），如图 6-19 所示，单击"下一步"按钮。

175

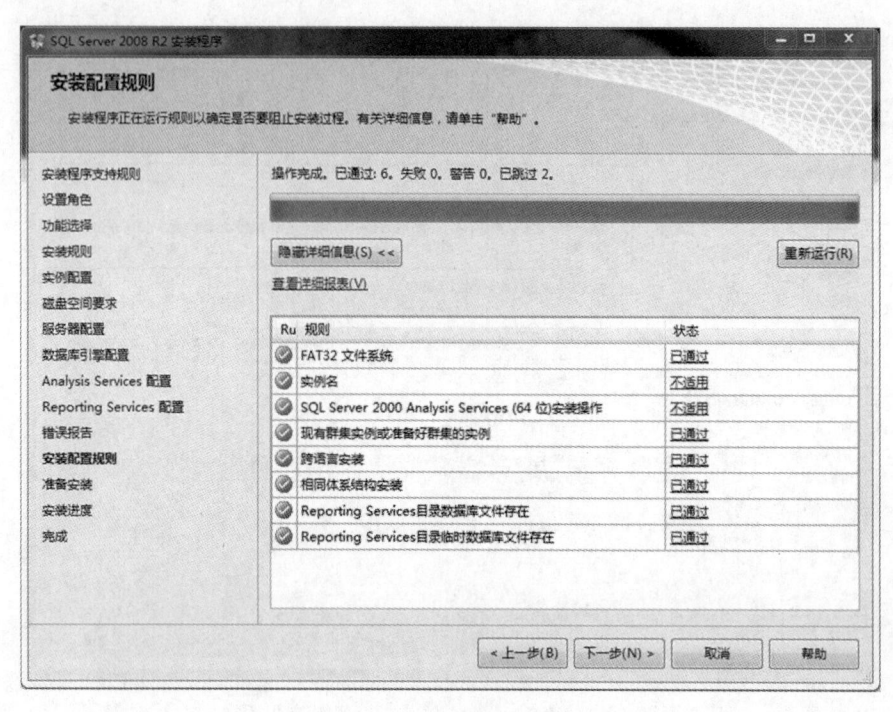

图 6-19 "安装配置规则"界面

（19）进入"准备安装"界面，如图 6-20 所示，直接单击"安装"按钮即可。

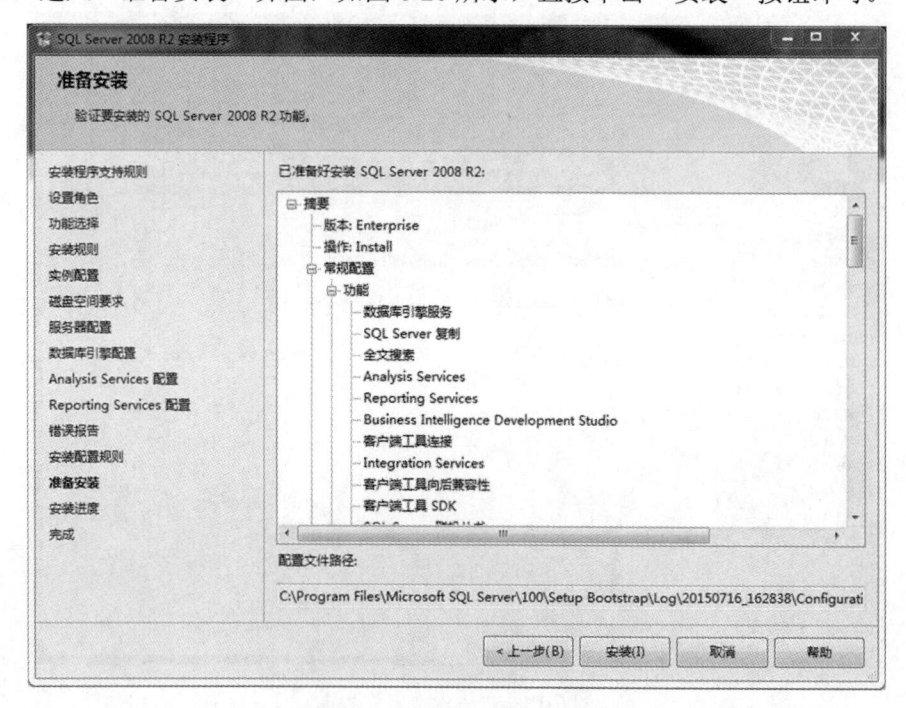

图 6-20 "准备安装"界面

（20）等待系统自动安装，如图 6-21 所示。

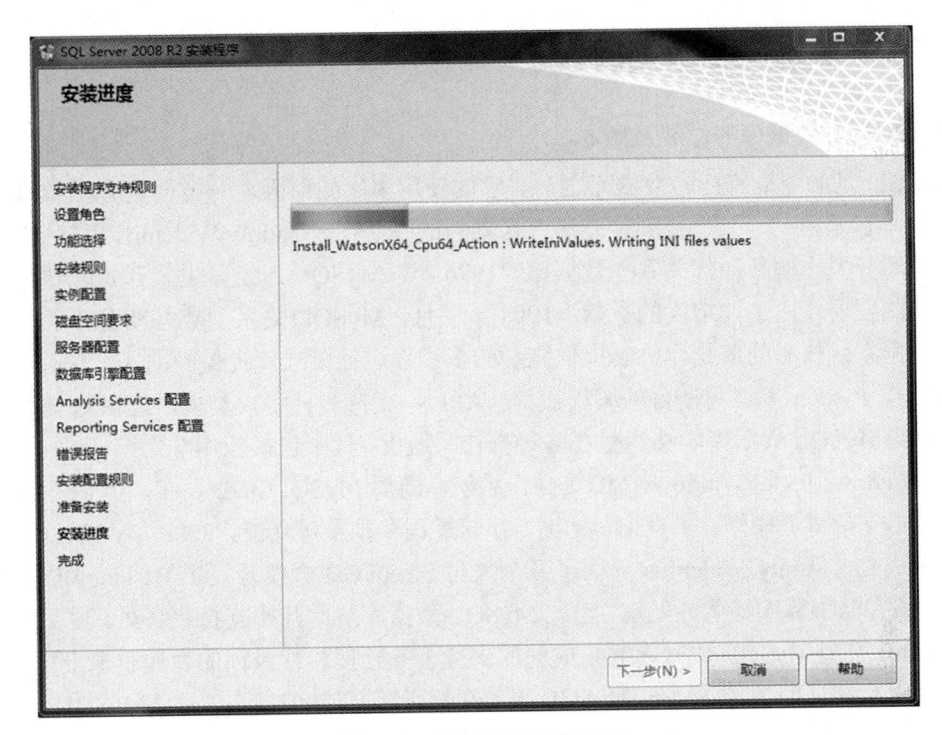

图 6-21　等待系统自动安装

（21）等待一段时间后，安装完成，如图 6-22 所示。

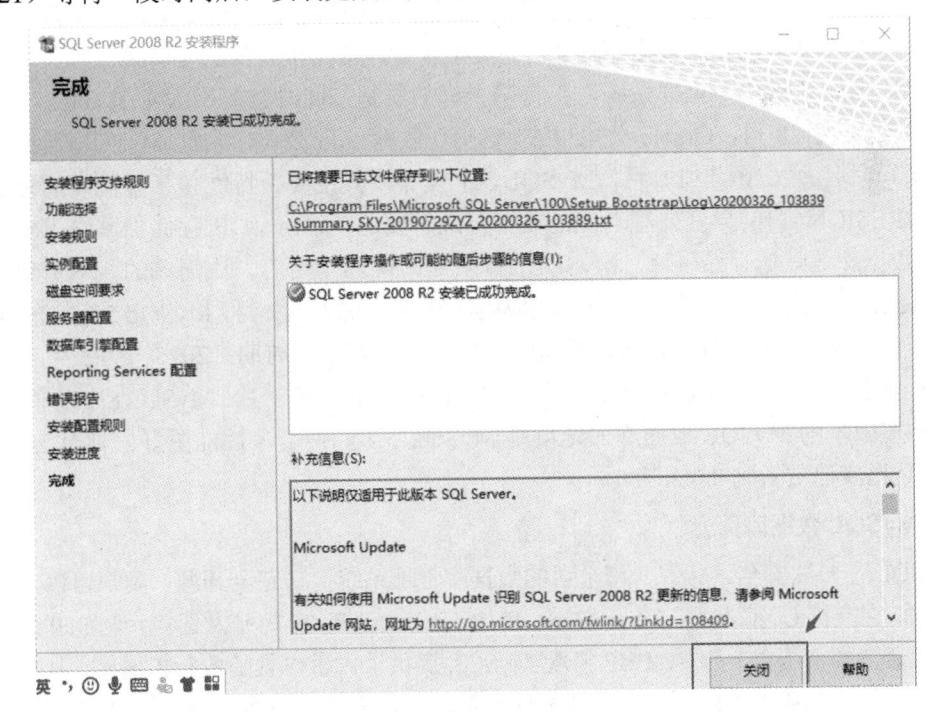

图 6-22　安装完成

6.3.2 MySQL 数据库

1．MySQL 数据库的发展及版本

MySQL 是如今最流行的数据库之一。它的使用率高的原因，一方面是开源和跨平台；另一方面，它是由一个天赋极高并充满人格魅力的芬兰作者 Monty Widenius 用持续 20 多年的努力编写开发出的新一代关系型数据库。1996 年，MySQL 一经诞生就开始席卷全球，并为互联网的发展作出了非常大的贡献。1998 年 1 月，MySQL 关系型数据库发行了第一个版本，它使用系统核心的多线程机制提供完全的多线程运行模式，提供面向 C、C++、Java、Perl、PHP、Python 等编程语言的编程接口（API），支持多种字段类型，提供完整的操作符支持。并且 MySQL 数据库能够运行在多种操作系统上，其中包括应用非常广泛的 FreeBSD、Linux、Windows 95 和 Windows NT 等操作系统。随后 MySQL 3.22 发布，但它仍存在很多问题，如不支持事务操作、子查询、外键、存储过程和视图等功能。2000 年，MySQL AB 公司在瑞典成立。Monty Widenius 雇用了几个人与 SleepyCat 合作开发了 Berkeley DB 存储引擎，由于该存储引擎支持事务处理，因此 MySQL 数据库从此开始支持事务处理了。2001 年，Heikki Tuuri 希望 MySQL 数据库能集成他的支持事务处理和行级锁的存储引擎 InnoDB（该存储引擎之后被证明是最成功的 MySQL 事务存储引擎）。2003 年 12 月，MySQL 5.0 发布，该版本的 MySQL 数据库提供视图、存储过程等功能。

2008 年 1 月，MySQL AB 公司被 Sun 公司以 10 亿美金收购，MySQL 数据库进入 Sun 公司时代，Sun 公司对其进行了大量的推广、优化、Bug 修复等工作。2008 年 11 月，MySQL 5.1 发布，该版本的 MySQL 数据库提供分区、事件管理等功能，以及基于磁盘热备与负载均衡的网络数据库（NDB）集群系统，支持基于行的复制，同时修复了大量的 Bug。

2009 年 4 月 20 日，Oracle 公司以 74 亿美元收购 Sun 公司，自此 MySQL 数据库进入 Oracle 公司时代。2010 年 12 月，MySQL 5.5 发布，其主要新特性包括半同步的复制及对 SIGNAL/RESIGNAL 的异常处理功能的支持，最重要的是，InnoDB 存储引擎终于变为当前 MySQL 数据库的默认存储引擎。MySQL 5.5 不是时隔两年后的一次简单的版本更新，而是加强了 MySQL 数据库各个方面在企业级应用的特性。2013 年 2 月，MySQL 5.6 发布。Oracle 公司宣布将于 2021 年 2 月停止 5.6 版本的更新，结束其生命周期。2015 年 12 月，MySQL 5.7 发布，其性能、新特性、性能分析带来了质的改变。2016 年 9 月，MySQL 8.0 发布，Oracle 公司宣称该版本的 MySQL 数据库的速度是 MySQL 5.7 的两倍，性能更好。截至 2022 年，MySQL 数据库已更新到 8.0.28 版本。

2．MySQL 数据库简介

MySQL 是一款安全、高效、跨平台的数据库管理系统，它完全开源，用户可以直接通过网络下载。它支持 C、C++、Java、Perl、PHP、Python、Ruby 等开发语言，与 PHP、Java 等主流编程语言紧密结合，其中，PHP 搭配 MySQL 提供了大量内置函数和扩展库，几乎涵盖了 Web 应用开发中的所有功能，内置了数据库连接、文件上传等功能，可以为快速开发 Web 应用提供便利。它的 InnoDB 存储引擎将 InnoDB 表保存在一个可由数个文件创建的表空间，最大容量为 64TB，可以轻松处理上千万条记录，用户可以选择最合适的引擎以得到最高性能，可以处理每天访问量超过数亿的高强度的 Web 站点搜索。在 MySQL 数据库中，SQL 函数使用高度优化的类库实现，运行速度极快，并且它还提供灵活安全的权限与密码系统，允许基本主机的验证。当连接到服务器时，所有的密码传输均采用加密形式，从而保证了密码的安全。

MySQL 数据库具有体积小、安全性高、存储容量大、成本低、运行速度快、源码开放的优势，这让许多中小型企业网站都选择使用 MySQL 数据库来降低总体研发成本。MySQL 数据库的象征符号是一只名为"Sakila"的海豚，代表着 MySQL 数据库的速度、能力、精确和优秀本质。

但是，MySQL 数据库也存在一定的问题。例如，它不允许调试存储过程，如果使用大量存储过程，那么存储过程中每个连接的内存使用量会大大增加。此外，如果在存储过程中使用大量逻辑操作，那么 CPU 使用率也会增加，MySQL 存储过程的构造使开发具有复杂业务逻辑的存储过程变得更加困难，开发和维护存储过程就会很难。

3．MySQL 数据库的安装

安装 MySQL 数据库一般选择使用图形化界面安装，图形化界面有完整的安装向导，非常方便。我们以 MySQL 5.7 为例，安装步骤如下所示。

（1）双击启动安装包，进入欢迎安装界面，如图 6-23 所示。

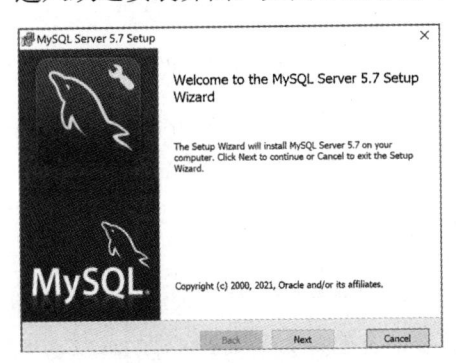

图 6-23　欢迎安装界面

（2）单击"Next"按钮进入下一步，勾选"I accept the terms in the License Agreement"复选框，如图 6-24 所示。

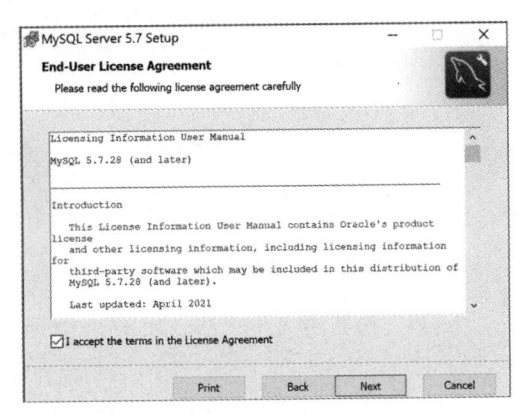

图 6-24　勾选"I accept the terms in the License Agreement"复选框

（3）单击"Next"按钮进入下一步，如图 6-25 所示，单击"Custom"按钮，自定义安装路径。Typical：典型安装，安装最常用的功能。Custom：自定义安装，选择安装路径和组件等。Complete：完全安装，安装所有组件，默认安装在 C 盘。

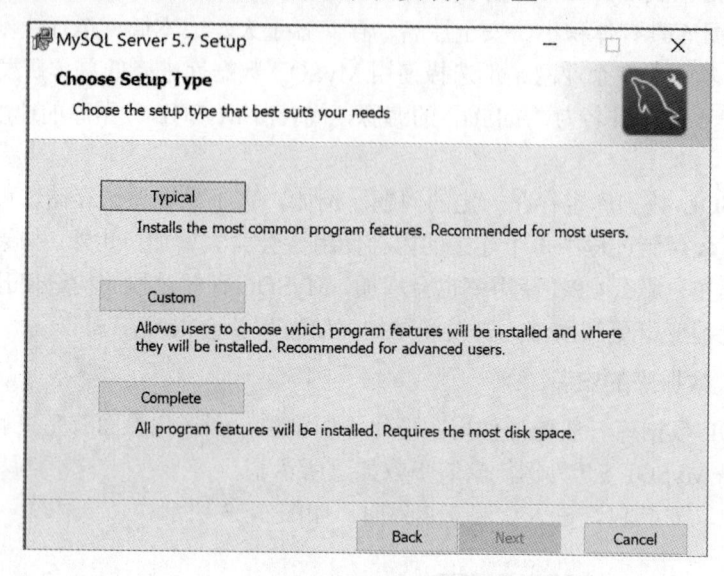

图 6-25　选择安装模式

（4）单击"Next"按钮进入下一步，如图 6-26 所示，单击右下角的"Browse..."按钮，设置安装路径。

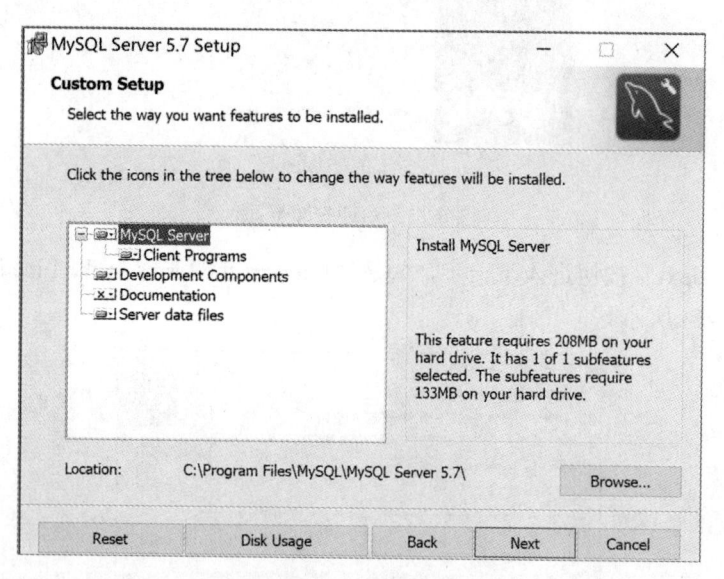

图 6-26　设置安装路径

（5）设置完成后，单击"Next"按钮进入下一步，如图 6-27 所示，单击"Install"按钮，开始安装。

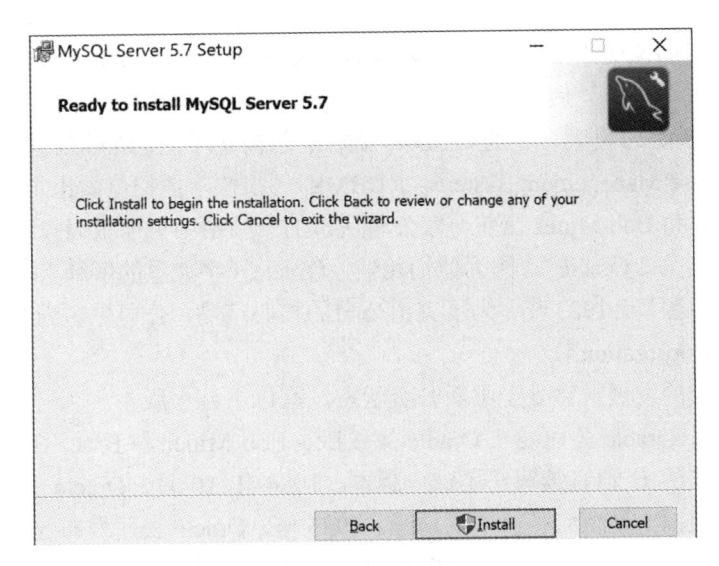

图 6-27　开始安装

（6）安装完成后，如图 6-28 所示，单击 "Finish" 按钮结束安装。

图 6-28　安装完成

6.3.3　Oracle 数据库

1．Oracle 数据库的发展及版本

1977 年 6 月，Larry Ellison、Bob Miner 和 Ed Oates 三位合伙人在硅谷创办了一家名为"软件开发实验室"（Software Development Laboratories，SDL）的计算机公司（Oracle 公司的前身）。公司创立之初，第一位员工 Bruce Scott（Oracle 数据库软件中有个叫 "Scott" 的用户）加盟进来，在 Bob Miner 和 Ed Oates 有些厌倦了那种合同式的开发工作后，他们决定开发通用软件，Ed Oates 参考阅读 IBM 公司研究员 Edgar Frank Codd 在 *Communications of ACM*

上发表的那篇著名的论文"A Relational Model of Data for Large Shared Data Banks"（大型共享数据库数据的关系模型）后，将其推荐给 Larry Ellison、Bob Miner 阅读。3 人预见关系型数据库软件的发展潜力巨大，于是，SDL 开始策划构建可商用的关系型数据库管理系统（Relational Database Management System，RDBMS）。很快，他们就做出了一个产品 Demo。根据 Larry Ellison 和 Bob Miner 在前一家公司从事的一个由中央情报局投资的项目代码，他们把这个产品命名为"Oracle"。因为他们相信，Oracle（字典里的解释有"神谕，预言"之意）是一切智慧的源泉。1983 年，为了突出公司的核心产品，公司更名为"Oracle"（全称为"Oracle Systems Corporation"）。

Oracle 数据库的发展一直处于不断升级状态，有以下几个版本。

1983 年 3 月，Oracle 公司发布 Oracle 第 3 版。Bob Miner 和 Bruce Scott 历尽艰辛用便宜、稳定又可移植的 C 语言编写出了这一版本。1984 年 10 月，Oracle 公司发布第 4 版产品，该版本产品的稳定性得到了一定的增强。1985 年，Oracle 公司发布 5.0 版本，这个版本算得上是 Oracle 数据库的稳定版本。1988 年，Oracle 第 6 版发布，该版本引入了行级锁（Row-Level Locking）这个重要的特性，也就是说，执行写入的事务处理只锁定受影响的行，而不是整个表。1992 年 6 月，Oracle 第 7 版发布，该版本增加了许多新的性能特性，如分布式事务处理功能、增强的管理功能、用于应用程序开发的新工具及安全性方法等。1997 年 6 月，Oracle 8i 版本发布，该版本支持面向对象的开发及多媒体应用，同时 Oracle 公司正式向 Internet 上发展，其中"i"就表示"internet"，这一版本还为用户整合了本地 Java 程序运行时的环境，可以用 Java 语言编写存储过程，提供了 Java 支持。2001 年 6 月，Oracle 9i 发布，该版本是一个更加完善的数据库版本。2003 年 9 月，Oracle 10g 加入了网格计算功能。其中"g"就表示"grid"（网格），该版本作为 Oracle 公司下一代应用基础架构软件集成套件。2007 年 11 月，Oracle 11g 正式发布，它不但是 Oracle 10g 的稳定版本，而且功能上大大增强了，实现了用户需求的信息生命周期管理，其性能和安全性也大幅度提高，是现在使用最为广泛的版本。2013 年，Oracle 12c 发布，该版本是 Oracle 公司推出的云计算数据库版本，"c"就表示"cloud"，同时 Oracle 12c 也具备了支持大数据的处理能力。2018 年的新年，Oracle 公司发布 Oracle 18c，它在之前版本的基础上实现了自治数据库，可以在线合并分区和自分区，加强了在线维护，增强了云可用等特性。2019 年发布的 Oracle 19c 增加了自动化索引创建和自动的统计信息管理，是对 12c 版本的完善和发展。

2．Oracle 数据库简介

Oracle 数据库是美国 Oracle 公司的一款关系型数据库管理系统。它在世界范围都是非常受欢迎的，是最流行的适用于客户/服务器（Client/Server）或 B/S（Broswer/Server）体系结构的数据库之一。Oracle 数据库的可移植性好、使用方便、功能强，适用于各类大型、中型、小型、微型机环境。它是一种分布式、高效率、可靠性好、适应高吞吐量的数据库方案。Oracle 数据库具备完整的数据管理功能，能适应数据的大量性、数据保存的持久性、数据的共享性和可靠性。

Oracle 数据库有如下优点：

（1）执行速度方面：Oracle 数据库对于简单 SQL 的存储过程没有特别的优势，但对于复杂的业务逻辑，每次在存储过程创建时，数据库能够对其进行一次解析和优化。存储过程一旦执行，在内存中就会保留一份这个存储过程的备份，当下次执行同样的存储过程时，直接从内存中调用即可，所以执行速度比普通 SQL 快。

（2）减少网络传输：Oracle 数据库的存储过程直接在数据库服务器上运行，所有的数据访问都在数据库服务器内部，不需要把数据传输到其他服务器上，所以会减少一定的网络传输。并且应用服务器通常与数据库在同一内网，大数据的访问瓶颈是硬盘的速度，而不是网速。

（3）可维护性和可拓展性方面：Oracle 数据库的存储过程有时比程序更容易维护，这是因为可以直接实时更新数据库端的存储过程。再者，应用程序和数据库操作是分开独立进行的，如果后期逻辑或需求变更，则可以直接在服务器端的数据库中修改，而不需要变更前台代码。

当然，Oracle 数据库也不是十全十美的，它与其他数据库的兼容性和可移植性较差，存储过程无法迁移到 MySQL、DB2 等其他数据库中使用。Oracle 数据库占用的服务器端资源也比较多，如果进行大量存储过程的并发，那么对数据库服务器的压力是巨大的。还有一个弊端是，Oracle 数据库后期编译报错，不能主动提示，当用定时任务调度时，编译报错导致任务失败是无法监控的。

3．Oracle 数据库的安装

这里以 Oracle Datebase 10g 为例，安装步骤如下所示。

（1）运行安装文件，进入"选择安装方法"界面，选中"高级安装"单选按钮，如图 6-29 所示，单击"下一步"按钮。

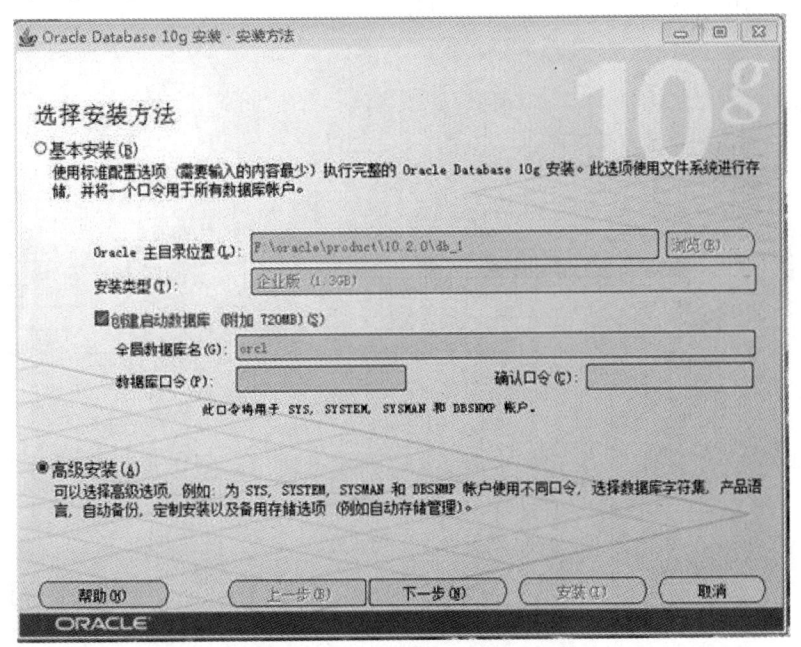

图 6-29　"选择安装方法"界面

（2）进入"选择安装类型"界面，选中"企业版"或"标准版"单选按钮，如图 6-30 所示，单击"下一步"按钮。

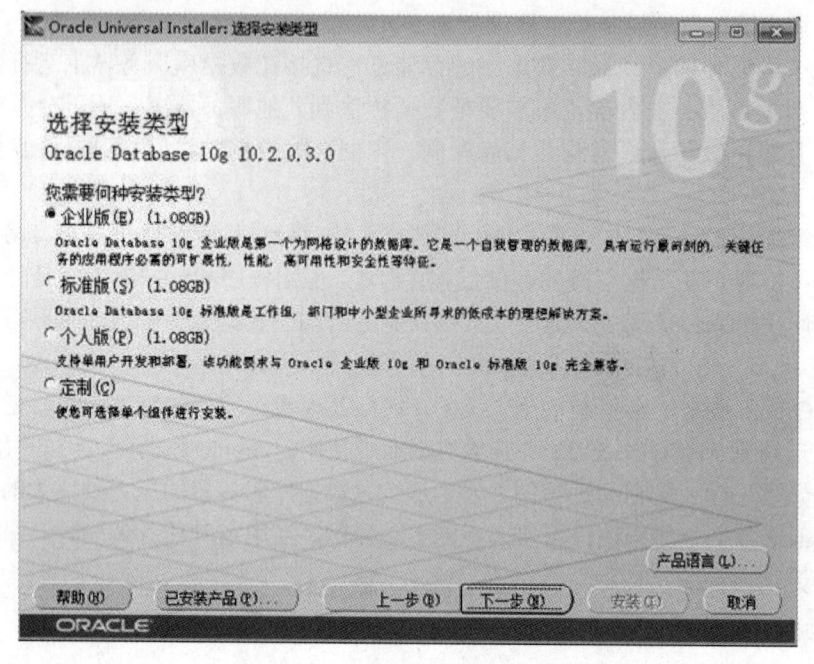

图 6-30 "选择安装类型"界面

（3）进入"指定主目录详细信息"界面，指定主目录的目标名称与目标路径（一般无须更改），如图 6-31 所示，单击"下一步"按钮。

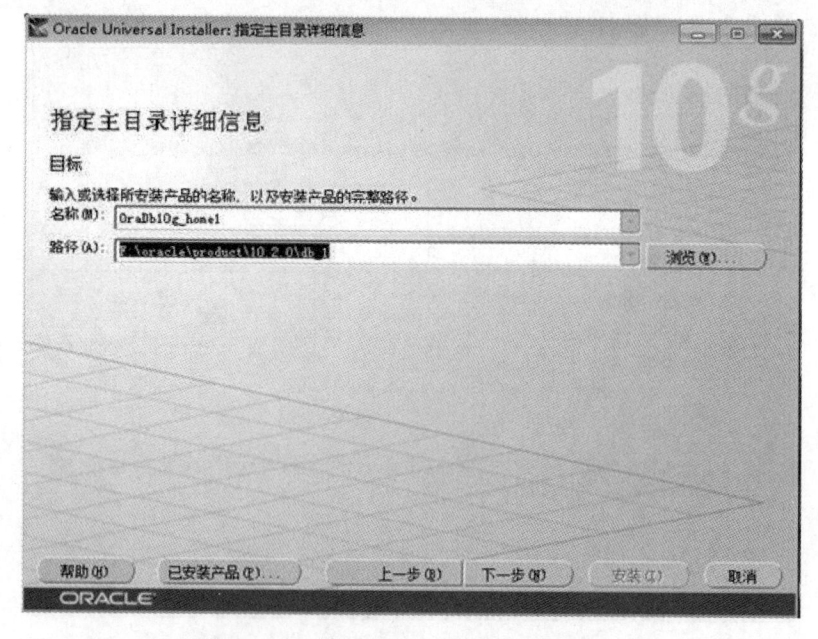

图 6-31 "指定主目录详细信息"界面

(4)进入"产品特定的先决条件检查"界面,检查通过后,如图 6-32 所示,单击"下一步"按钮。有时候会出现检查错误或警告,用户可以手动勾选验证通过。

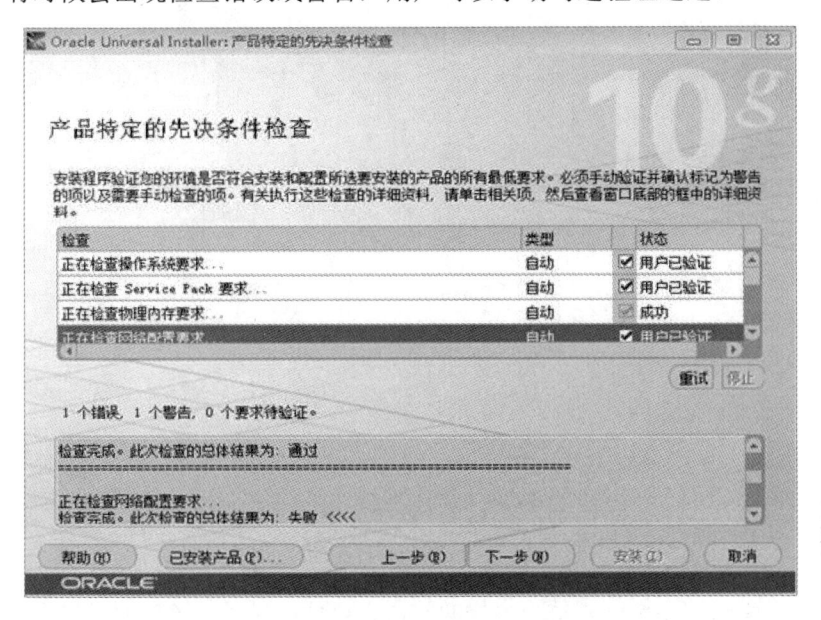

图 6-32 "产品特定的先决条件检查"界面

(5)进入"选择配置选项"界面,选中"创建数据库"单选按钮,如图 6-33 所示,单击"下一步"按钮。

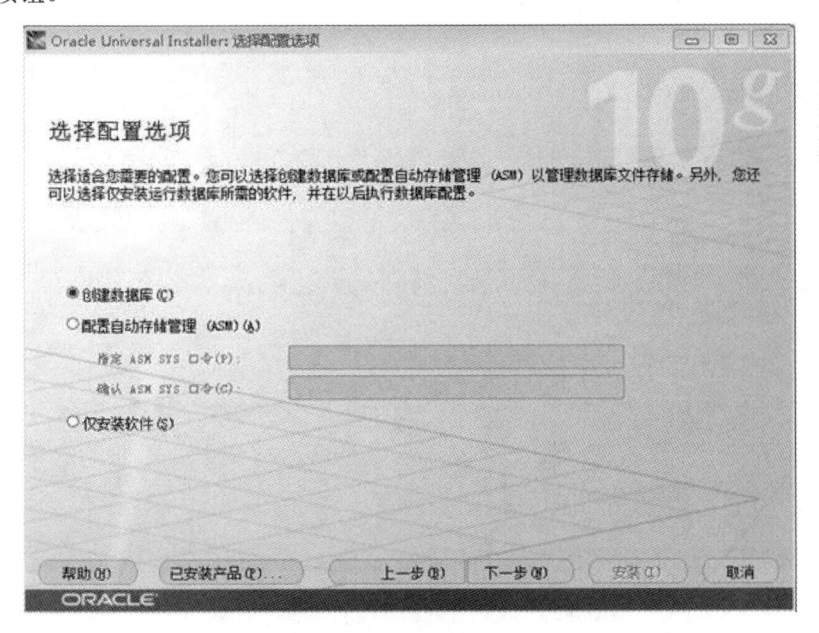

图 6-33 "选择配置选项"界面

(6)进入"选择数据库配置"界面,选中"一般用途"或"事务处理"单选按钮,如图 6-34 所示,单击"下一步"按钮。

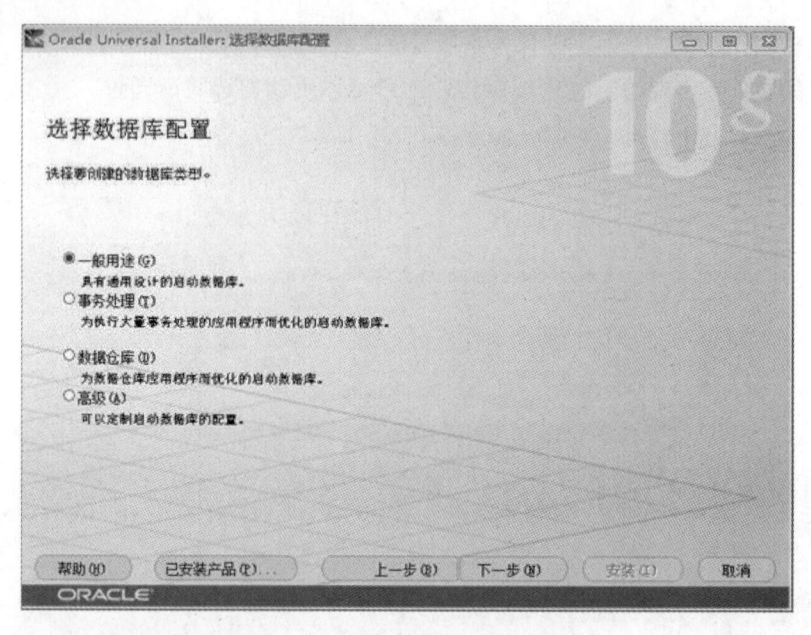

图 6-34 "选择数据库配置"界面

（7）进入"指定数据库配置选项"界面，在"数据库命名"区域的"全局数据库名"文本框中输入"orcl"，勾选"创建带样本方案的数据库"复选框，如图 6-35 所示，单击"下一步"按钮。

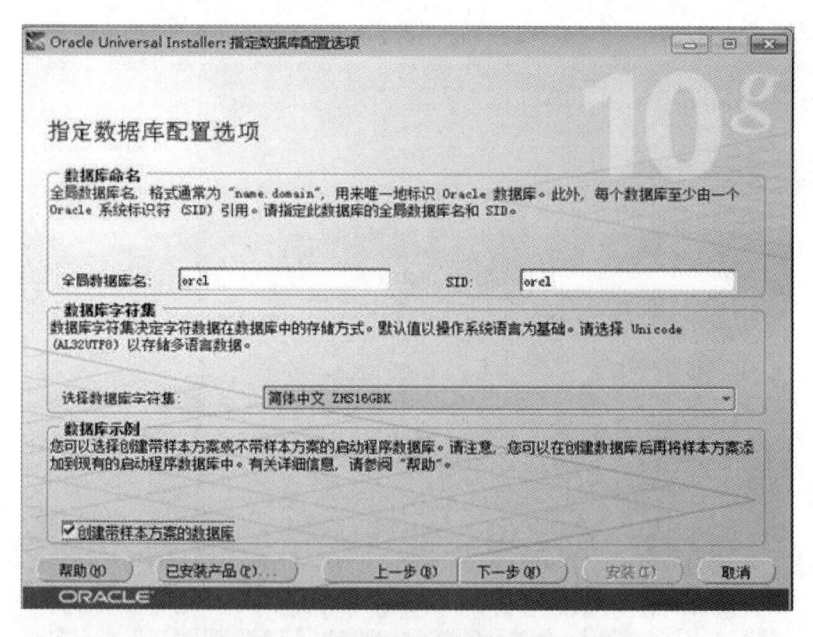

图 6-35 "指定数据库配置选项"界面

（8）进入"选择数据库管理选项"界面，保持默认设置，如图 6-36 所示，单击"下一步"按钮。

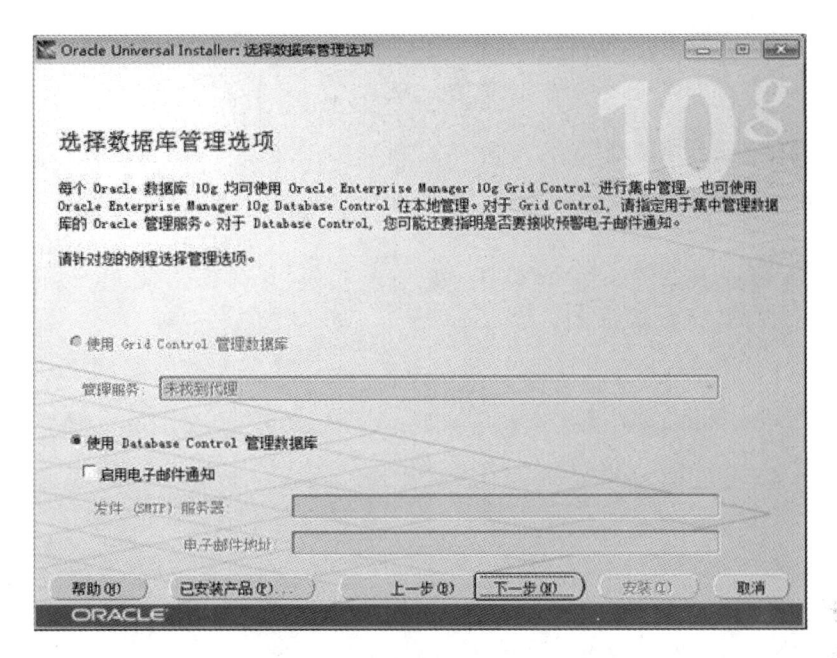

图 6-36 "选择数据库管理选项"界面

（9）进入"指定数据库存储选项"界面，保持默认设置，如图 6-37 所示，单击"下一步"按钮。

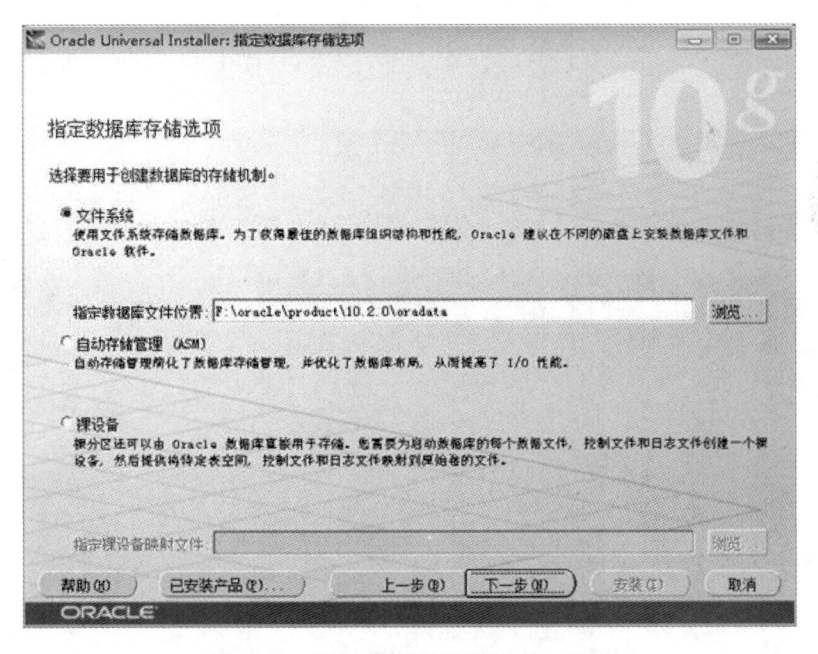

图 6-37 "指定数据库存储选项"界面

（10）进入"指定备份和恢复选项"界面，保持默认设置，如图 6-38 所示，单击"下一步"按钮。

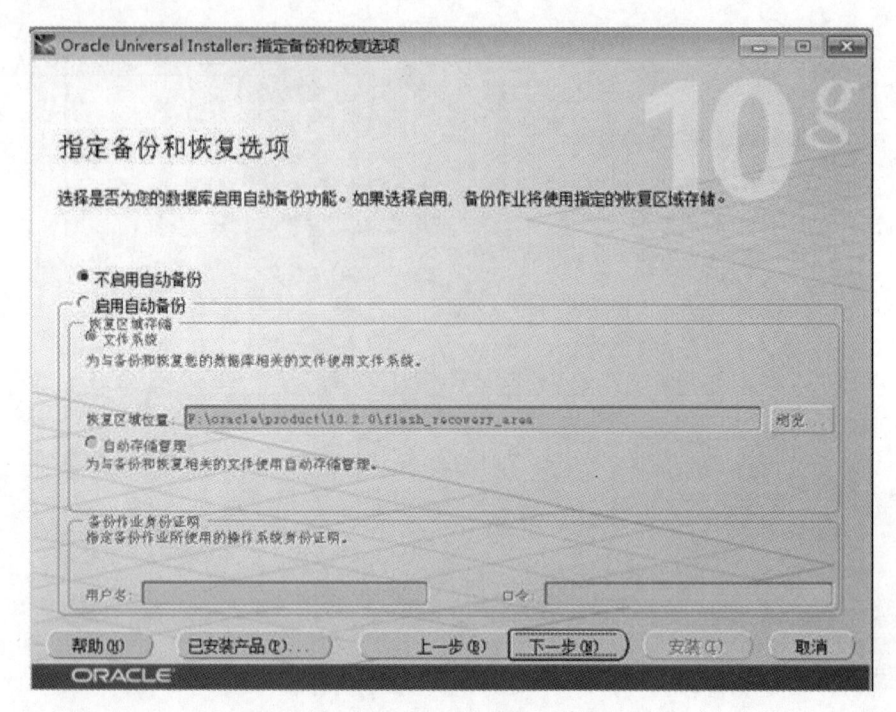

图 6-38 "指定备份和恢复选项"界面

（11）进入"指定数据库方案的口令"界面，选中"所有的账户都使用同一个口令"，在"输入口令"和"确认口令"文本框中分别输入相应口令，如图 6-39 所示，单击"下一步"按钮。

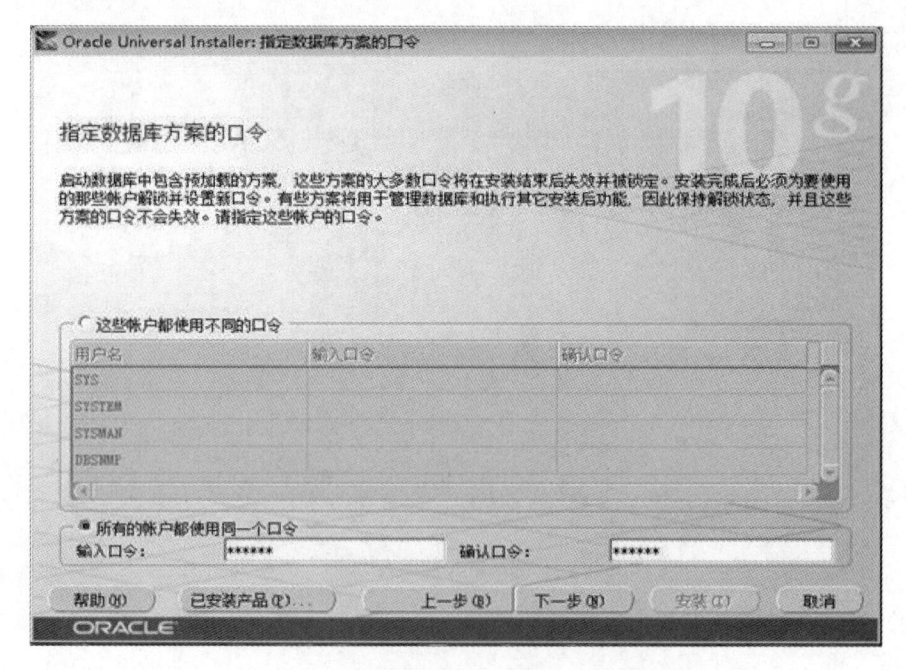

图 6-39 "指定数据库方案的口令"界面

（12）进入"概要"界面，可以查看安装配置信息概要介绍，如图 6-40 所示，单击"安装"按钮，进入"安装"界面，如图 6-41 所示，开始执行安装过程。

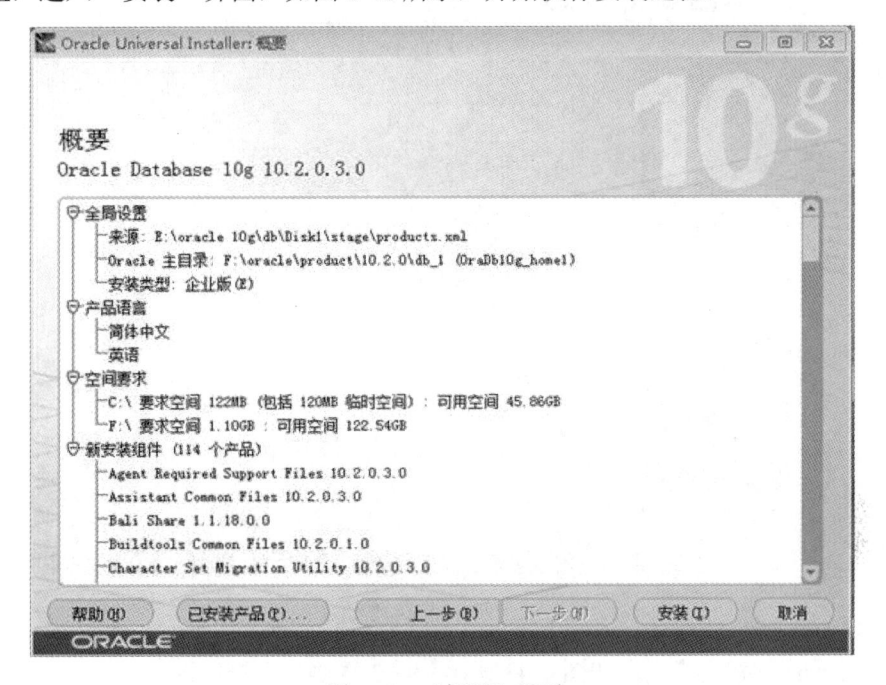

图 6-40 "概要"界面

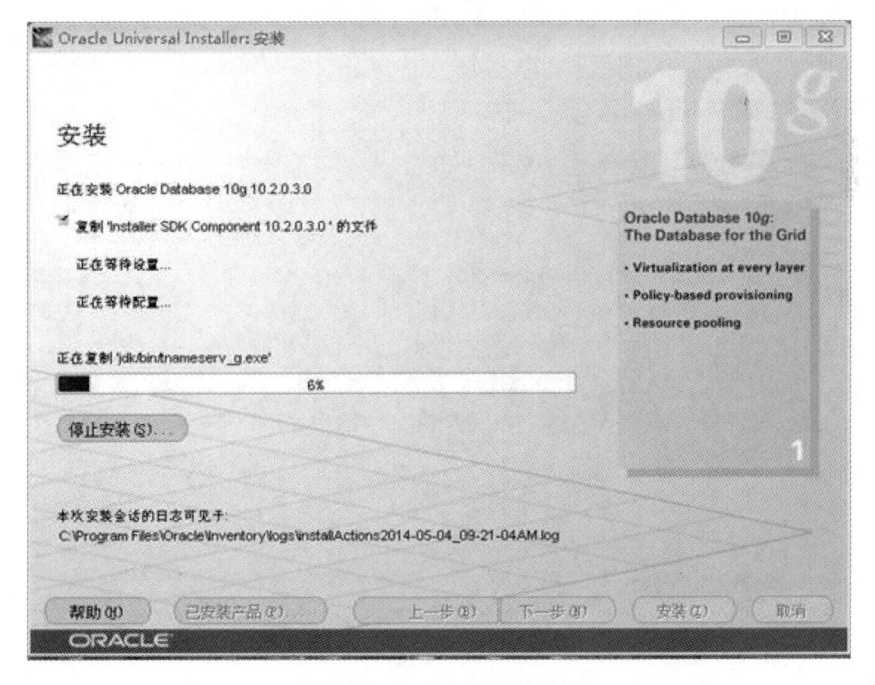

图 6-41 "安装"界面

（13）经过数分钟的文件安装过程之后，开始运行数据库配置助手，如图 6-42 所示。

图 6-42　数据库配置助手

（14）数据库创建完成后，如图 6-43 所示，单击"确定"按钮。

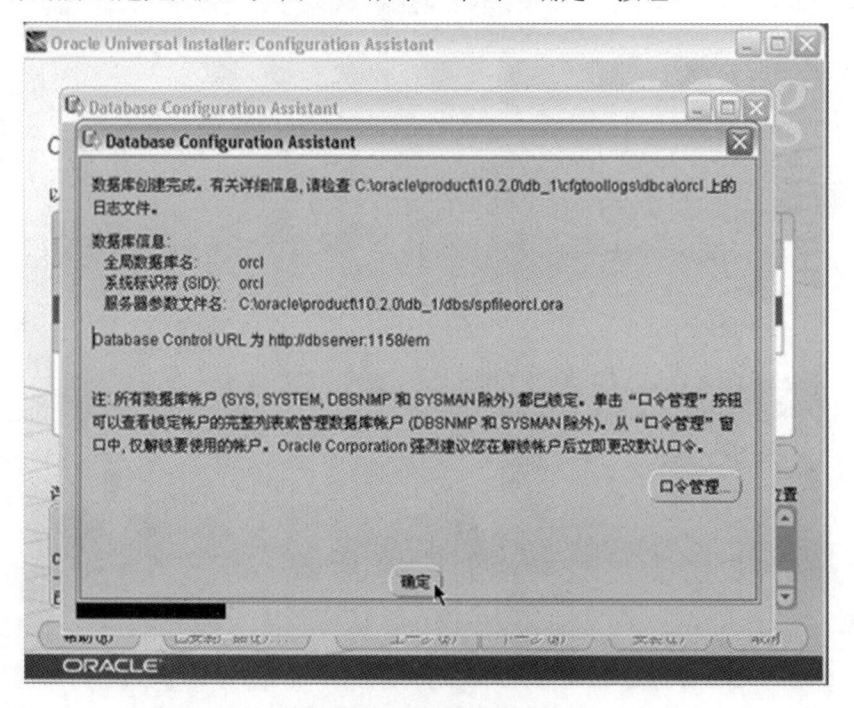

图 6-43　数据库创建完成

（15）数据库配置助手运行完毕，如图 6-44 所示。

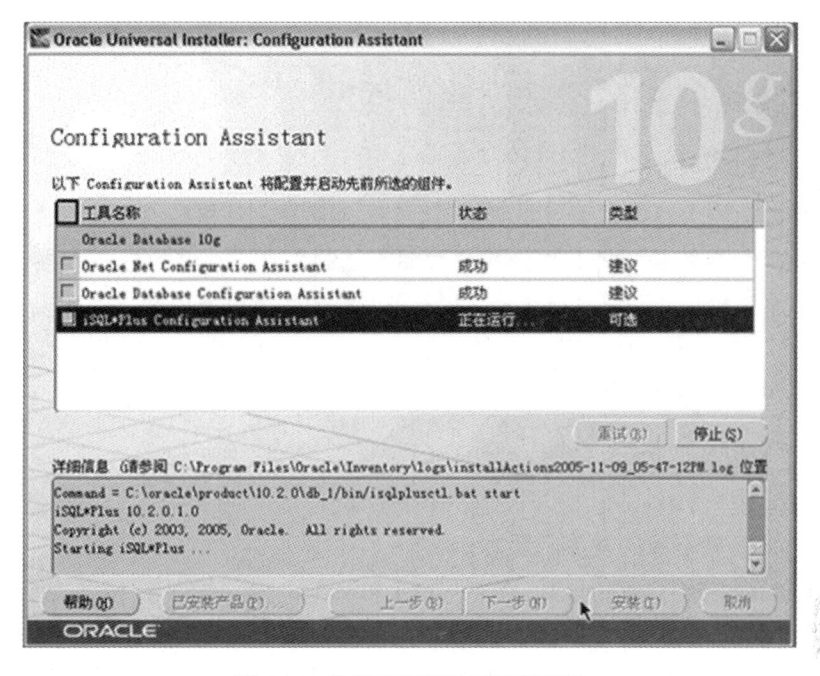

图 6-44　数据库配置助手运行完毕

（16）安装结束，单击"退出"按钮，在弹出的"退出"对话框中，单击"是"按钮，如图 6-45 所示。

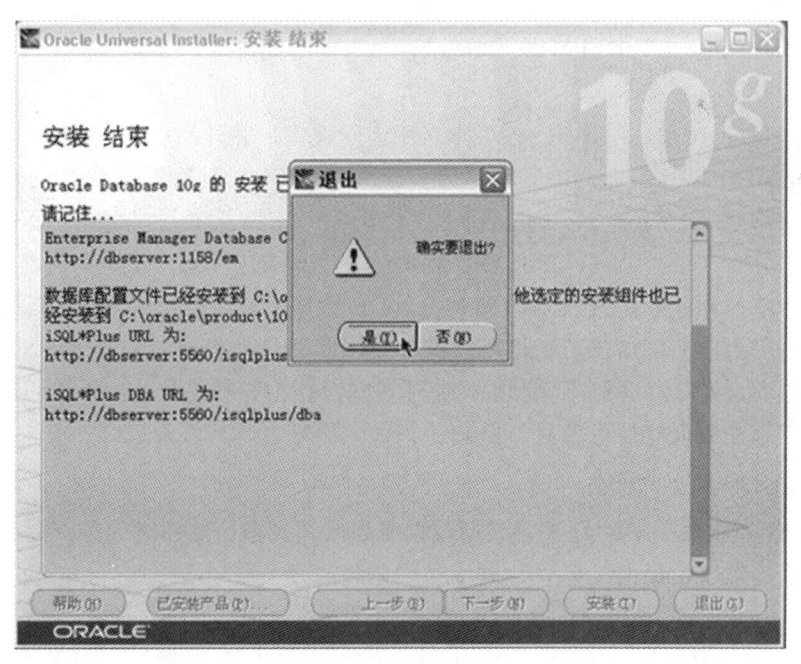

图 6-45　安装结束

6.4 常用非关系型数据库管理系统

非关系型数据库主要是基于"非关系模型"的数据库。严格意义上讲,非关系型数据库不是一种数据库,应该是一种数据结构化存储方法的集合,存储数据格式很灵活,可以是 key/value 形式、文档形式、图片形式等。非关系型数据库可以使用硬盘或随机存储器作为载体,部署简单,速度快,扩展性好,应用场景广泛。当前比较流行的非关系型数据库有 MongoDB、Redis 和 HBase 等。

6.4.1 MongoDB 数据库

1. MongoDB 数据库的发展及版本

2007 年,Dwight Merriman、Eliot Horowitz 和 Kevin Ryan 创立了 10gen 软件公司,成立之初,这家公司的目标是进军云计算行业,为企业提供云计算服务。当时关系型数据库"一统天下",但传统的关系型数据库在可伸缩性和敏捷性方面经常遇到困难,无法满足他们的需求,他们想要一款程序员即使不懂 SQL 语言也可以使用的数据存储产品。因此,他们决定开发一款数据库产品来解决他们遇到的问题,并为自己的云计算产品提供存储服务。2009 年,经过近两年的开发,MongoDB 数据库的雏形以开源形式推出。MongoDB 数据库并不是"芒果数据库","Mongo"取自单词"humongous"的中间部分,意为"巨大无比的数据库,能够存储海量数据的数据库"。

2012 年,MongoDB 2.1 发布,该版本采用全新架构,并开始提供 7×24 小时服务。2013 年 4 月,MongoDB 2.4.3 发布,该版本包括了一些性能优化、功能增强及 Bug 修复。2018 年 8 月,MongoDB 4.0.2 发布,该版本支持多文档事务。2019 年 8 月,MongoDB 4.2.0 发布,该版本引入了分布式事务处理。2021 年,MongoDB 5.0 正式发布,该版本提出了版本化 API (Versioned API)来解决应用开发后遇到 MongoDB 数据库升级后可能出现的不兼容问题,以此确保用户的应用程序可以在若干年以后不受数据库的升级影响。MongoDB 5.0 还提供了原生时间序列集合、集群索引和窗口功能,使开发并运行物联网、财务分析等应用程序及通过时序方式丰富企业数据变得更容易、更快速,成本更低。

2. MongoDB 数据库简介

MongoDB 数据库是一种介于关系型数据库和非关系型数据库之间的产品,是非关系型数据库中功能最丰富、最像关系型数据库的可拓展的非关系型数据库。MongoDB 数据库基于 NoSQL 分布式文档存储模型,数据对象被存储成集合中的文档,文档是以比较松散的数据结构格式 JSON(BSON)存储的。MongoDB 数据库是由 C++语言开发的,为 Web 应用提供了一种可扩展、高性能、高可用的数据存储解决方案。

MongoDB 数据库最大的特点是它支持的查询语言非常强大,其语法有些类似于面向对象的查询语言,几乎可以实现类似关系型数据库单表查询的绝大部分功能,还支持对数据建立完全索引。MongoDB 数据库的主要优点包括：高性能、易部署、易使用，存储数据非常方便，同时面向集合存储，易存储对象类型的数据，具备复制、故障恢复、自动处理碎片的能力。它不仅支持云计算层次的扩展性，还支持 Golang、Ruby、Python、Java、C++、PHP、C#等多种语言。

3．MongoDB 数据库的安装

从 MongoDB 官网上下载对应平台环境的安装包，以 MongoDB 4.0.10 为例，简单的安装步骤如下所示。

（1）运行安装文件，进入欢迎安装界面，如图 6-46 所示。

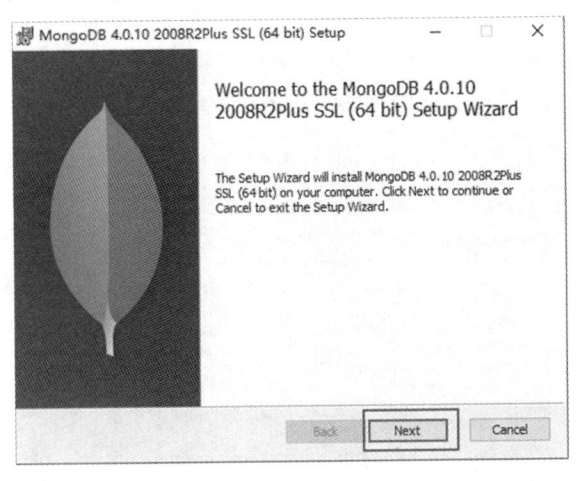

图 6-46　欢迎安装界面

（2）单击"Next"按钮进入下一步，勾选"I accept the terms in the License Agreement"复选框，如图 6-47 所示。

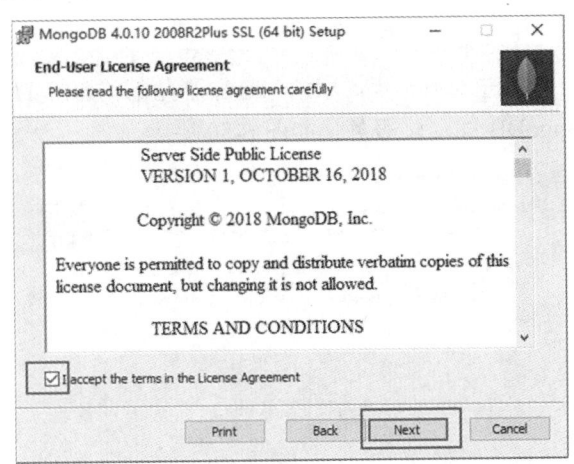

图 6-47　勾选"I accept the terms in the License Agreement"复选框

（3）单击"Next"按钮进入下一步，如图 6-48 所示，单击"Complete"按钮，默认安装。如果单击"Custom"按钮，则设置相关路径即可。

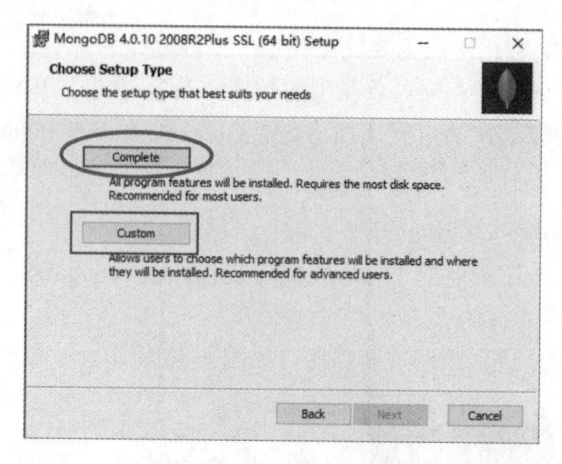

图 6-48　选择安装模式

（4）单击"Next"按钮进入下一步，如图 6-49 所示，进行服务配置，保持默认设置即可。

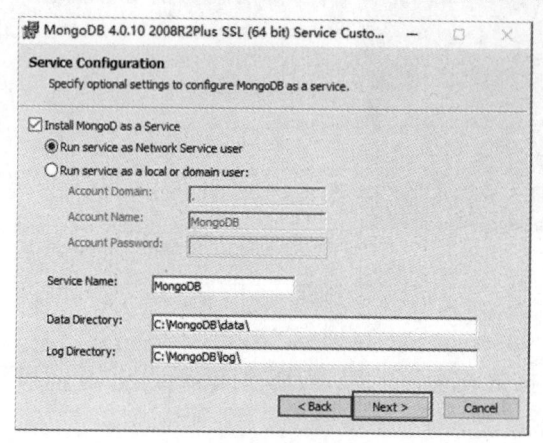

图 6-49　进行服务配置

（5）单击"Next"按钮进入下一步，取消勾选左下角的"Install MongoDB Compass"复选框，即不用安装 MongoDB 图形化服务，如图 6-50 所示。

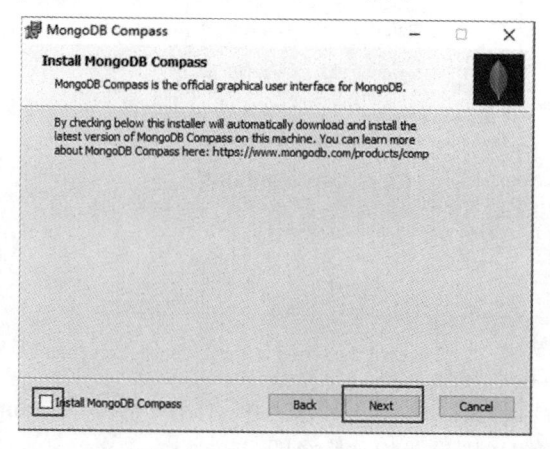

图 6-50　取消勾选"Install MongoDB Compass"复选框

（6）配置完成后，单击"Next"按钮进入下一步，如图6-51所示，单击"Install"按钮，开始安装。

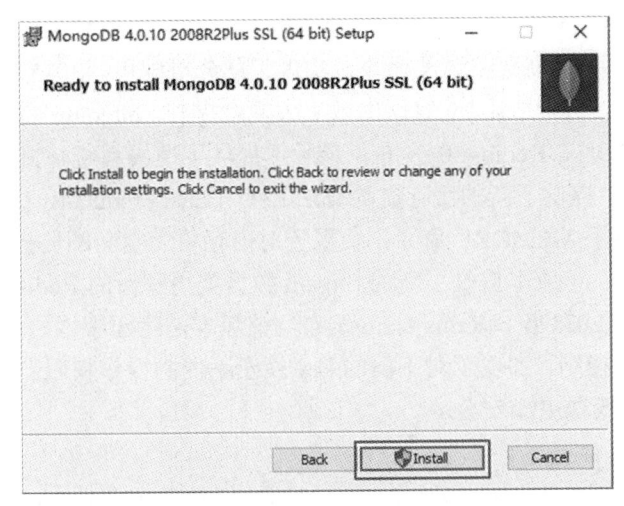

图 6-51　开始安装

（6）安装完成后，如图6-52所示，单击"Finish"按钮结束安装。

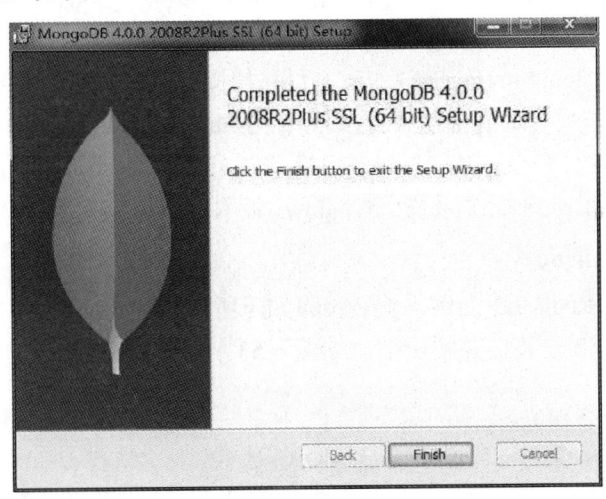

图 6-52　安装完成

6.4.2　Redis 数据库

1．Redis 数据库的发展及版本

Redis 数据库的创建者 Salvatore Sanfilippo 是意大利西西里岛人，他早年是系统管理员并研究计算机安全领域，2004年至2006年期间从事嵌入式方面的工作时写了名为 Jim 脚本的 Tcl 解释器。之后他开始接触 Web，2007年，他和一个朋友共同创建了 LLOOGG.com 网站，随着用户越来越多，为了解决网站的负载问题，Salvatore Sanfilippo 使用 C 语言编写了一个具有列表结构的内存数据库原型，在 2009 年 2 月 26 日，Redis 数据库就诞生了。

Salvatore Sanfilippo 在每个 Redis 数据库的新版本中都会不断地增加有用的新功能。例如，2012 年 11 月 7 日，Redis 2.6 发布，该版本新增了脚本功能，为很多命令添加了多参数支持（如 SADD、ZADD 等）。2013 年 11 月 25 日发布的 Redis 2.8 中添加了数据库通知功能、HyperLogLog 数据结构及 SCAN 命令，实现了部分重同步。2015 年 4 月，Redis 3.0 推出了稳定版的 Redis 集群，并且 lru 算法的效率大幅度提升，bitcount 和 incr 命令的性能也有所提升。2016 年 12 月，Redis 4.0 发布，该版本提供了模块系统，方便第三方开发者拓展 Redis 数据库的功能；提供了新的缓存剔除算法 LFU（Last Frequently Used），并对已有算法进行了优化；还提供了 MEMORY 命令，实现了对内存更为全面的监控统计。2018 年 10 月 17 日，Redis 5.0 发布，该版本提供了新的 Stream 数据类型和新的 Redis 模块 API（如 Timers and Cluster API 等）。2021 年，Redis 6.2.6 发布，该版本是稳定版本，引入了多线程 IO，还支持对客户端的权限控制，实现了对不同的 key 授予不同的操作权限，并且支持通道加密功能，使 Redis 数据库变得更加安全。

2. Redis 数据库简介

Redis 是使用 C 语言开发的一个高性能键/值对的数据库，是当今处理速度最快的内存型非关系型（NoSQL not-only SQL）数据库，可以存储键和 5 种不同类型的值之间的映射。键的类型只能为字符串，值支持 5 种数据类型：字符串、列表、集合、散列表和有序集合。

Redis 数据库可以将数据复制到任意数量的从服务器中，它可以在大多数 POSIX（Portable Operating System Interface of UNIX，可移植操作系统接口）系统中使用，如 Linux、BSD 和 macOS 等操作系统，而不需要外部依赖。Linux 和 macOS 是 Redis 数据库开发与测试最多的两个操作系统，建议使用 Linux 操作系统进行部署。Redis 数据库可以在基于 Solaris 的系统中使用，如 SmartOS 操作系统。Windows 版本没有官方支持。

3. Redis 数据库的安装

本次安装过程以 Redis 3.2 为例，安装步骤如下所示。

（1）下载 Redis 3.2 安装包并解压缩，如图 6-53 所示。

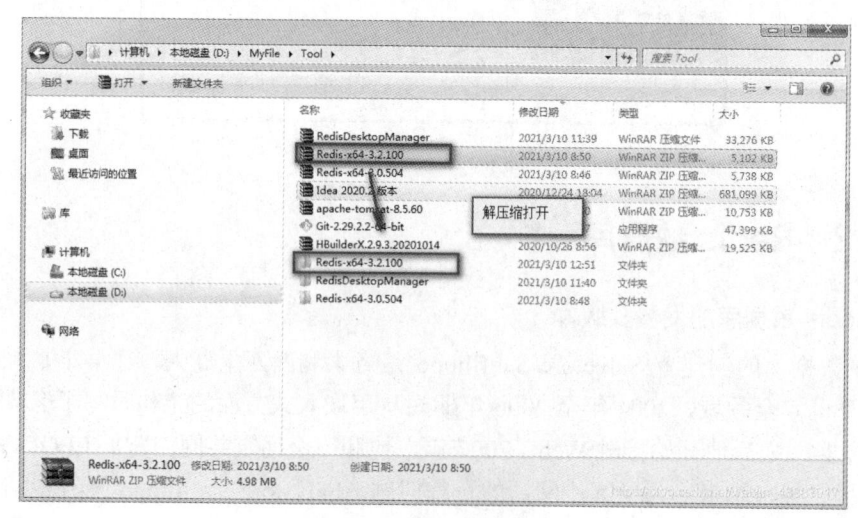

图 6-53 解压缩安装包

（2）进入 Redis 目录，如图 6-54 所示，在地址栏中输入"cmd"并按 Enter 键，可以打开 cmd 窗口。

图 6-54 Redis 目录

（3）在打开的 cmd 窗口中输入"redis-server.exe redis.windows.conf"命令，如图 6-55 所示。

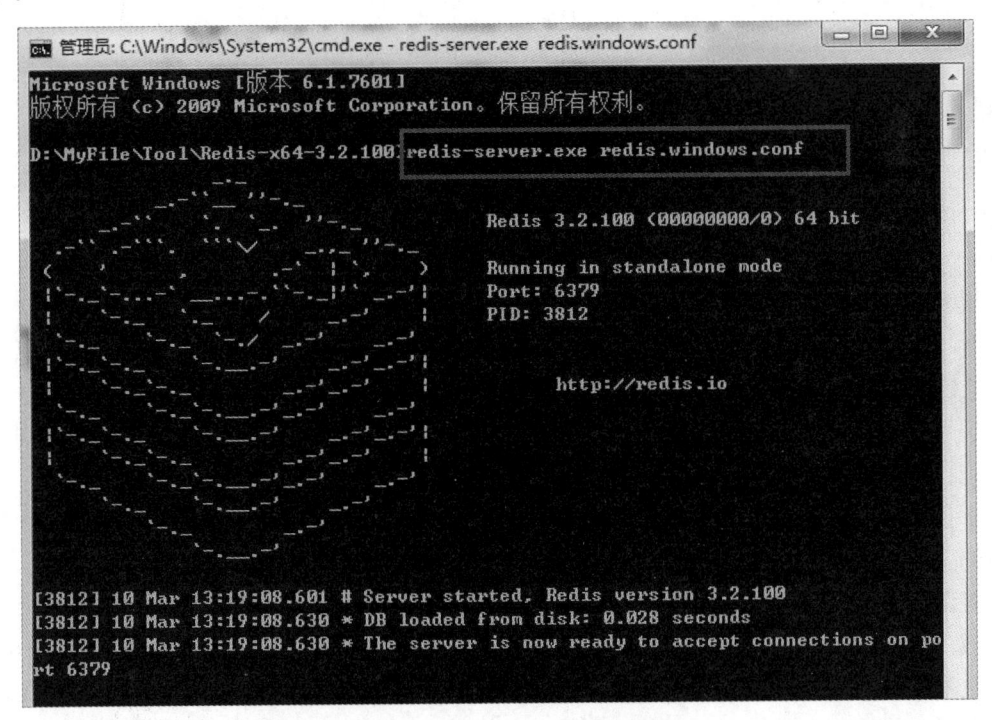

图 6-55 在 cmd 窗口中输入命令

（4）验证。再打开一个 cmd 窗口，先输入"redis-cli.exe -h 127.0.0.1 -p 6379"命令并按 Enter 键，接着输入"set name keafmd"命令并按 Enter 键，再输入"get name"命令并按 Enter 键，如果看到如图 6-56 所示的效果，则证明已经成功安装 Redis。

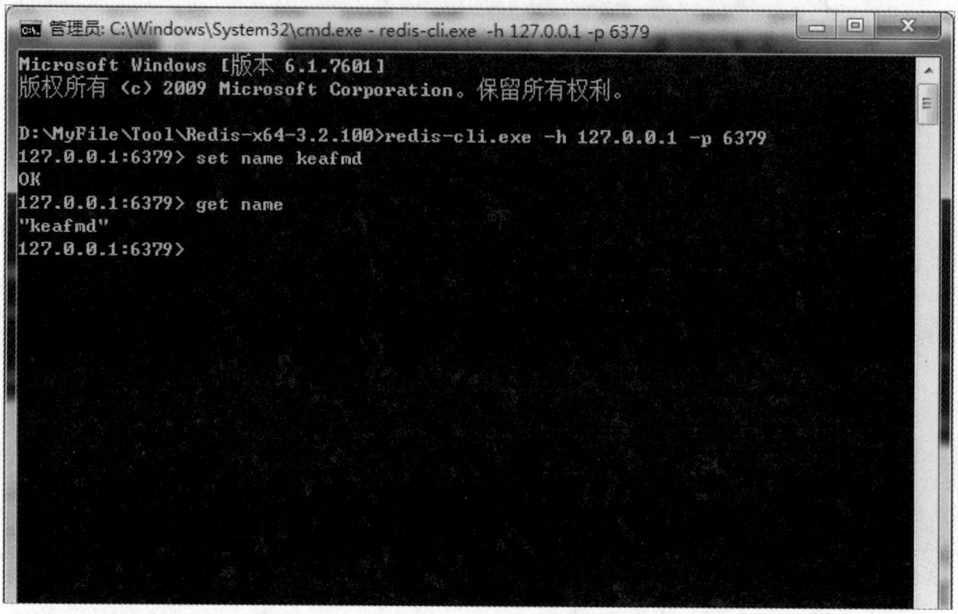

图 6-56　验证测试

6.5　国产数据库管理系统

6.5.1　达梦数据库

达梦数据库管理系统是我国第一个自主版权的数据库管理系统，其前身是由武汉华中理工大学（现华中科技大学）达梦数据库多媒体研究所开发的。2000 年时，中国电子信息产业集团（CEC）旗下基础软件企业武汉华工达梦数据库有限公司成立，该公司致力于达梦数据库管理系统与数据分析软件的研发、销售和服务。达梦数据库简称"DM"，意为"达到中国人创造自主知识产权数据库管理系统的梦想"。从 1980 年写下第一行代码开始，达梦公司就踏上了推动基于国内自主研发技术的数据库的发展之路，这条路一走就是 40 多年，创新与发展的基因一直根植于达梦公司的"血液"中，目前，随着互联网、云计算、大数据、人工智能等新技术的兴起，国产化数据库产业正面临着机遇与挑战并存的局面，而机遇要远远大于挑战，对于数据库企业来说，需要更加客观、全面地去看待挑战，保持创新。

达梦数据库的最新版本是 8.0 版本，简称"DM8"，它能提供查询结果集缓存策略，还采用了有效的异步检查点机制和多版本并发控制技术，实现了数据字典缓存技术，同时支持行存储引擎与列存储引擎,可以实现事务内对行存储表与列存储表的同时访问,可以同时适用于联机事务和分析处理。DM8 还可以提供数据库或整个服务器的冷/热备份及对应的还原功能,达到数据库数据保护和迁移的作用。DM8 吸收和借鉴了当前先进新技术思想与主流数据库产品的优点,融合了分布式、弹性计算与云计算的优势,支持超大规模并发事务处理和事务-分析混合型业务处理,动态分配计算资源,能够实现更精细化的资源利用、更低成本的投入,具备高性能、高可用性、高安全性、兼容性、易用性的特点。

6.5.2　OpenBASE 数据库

OpenBASE 是东软集团东方软件有限公司商用中间件技术分公司开发的具有自主知识产权的大型通用数据库管理系统。实际上,OpenBASE 数据库的研究与开发从 1989 年就开始了,OpenBASE 数据库的第一个版本诞生于 1990 年 12 月,最初在日本软件市场进行了销售,并在 1992 年、1993 年、1996 年分别推出了升级版本。1997 年,OpenBASE 数据库入选我国 863 计划先进制造与自动化技术领域"数据库管理系统及其应用"专项重点支持的项目,在 2003 年度国产数据库评测中获得第一名。2004 年推出 OpenBASE 数据库的 5.1 版本后,再次对版本进行重大升级,于 2007 年 8 月正式推出 OpenBASE 数据库的 6.0 版本。OpenBASE 数据库已逐渐形成了以大型通用关系型数据库管理系统为基础的产品系列,包括 OpenBASE 多媒体数据库管理系统、OpenBASE Web 应用服务器、OpenBASE Mini 嵌入式数据库系统、OpenBASE Secure 安全数据库系统等。

目前,OpenBASE 数据库已被广泛应用于办公自动化、医院、房地产、多媒体教学、电子商务、信息安全等数十个领域,拥有本溪钢铁(集团)公司总医院、江南造船(集团)有限责任公司、沈阳市房产局、浙江省杭州市萧山区邮电局、威海有线电视台、东北育才学校、济南市南上山街小学、烟台市政府等 3000 个用户,有 1000 多套系统、3000 多个节点在运行,累计创造产值数亿元人民币,取得了巨大的经济效益和社会效益。

6.5.3　openGauss 数据库

openGauss 最早起源于 PostgreSQL,是华为技术有限公司自主研发的一款基础软件数据库产品。2019 年 9 月,在华为的 CONNECT 大会上,华为公司宣布将其研发的企业级 AI-Native 分布式数据库 GaussDB 开源,开源后命名为"openGauss"。openGauss 数据库融合了华为公司在数据库领域多年的核心经验,它优化了体系结构、事务、存储引擎、优化器和 ARM 体系结构,是一款高性能、高安全、高可靠、易运维的企业级开源关系型数据库。它提供面向多核的极致性能、全链路的业务和数据安全、基于 AI 调优和高效运维的能力。同时,openGauss 作为一个全球性的数据库开源社区,旨在进一步推动数据库软硬件应用生态系统的发展和丰富。

6.5.4　KingbaseES 数据库

KingbaseES 是北京人大金仓信息技术股份有限公司研发的具有自主知识产权的大型通

用数据库管理系统，具有完整的大型通用数据库管理系统的特征，能够提供完备的数据库管理功能，具有"三高"（高可用、高性能、高安全）、"两易"（易移植性、易维护性）、运行稳定等特点。KingbaseES 数据库是入选国家自主创新产品目录的唯一数据库产品，也是国家级、省部级实际项目中应用最广泛的国产数据库产品。在国产数据库市场，KingbaseES 数据库的市场份额始终保持领先。

➢ 技能训练

【案例 1】
使用数据库系统有什么好处？

【答案】
使用数据库系统的好处是由数据库管理系统的特点或优点决定的。使用数据库系统的好处有很多，如可以大大提高应用的开发效率，方便用户的使用，减轻数据库系统管理人员维护的负担等。这是因为在使用数据库系统的应用程序中不必考虑数据的定义、存储和数据存取的具体路径，这些工作都由 DBMS 来完成。此外，当应用逻辑改变，数据的逻辑结构需要改变时，由于数据库系统提供了数据与程序之间的独立性，数据逻辑结构的改变是 DBA（Database Administrator）的责任，开发人员不必修改应用程序，或者只需要修改很少的应用程序，从而既简化了应用程序的编制，又大大减少了应用程序的维护和修改。DBMS 在建立、运用和维护数据库时对数据库进行统一的管理和控制，包括数据的完整性和安全性、多用户并发控制、故障恢复等。

总之，使用数据库系统的好处有很多，既便于数据的集中管理，控制数据冗余，提高数据的利用率和一致性，又有利于应用程序的开发和维护。

➢ 本章小结

本章主要介绍了不同数据库的概述、特点、发展及安装步骤，通过对本章内容的学习，读者可以了解和掌握当下所流行的数据库系统，为后续的学习打下基础。

➢ 课后拓展

我国数据库技术的发展历程

1977 年，我国一批学者敏锐地洞察到新兴数据库技术的潜在价值，他们在黄山组织了一次小范围的数据库技术研讨会，开启了中国数据库研究的序幕。

1978 年，恢复高考以后的第一批学生，离开他们工作的农场、工厂乃至西双版纳的热带森林，重新拿起书本，走进大学校园。迎接他们的老师萨师煊在黑板上写下了"数据库"三个字，这群刚刚走进校园的年轻人，望着手上油印的讲义，似乎还很难明白这是一个怎样的产物。不只是这群年轻人，彼时的中国大陆，听说过这个名词的人也不过是极少数顶尖的计算机科学家。这批中国数据库专业的第一代学生，走入社会时已是 20 世纪 80 年代初，他们将数据库广泛带入了学校、企业及科研机构，进而带动了整个 20 世纪八九十年代初的中国数据库行业在国防、军工等领域的应用。我们可以想象，中国第一枚洲际导弹、中国第一代超级计算机、中国第一台正负电子对撞机、国产歼击机，甚至国产大型驱逐舰的成功，一定有第一代中国数据库人参与其中。

数据库研发与应用场景密切相关。2015 年，阿里巴巴和蚂蚁金服自研了金融领域的数据库 OceanBase。2017 年，阿里云公布国内首个自研企业级关系型云数据库 PolarDB 技术框架，至此中国数据库真正走进世界一流行列。

2017 年是中国研究数据库技术的第 40 年，在这 40 年中，我国数据库技术取得了长足的进步，在国民经济建设中发挥了重要作用。今天，中国数字经济规模已经达到 32 万亿，相当于 GDP 的 1/3，涌现了大量新零售、新金融、新制造等数字业务场景，从创新程度、创新规模和用户体量来看，这些场景都居世界前列。随着消费互联网向产业互联网推进，数据库技术也在向产业和企业互联网场景演化，特别是工业互联网、车联网、物联网等，都为数据库创新提供了前所未有的机遇。有分析师认为，2020 年人类产生的数据总量已经达到 100ZB，随着大数据、人工智能、物联网的崛起，未来的数据库形态将越来越丰富，关系型数据库、非关系型数据库、结构数据库、时序数据库等将得到越来越广泛的应用，在不远的将来，以云为基础的云数据库将会越来越多地影响人们的生活。

> 习题

1．判断题

（1）DBMS 不需要操作系统支持就可以实现其功能。（　　）

（2）数据库系统其实就是一个应用软件。（　　）

（3）在 SQL Server 数据库中，数据存储在一个个关系表中，它们也叫数据表或基本表。（　　）

（4）PostgreSQL 数据库是典型的非关系型数据库。（　　）

（5）用 DROP 语句可以删除数据库。（　　）

（6）MySQL 现在是 Sun 公司的一款关系型数据库管理系统。（　　）

（7）MongoDB 数据库是一款介于关系型数据库和非关系型数据库之间的产品，是非关系型数据库中功能最丰富、最像关系型数据库的可扩展的非关系型数据库。（　　）

2．选择题

（1）数据管理技术的发展经历了多个阶段，其中数据独立性最高的是（　　）阶段。

   A．文件系统   B．数据项管理

   C．数据库系统   D．人工管理

（2）在数据库系统中，负责监控数据库系统的运行情况，及时处理运行过程中出现的问题，这是（　　）的职责。

   A．数据库管理员   B．系统分析员

   C．数据库设计员   D．应用程序员

（3）数据库管理系统、操作系统、应用软件的层次关系从核心到外围依次是（　　）。

   A．数据库管理系统、操作系统、应用软件

   B．操作系统、数据库管理系统、应用软件

   C．数据库管理系统、应用软件、操作系统

   D．操作系统、应用软件、数据库管理系统

（4）数据库管理系统中的DML所实现的操作一般包括（　　）。
  A．查询、插入、更新、删除 B．排序、授权、删除
  C．建立、插入、修改、排序 D．建立、授权、修改

（5）在关系型数据库系统中，当关系的类型改变时，用户程序也可以不变，这是（　　）。
  A．数据的物理独立性 B．数据的逻辑独立性
  C．数据的位置独立性 D．数据的存储独立性

（6）在SQL中，用户可以直接操作的是（　　）。
  A．基本表 B．视图
  C．基本表或视图 D．基本表和视图

（7）在数据库技术的发展阶段中，文件系统阶段与数据库系统阶段的主要区别之一是数据库系统（　　）。
  A．有专门的软件对数据进行管理 B．采用一定的数据模型组织数据
  C．数据可长期保存 D．数据可共享

3．简答题

（1）数据库管理系统的主要功能有哪些？

（2）论述数据、数据库、数据库系统、数据库管理系统的概念。

（3）关系型数据库和非关系型数据库的区别有哪些？

第 7 章 新信息技术

> 学习导入

信息技术已渗透到人们工作和生活的各个方面,在信息化时代,了解并熟悉信息技术是高效工作和精彩生活的必备技能。我们政府相关部门印发文件,明确提出要进一步加快新一代信息技术与制造业的深度融合,推进智能制造作为主攻方向。在国家政策的支持下,以大数据、人工智能、云计算、物联网、区块链等为代表的新信息技术得到快速发展。

> 思维导图

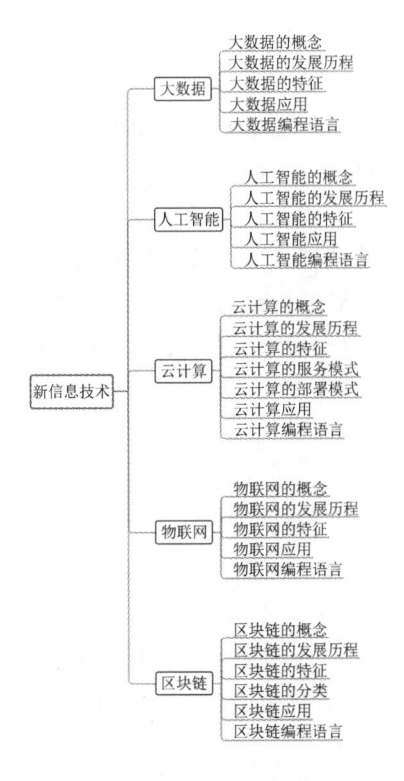

```
                        ┌── 大数据的概念
                        ├── 大数据的发展历程
              ┌─ 大数据 ─┼── 大数据的特征
              │         ├── 大数据应用
              │         └── 大数据编程语言
              │
              │          ┌── 人工智能的概念
              │          ├── 人工智能的发展历程
              ├─ 人工智能 ┼── 人工智能的特征
              │          ├── 人工智能应用
              │          └── 人工智能编程语言
              │
              │         ┌── 云计算的概念
              │         ├── 云计算的发展历程
              │         ├── 云计算的特征
   新信息技术 ─┼─ 云计算 ─┼── 云计算的服务模式
              │         ├── 云计算的部署模式
              │         ├── 云计算应用
              │         └── 云计算编程语言
              │
              │         ┌── 物联网的概念
              │         ├── 物联网的发展历程
              ├─ 物联网 ─┼── 物联网的特征
              │         ├── 物联网应用
              │         └── 物联网编程语言
              │
              │         ┌── 区块链的概念
              │         ├── 区块链的发展历程
              └─ 区块链 ─┼── 区块链的特征
                        ├── 区块链的分类
                        ├── 区块链应用
                        └── 区块链编程语言
```

➢ **学习目标**
  ◇ 了解大数据、人工智能、云计算、物联网、区块链的概念
  ◇ 了解大数据、人工智能、云计算、物联网、区块链的发展历程
  ◇ 了解大数据、人工智能、云计算、物联网、区块链的特征
  ◇ 了解大数据、人工智能、云计算、物联网、区块链的应用领域
  ◇ 了解大数据、人工智能、云计算、物联网、区块链的编程语言与软件技术的融合发展
➢ **相关知识**

7.1 大数据

7.1.1 大数据概述

随着社交网络逐渐成熟、移动带宽不断提升、云计算和物联网技术的广泛应用，数以亿计的传感设备、移动设备、智能终端等接入网络，由此产生的数据及数据增长速度将比历史上任何时期都要快、都要多。大数据应用对于国家治理、企业决策和个人生活都将产生深远影响，未来将是由大数据引领的智慧科技时代，可以说大数据是 IT 行业的又一次技术变革，是继云计算、物联网之后信息技术领域的又一重大创新变革。

1. 大数据的概念

关于大数据（Big Data）的概念，不同的组织机构给出了不同的表述，下面是当前主流机构对大数据的定义。

- 国际研究机构 Gartner 认为：大数据是需要新处理模式才能具有更强的决策力、洞察发现力和流程优化能力来适应海量、高增长率和多样化的信息资产。
- 百度百科认为：大数据指无法在可承受的时间范围内用常规软件工具进行捕捉、管理和处理的数据集合，需要新处理模式才能使数据集合具有更强的决策力、洞察力和流程优化能力的海量、高增长率和多样化的信息资产。
- 维基百科认为：大数据又称巨量资料，是传统数据处理应用软件不能处理的大或复杂的数据集。
- 麦肯锡全球研究所认为：大数据是一种规模大到在获取、存储、管理、分析方面大大超出了传统数据库软件工具能力范围的数据集合，具有海量的数据规模、快速的数据流转、多样的数据类型和低价值密度四大特征。

2. 大数据的发展历程

"大数据"一词最早来源于 1983 年出版的阿尔文·托夫勒的著作《第三次浪潮》。在这本书中，作者将农业时代划分为第一次浪潮，将工业时代划分为第二次浪潮，第三次浪潮指的则是信息时代。而大数据在信息时代中扮演着非常重要的角色。

1988年，美国高性能计算公司SGI的首席科学家约翰·马西（John Mashey）在一个国际会议报告中首次提出了"大数据"的概念，他在报告中指出，随着数据量的快速增长，必将出现数据难理解、难获取、难处理和难组织这4个难题，并用"Big Data"（大数据）来描述这一挑战，在计算领域引发思考。

2007年，数据库领域先驱吉姆·格雷（Jim Gray）指出，大数据将成为人类触摸、理解和逼近现实复杂系统的有效途径，并认为在实验观测、理论推导和计算仿真等3种科学研究范式后，将迎来第四范式——"数据探索"，后来，同行学者将其总结为"数据密集型科学发现"，从此开启了从科研视角审视大数据的热潮。

2011年，麦肯锡全球研究所在一份研究报告中指出，各个国家的数据量呈现出一种爆炸式增长的趋势，这也标志着大数据时代的到来。

2012年，牛津大学教授维克托·迈尔-舍恩伯格（Viktor Mayer-Schnberger）在其畅销著作《大数据时代：生活、工作与思维的大变革》中指出，数据分析将从"随机采样"、"精确求解"和"强调因果"的传统模式演变为大数据时代的"全体数据"、"近似求解"和"只看关联不问因果"的新模式，从而引发商业应用领域对大数据方法的广泛思考与探讨。

大数据于2012年、2013年达到宣传高潮。2012年，联合国发表大数据政务白皮书《大数据促发展：挑战与机遇》，世界各国IT巨头纷纷将业务延伸到大数据产业，很多国家将大数据上升为国家战略。

从2013年开始，大数据由技术热词变成社会浪潮，大数据开始对人们工作和生活的方方面面产生影响。

2014年，大数据生态系统逐渐形成并持续发展和不断完善，大数据相关技术、产品、应用和标准不断发展，大数据的发展走向高潮。

3．大数据的特征

关于大数据的特征，IBM公司提出大数据的主要特征可以用5个"V"来概括，即Volume（大体量）、Variety（多种类）、Value（低价值密度）、Velocity（高速度）、Veracity（真实性）。

第一个"V"，Volume（大体量），数据量大，包括采集、存储和计算的数据的量都非常巨大。一般大数据的起始计量单位为PB或以上级别。

第二个"V"，Variety（多种类），数据种类繁多，大数据可以是结构化数据、非结构化数据或半结构化数据。

第三个"V"，Value（低价值密度），大数据的价值密度低。有时候，我们为了得到一条有用的信息，背后可能需要用到大量的数据。

第四个"V"，Velocity（高速度），处理速度快，要求我们处理大数据的速度要足够快，时效性要求高。

第五个"V"，Veracity（真实性），也可称为准确性，大数据来自现实环境，能够保证数据的真实性和准确性。

4．大数据应用

当前，大数据产业正快速发展成为新一代信息技术和服务业态，即对数量巨大、来源分散、格式多样的数据进行采集、存储和关联分析，并从中发现新知识、创造新价值、提升新能力。大数据创造价值的关键在于大数据应用，随着大数据技术的快速发展，大数据应用已经融入各行各业，如大数据技术在政府机关、电子商务、金融、医疗、能源、制造、教育等领域都有广泛的应用。在各个领域中，关联分析、趋势预测和决策支持是大数据应用比较多的场景。

7.1.2 大数据编程语言

大数据所要解决的主要问题是大量的数据集，因此所选择的编程语言也要能够应对大量的数据集并能很好地解决问题。目前，比较主流的大数据编程语言有 Java、Python 和 Scala 等语言。

1．Java 语言

Java 语言自诞生以来一直都吸引着众多的 IT 爱好者。目前，Java 语言是世界上最流行的计算机编程语言之一。

Java 语言可以说是大数据编程的终极语言，因为目前很多大数据分析工具及其组件都是通过 Java 语言开发实现的，如 Hadoop（HDFS、YARN、HBase、MapReduce、ZooKeeper）、Storm、Spark 和 Kafka 等。JVM 也是 Hadoop MapReduce 等大数据分析工具的支柱，Storm、Spark 和 Kafka 也需在 JVM 上运行。因此，Java 语言针对大数据编程具有天然的优势。

2．Python 语言

Python 语言是目前公认的人工智能和数据分析领域的编程语言。Python 语言是一种简单、易学的开源通用语言，Python 语言的优势在于资源丰富，如拥有丰富的实用程序和库，这非常有利于大数据处理和分析。

Python 语言在网络爬虫领域有着强势地位。很多互联网企业都通过网络爬虫技术来抓取互联网数据进行分析，Python 语言在大数据中已变得十分重要。

Python 语言凭借其全面的数据处理库集，非常适用于快速开发数据科学应用程序，大数据开发人员可以使用 Python 语言开发可扩展的应用程序，并且可以轻松地将其与 Web 应用程序集成。

3．Scala 语言

Scala 语言是一种高度可扩展的通用编程语言，它结合了面向对象和功能编程的功能。Scala 语言通常采用一种大规模分布式方式来处理数据，它还驱动着像 Spark 和 Kafka 这样的大数据处理平台。

Scala 语言是 Java 语言和 Python 语言在数据科学领域的主要竞争对手，并且由于在大数据 Hadoop 行业中广泛使用 Apache Spark 而变得越来越受欢迎。Apache Spark 是使用 Scala 语言开发的，Scala 程序运行在 JVM 上，并兼容现有的 Java 程序。Scala 语言不仅可以被应用于数据处理领域，还被誉为机器学习和流分析的语言。

7.2 人工智能

7.2.1 人工智能概述

人工智能（Artificial Intelligence，AI）是研究使计算机来模拟人的某些思维过程和智能行为的学科，是计算机科学的一个重要分支。

1956 年夏，在美国达特茅斯学院，以麦卡赛、明斯基、罗切斯特和申农等为首的一批有远见卓识的年轻科学家在一起聚会，共同研究和探讨用机器模拟智能的一系列有关问题，首次提出了"人工智能"这一术语，标志着"人工智能"这门新兴学科正式诞生。

经过 60 余年的发展，人工智能已成为一门典型的前沿交叉学科。人工智能涉及计算机科学、脑科学、神经生理学、心理学、语言学、认知科学、行为科学、生命科学、数学、信息论、控制论、系统论、自动化和哲学等多门学科。

1. 人工智能的概念

关于人工智能的概念，不同的研究者和组织机构给出了不同的定义。

- 1971 年，图灵奖获得者麦卡锡（J. McCarthy）最早提出了人工智能的定义，他认为：人工智能是"使一台机器的反应方式就像是一个人在行动时所依据的智能"。
- 首位图灵奖获得者明斯基（M. Minsky）认为：人工智能是"让机器做本需要人的智能才能够做到的事情的一门学科"。
- 中国《人工智能标准化白皮书》认为：人工智能是利用数字计算机或者数字计算机控制的机器模拟、延伸和扩展人的智能，感知环境、获取知识并使用知识获得最佳结果的理论、方法、技术及应用系统。
- 维基百科定义为：人工智能是指由人制造出来的机器所表现出来的智能。
- 百度百科定义为：人工智能是研究、开发用于模拟、延伸和扩展人的智能的理论、方法、技术及应用系统的一门新的技术科学。这也是目前比较认可的一种定义。

2. 人工智能的发展历程

早在 20 世纪 40 年代，在"人工智能"术语被提出来之前，数学家和计算机科学家们已经开始探究用机器模拟智能的可能。

1943 年，心理学家麦卡洛克（W. McCulloch）和数理逻辑学家皮茨（W. Pitts）根据生物神经元与生物化学的运行机理，建立了神经网络和数学模型，即著名的 MP 模型。

1950 年，艾伦·麦席森·图灵提出了著名的"图灵测试"，同年 10 月，图灵发表论文《机器能思考吗？》，这一划时代的作品对人工智能的发展产生了极为深远的影响。

1951 年，普林斯顿大学的马文·明斯基和他的同学邓恩·埃德蒙建造了世界上第一台神经网络计算机 SNARC，第一次模拟了神经与信号的传递，这被认为是人工智能的一个起点。

1956 年，达特茅斯会议召开，虽然此次会议没有达成普遍的共识，但首次提出了"人工智能"这一术语，因此，1956 年也被称为"人工智能元年"。人工智能迎来了它的第一次浪潮。

1966 年，麻省理工学院的约瑟夫·维森鲍姆发明了第一台聊天机器人 Eliza。

在 1966—1972 年间，斯坦福国际研究所研制出首台采用人工智能的可移动机器人 Shakey。

1973 年以后，由于人工智能面临技术瓶颈，美国和英国政府停止向没有明确目标的人工智能研究项目拨款。由此，人工智能遭遇了长达 6 年的科研深渊，人工智能进入第一次低谷期。

20 世纪 80 年代，由于专家系统和人工神经网络等技术取得了新的进展，专家系统使得人工智能实用化。例如，在 1980 年，卡内基梅隆大学为数字设备公司设计了一套名称为"XCON"的专家系统，XCON 是一套具有完整专业知识和经验的计算机智能系统。这套系统在 1986 年之前能为公司每年节省超过四千美元经费。在这个时期，仅专家系统产业的价值就高达 5 亿美元，人工智能浪潮再度兴起。人工智能迎来了它的第二次浪潮。

1987 年，苹果公司和 IBM 公司生产的台式计算机的性能超过了 Symbolics 等厂商生产的通用计算机。从此，专家系统风光不再。到了 20 世纪 80 年代后期，业界对专家系统的巨大投入和过高期望产生负面效果，行业大大降低了对人工智能的投入。由此，人工智能再度步入深渊，人工智能进入第二次低谷期。

从 20 世纪 90 年代开始，随着计算机硬件水平的提升，大数据分析及数据处理能力的提高，AI 技术尤其是神经网络技术的快速发展，人们开始对人工智能持客观理性的认知，人工智能技术开始进入平稳发展时期。

1997 年 5 月 11 日，IBM 计算机系统"深蓝"战胜了国际象棋世界冠军卡斯帕罗夫，这是人工智能发展史上的一个重要里程碑。

2006 年，杰弗里·辛顿（Geoffrey Hinton）在神经网络的深度学习领域取得突破，这是机器赶超人类的又一标志性技术进步。

2016 年 3 月，阿尔法围棋程序（AlphaGo）以 4∶1 的成绩战胜世界围棋冠军、职业九段棋手李世石，人工智能再次成为公众焦点。人工智能迎来了它的第三次浪潮。

随着移动互联网、云计算、物联网等技术的广泛应用，产生的海量数据为机器学习提供了数据来源。计算机硬件得到了快速发展，算力呈指数级增长，这都为人工智能不断爆发热潮奠定了基础。

人工智能被认为是引领未来的战略性基础，发达国家把人工智能作为提升国家竞争力、维护国家安全的重大战略。我国为了构筑人工智能发展的先发优势，加快建设创新型国家和世界科技强国，2017 年，国务院印发了《新一代人工智能发展规划》，人工智能发展上升到国家战略，该规划提出：到 2020 年，人工智能总体技术和应用与世界先进水平同步；到 2025 年，人工智能基础理论实现重大突破，部分技术与应用达到世界领先水平；到 2030 年，人工智能理论、技术与应用总体达到世界领先水平，成为世界主要人工智能创新中心。科学家们预测，在 2040 年左右，人类将进入强人工智能时代，那时，人工智能将与人类比肩。但也有人担心，人工智能可能会对人类安全带来挑战。人工智能真的无所不能吗？科技的发展应该是更好地为人类服务，而不是对人类造成威胁，我们应该对人工智能的发展充满希望和期待。

3．人工智能的特征

1）渗透性

人工智能具备与经济社会各行业、生产生活各环节相互融合的潜能，渗透性特征决定了人工智能具有对经济增长产生广泛性、全局性影响的能力和潜力。

2）协同性

人工智能的应用可以提升资本、劳动、技术等要素之间的匹配度，可以反馈各个生产环节之间的协同，从而提高生产运行效率；人工智能可以实现对用户消费习惯与消费需求的自动画像，进一步分析不同消费者的消费潜力。总之，人工智能的协同性特征体现在对经济运行效率的提升上。

3）替代性

人工智能可以实现对劳动要素的直接替代，从简单工作到复杂工作，人工智能将持续发挥替代效应。例如，人工智能在生产自动化方面能够实现对一些高强度、高难度的持续劳动进行替代等。

4）创新性

人工智能的快速发展给人类的发展带来了新的机遇。通过科学研究的牵引、应用技术的交叉，人工智能必将推动人类社会实现创新式发展。

4．人工智能应用

人工智能技术已被广泛应用于各行各业。人工智能技术的发展也将带动大数据、云计算、物联网等新技术的快速发展。目前，人工智能已渗透到金融、医疗、国防、安防、智能家居、自动驾驶、制造业等领域。

在智能金融方面，如人工智能运用于互联网贷款、保险、征信、客户服务等。例如，网商银行使用机器学习技术可以把虚假交易率降低近 90%。

在智能医疗方面，目前，许多科技企业投入大量资源进军智能医疗领域，智能医疗在辅助诊疗、疾病预测、医疗影像、药物开发等方面起到了重要作用。

在国防方面，在新一轮科技革命和产业革命的推动下，智能化军事变革正向纵深发展。

在智能安防方面，随着智慧城市的快速推进，智能安防技术得到了广泛应用，如利用人工智能对视频、图像、声音等数据进行存储和分析，从中识别安全隐患并进行智能报警。

在智能家居方面，如实现智能灯光控制、智能电器控制等。

在自动驾驶方面，如我国国防科技大学依托人工智能技术自主研制的 HQ3 无人驾驶汽车于 2011 年首次完成无人驾驶实验，标志着我国无人驾驶技术实现新的技术突破。

在制造业方面，工业 4.0 时代，制造商可以将智能传感器、分析技术和人工智能结合起来，实现制造业与人工智能的深度融合，如汽车制造业、高科技制造业等。

7.2.2 人工智能编程语言

人工智能的应用领域广阔，很多编程语言都适用于人工智能开发。目前，比较主流的人工智能编程语言有 Python、Java、R、LISP、Prolog、JavaScript、C++和 Julia 等语言。

1. Python 语言

Python 语言非常适用于人工智能开发。Python 语言具有出色的库生态系统，以及强大的数据分析和机器学习的能力。它拥有大量与人工智能相关的软件包，如基于 Python 语言的机器学习库 PyBrain、PyTorch 等，基于 Python 语言的深度学习库 Keras、TensorFlow 等。目前，大多数 AI 工程师都在使用 Keras 和 TensorFlow。

Python 语言简单易用，可以无缝地与数据结构和其他常用人工智能算法一起使用，因此，Python 语言是人工智能领域中使用最广泛的编程语言之一。

2. Java 语言

Java 语言也是进行人工智能开发的很好选择。算法是人工智能的灵魂，在搜索算法、自然语言处理算法、神经网络等方面，Java 语言都能提供简单的编码算法。Java 语言用于神经网络，可以与搜索算法很好地配合使用。

Java 语言可以用于人工智能和机器学习，它有一个 Java 机器学习库（JavaML），提供了用 Java 语言实现的机器学习算法的集合。在人工智能领域，Java 语言用于机器学习、神经网络、搜索算法和遗传编程。

和 Python 语言一样，Java 语言也有一套用于人工智能编程的 AI 库和框架。例如，Deeplearning4j（一个深度学习 JVM 库）用于为神经网络创建提供 API（应用程序接口），RapidMiner 通过 GUI 和 Java API 提供机器学习算法，PowerLoom 用于创建智能的和基于知识的应用程序与推理系统，Apache OpenNLP 用于处理自然语言文本等。

3. LISP 语言

LISP 语言作为应用人工智能而设计的语言，它是一种函数式编程语言，是 AI 开发的顶级编程语言之一，长期以来垄断人工智能领域的应用。LISP 语言因其可用性和符号结构而主要用于机器学习领域，该语言也是开发人员在构建 AI 解决方案时解决归纳逻辑项目中的问题最喜欢使用的语言。

4. Prolog 语言

Prolog 语言与 LISP 语言在可用性方面差不多，都属于人工智能开发语言。Prolog 语言是一种逻辑编程语言，对 AI 编程十分有效，它提供的模式匹配、自动回溯和基于树的数据结构化机制可以为 AI 项目提供一个灵活的框架。

5. JavaScript 语言

JavaScript 语言是一种被广泛使用的编程语言，对人工智能至关重要，可以帮助用户构建从聊天机器人到计算机视觉的所有内容。JavaScript 语言已经迅速成为人工智能领域最受欢迎的编程语言之一。

6. C++语言

C++语言运行速度快，在人工智能领域主要用于开发搜索引擎。C++语言用于人工智能开发的优势在于 C++语言有助于原型设计和生产的机器学习，在开发需要快速访问许多数据存储空间的高性能代码时，它是最佳选择之一。

7.3 云计算

7.3.1 云计算概述

云计算（Cloud Computing）是继互联网和计算机之后在信息时代的又一种新的革新，云计算是信息时代的一次大飞跃。应用云计算的用户通过网络就可以获取到无限的资源，同时获取的资源不受时空限制。

从狭义上讲，云计算就是一种提供资源的网络，使用者可以随时获取"云"上的资源，按需求量使用，并且可以看成是无限扩展的，只要按使用量付费就可以。从广义上讲，云计算是与信息技术、软件、互联网相关的一种服务，这种计算资源共享池叫作"云"，云计算把许多计算资源集合起来，通过软件实现自动化管理，只需要很少的人参与，就能让资源被快速提供。

总之，云计算不是一种全新的网络技术，而是一种全新的网络应用概念。云计算的核心概念就是以互联网为中心，在网络上提供快速且安全的云计算服务与数据存储，让每个使用互联网的人都可以使用网络上的庞大计算资源与数据中心。

1. 云计算的概念

云计算的概念自提出起就一直在不断发展变化，当前对云计算没有统一的定义，比较有代表性的定义如下所述。

- 美国国家标准与技术研究院认为：云计算是一种按使用量付费的模式，这种模式提供可用的、便捷的、按需的网络访问，进入可配置的计算资源共享池（包括网络、服务器、存储、应用软件、服务等），这些资源能够被快速提供，只需投入很少的管理工作，或者与服务供应商进行很少的交互。
- 比较被认可的一种定义是：云计算是分布式计算的一种，指通过网络云将巨大的数据计算处理程序分解成无数个小程序，然后通过由多台服务器组成的系统处理和分析这些小程序得到结果并返回给用户。

2. 云计算的发展历程

云计算是计算机技术和网络技术融合发展的产物，云计算的起源可以追溯到 20 世纪 50 年代。1959 年，英国计算机科学家克里斯托弗·斯特雷奇（Christopher Strachey）发表了关于虚拟化的论文，虚拟化理论是云计算基础架构的基础理论之一。1988 年，微软公司的合作创始人约翰·盖奇首次提出"网络就是计算机"的概念。经过几十年的理论研究，云计算逐渐发展成熟。

2006 年 3 月，亚马逊公司首次推出弹性计算云服务，标志着云计算这种新的商业模式诞生。

2006 年 8 月 9 日，在搜索引擎会议（SES San Jose 2006）上首次提出了"云计算"的概念，这具有重要的历史意义，引发了互联网发展的第三次革命。

2010年后,逐渐形成了一批主流的云服务平台产品和相关的技术标准,云计算进入高速发展期。

2012年,随着腾讯云、百度云、新浪云、阿里云、360云等公共云平台的迅速发展,国内云计算进入实践期,2012年也被称为"中国云计算实践元年"。

2021年,中国信息通信研究院发布《云计算白皮书(2021)》,该白皮书中介绍,我国云计算市场呈爆发式增长,整体规模达到2091亿元,增速56.6%。云计算发展日益成熟,逐步迈入深水区。从发展历程上看,云计算走过了2006—2010年的形成期,2010—2015年的发展期,2015—2020年的应用期,并已经迈入成熟期。

3. 云计算的特征

1)规模巨大

"云"的规模一般都很巨大,云服务商拥有几十万甚至上百万台服务器。"云"赋予用户前所未有的存储与运算能力。

2)虚拟化

用户不需要了解资源的具体位置,只需一台终端设备就可以在任意时间和任意位置通过网络来获取各种服务。

3)高可靠性

云计算对可靠性要求高,采用数据多副本容错、硬件冗余设计、计算节点同构可互换等措施来保障服务的高可靠性。

4)高可扩展性

"云"的规模可以根据应用需求进行调整和动态伸缩,以满足应用规模的增长需要。

5)通用性

云计算不针对特定的应用,同一云服务可以同时支持不同的服务和应用运行。

6)按需服务

"云"是一个巨大的资源池,采用按需服务模式,就像日常生活中使用水、电、煤气等一样,可以方便地取用。

7)价格低廉

云计算具有规模效应,采用自动化集中式管理,使得建设成本大大降低。用户不需要负担昂贵的数据中心建设与管理费用,就可以使用资源丰富的云计算服务,用户按需付费且价格低廉。

4. 云计算的服务模式

云计算提供3种服务模式:基础设施即服务(IaaS)、平台即服务(PaaS)和软件即服务(SaaS)。

1)基础设施即服务(IaaS)

IaaS是一种用户通过Internet按需获取基础设施硬件资源的云计算服务模式。IaaS是把硬件资源通过Web分配给用户的商业模式。

IaaS把由大量服务器组成的"云"基础设施作为一种服务,通过网络对外向用户提供服务。IaaS广泛使用虚拟化技术把CPU、存储、内存、I/O设备及各种基础运算资源整合成一个虚拟的资源池,为整个业界提供所需要的存储资源和虚拟化服务器等服务。

2）平台即服务（PaaS）

PaaS 是一种将软件研发平台作为一种服务，即将软件开发、测试、运行环境等提供给用户使用的云计算服务模式。

PaaS 也是 SaaS 模式的一种应用。PaaS 服务使得软件开发人员可以在不购买服务器等设备环境的情况下开发新的应用程序，如阿里云开发平台、华为软件开发平台 DevCloud 等。

3）软件即服务（SaaS）

SaaS 是一种通过 Internet 向用户提供软件的云计算服务模式。用户无须购买软件，而是向供应商租用所需的基于网络的相关软件服务。SaaS 模式大大降低了软件的使用成本。

5．云计算的部署模式

云计算的部署模式有 3 种：公有云、私有云和混合云。

1）公有云

公有云一般指由第三方提供商为用户提供的能够使用的云。公有云一般通过互联网访问使用，其核心属性是共享资源，公有云提供的服务既有免费的，也有付费的，付费价格一般比较低廉。

公有云上的所有资源都由云服务商提供，云服务商为资源的安全性、可靠性等提供保障，同时公有云的可用性也依赖于云服务商，并不受用户控制。因此，用户在使用公有云时存在安全风险和一定的不确定性。

2）私有云

私有云是为特定组织机构或用户构建的单独使用的云。私有云的规模一般较小，私有云可以部署在企业内部，也可以部署在主机托管机构，其核心属性是专有资源服务。

私有云需要使用单位投入较大的建设成本，私有云能被使用单位完全控制，因此对数据安全、服务质量和可用性等能进行有效的控制。

3）混合云

混合云融合了公有云和私有云两种部署模式。因为私有云的安全性比公有云的安全性高，但公有云的计算资源又远超私有云。因此，混合云是近年来云计算的主要模式和发展方向。

在混合云部署模式下，公有云和私有云是相互独立的，但在云的内部又是相互结合的。这样既可以发挥私有云的高安全性特点，又可以发挥公有云廉价且丰富的计算资源。

6．云计算应用

如今，云计算技术已经融入金融、政务、工业、交通、教育、医疗等各个领域，与人们的生活息息相关。比较典型的云计算应用有存储云、医疗云、金融云、教育云、办公云、安全云等。

1）存储云

存储云是在云计算技术上发展起来的一种新的存储技术。例如，国内比较知名的百度网盘、360 云盘等。这大大方便了使用者对资源的管理和使用。

2）医疗云

医疗云是指在云计算、移动技术、多媒体、5G 通信、大数据及物联网等新技术的基础上，结合医疗技术，使用"云计算"来创建医疗健康服务云平台，实现了医疗资源的共享和医疗范围的扩大。例如，医院的预约挂号、电子病历、电子处方、电子医嘱等均是云计算与医疗领域相结合的应用。

3）金融云

金融云是将各金融机构及相关机构的数据中心互联互通，构成云网络，旨在为银行、保险和基金等金融机构提供互联网处理和运行服务。例如，金融与云计算结合，只需在手机上简单操作，就可以完成银行存款、网络贷款、基金购买、保险购买等操作。

4）教育云

教育云是将教育信息化所需的硬件计算资源虚拟化后，向教育机构、教育从业人员和学员提供一个平台，该平台的作用就是为教育领域提供云服务。例如，慕课就是教育云的一种应用。

5）办公云

云办公逐渐成为人们办公的一种独特方式，如基于云计算的在线办公软件 WebOffice 已进入人们的工作生活中。例如，金山公司的 WPS Office 是国内具有代表性的云办公产品之一。

6）安全云

安全云融合了并行处理、网格计算、未知病毒行为判断等新技术和概念，通过网状的大量客户端对网络中软件行为的异常进行监测，获取互联网中的病毒信息，并把获取的病毒信息上传到服务器端进行自动分析和处理。例如，华为、百度、金山、360、瑞星等企业都拥有相关的安全云技术和安全云服务。

7.3.2　云计算编程语言

1．Python 语言

云计算提供 3 种服务模式：基础设施即服务（IaaS）、平台即服务（PaaS）、软件即服务（SaaS），在这 3 种服务模式中，基础设施即服务和软件即服务模式需要用到云计算框架 OpenStack，而 OpenStack 是由 Python 语言开发的，云计算和 Python 语言之间存在必然的联系，因此从事云计算工作一般需要掌握 Python 语言。

2．Go 语言

Go 语言是由 Google 公司开发的一种静态强类型、编译型、并发型，并具有垃圾回收功能的编程语言。在云计算平台中，Docker 是云计算的主流容器平台，目前主流的云服务器平台（如亚马逊 AWS、微软 Azure、阿里云、腾讯云等）都支持 Docker 容器服务。Docker 平台是由 Go 语言开发的，因此从事云计算工作需要掌握 Go 语言。

7.4　物联网

7.4.1　物联网概述

物联网（Internet of Things，IoT）即"万物相连的互联网"。物联网是新一代信息技术的重要组成部分，IT 业又称物联网为泛互联，意为"物物相连，万物万联"。

物联网的核心和基础仍然是互联网，物联网是在互联网的基础上延伸和扩展的网络，是将各种信息传感设备与互联网结合起来而形成的一个巨大网络，可以实现在任意时间、任意地点，人、机、物的互联互通。历经十多年的发展，物联网已成为当今科技创新和国际竞争的制高点，是新一轮产业革命的重要方向和推动力量。

1．物联网的概念

目前，对物联网没有统一的定义，比较有代表性的定义如下所述。

（1）物联网是指通过信息传感设备按约定的协议将任何物体与网络相连接，物体通过信息传播媒介进行信息交换和通信，以实现智能化识别、定位、跟踪、监管等功能。

（2）物联网是把所有物品通过信息传感设备与互联网连接起来进行信息交换，即物物相息，以实现智能化识别和管理。

（3）物联网是一个基于互联网、传统电信网等信息承载体，让所有能够被独立寻址的普通物理对象实现互联互通的网络。

（4）物联网是通过各种传感技术、通信手段将任意物体与互联网相连接，以实现远程监视、自动报警、控制诊断和维护，进而实现管理、控制、营运一体化的网络。物联网作为新一代信息通信技术，可以实现人与人、人与物、物与物的信息互联。

根据对物联网定义的各种表述，目前较为公认的定义是：物联网是利用各种自动标识技术与信息传感设备及系统（如射频识别技术、红外感应器、全球定位系统、激光扫描器等各种装置与技术），按照约定的通信协议，通过各种网络接入，把任意物品与互联网相连接，进行信息交换与通信，以实现智能化识别、定位、跟踪、监控和管理的一种信息网络。

2．物联网的发展历程

1991 年，美国麻省理工学院的 Kevin Ash-ton（凯文·阿什顿）教授首次提出"物联网"的概念。

1995 年，比尔·盖茨在《未来之路》一书中也提及物联网，他在书中写到："未来也许是物联网的世界"。当时由于受限于无线网络、硬件及传感设备的发展，这一观点并未引起人们的关注。

1999 年，美国麻省理工学院成立了"自动识别中心"，提出"一切事物都可以通过网络连接"，从而阐明了物联网的基本含义。早期的物联网是依托射频识别技术的物流网络。

2005 年，国际电信联盟（ITU）在突尼斯举行的信息社会世界峰会上发布了《ITU 互联网报告 2005：物联网》，正式提出"物联网"的概念。物联网的定义和范围发生变化，不再只是指基于射频识别技术的物联网，还包括二维码识别设备、红外感应器、全球定位系统和激光扫描器等传感设备。

2008 年，第一届国际物联网大会在瑞士苏黎世举行，当年物联网设备数量首次超过了人类总数。

2009 年 8 月，我国提出"感知中国"，物联网被正式列为国家五大新兴战略性产业之一，开启了中国物联网发展的新纪元。

2021 年 9 月，工业和信息化部、中央网络安全和信息化委员会办公室、科学技术部、生态环境部、住房和城乡建设部、农业农村部、国家卫生健康委员会、国家能源局等八部门联合印发《物联网新型基础设施建设三年行动计划（2021—2023年）》，明确到2023年底，在国内主要城市初步建成物联网新型基础设施。

3．物联网的特征

1）全面感知

利用射频识别（RFID）技术、条形码、传感器、定位器、摄像头等各种感知、捕获和测量技术手段，随时随地地采集和获取物体的信息。全面感知主要解决人与物理世界的数据获取问题。

2）可靠传输

利用各种通信网络与互联网融合，通过网络的可靠传输对获取到的感知信息进行实时传输，实现信息的交互与共享。可靠传输主要解决人、机、物之间的数据传输与信息共享问题。

3）智能处理

利用云计算、模糊识别、数据挖掘等智能技术，对采集到的不同种类、不同结构、不同领域的海量数据和信息进行分析处理，对物体实施智能化控制。智能处理主要解决应用方面的问题。

4．物联网应用

物联网在各个领域都得到了广泛应用，如智能家居、可穿戴设备、智慧城市、智能电网、节能环保、工业互联网、互联汽车技术、互联网医疗、智能零售、金融保险、智能供应链、智能农业、现代物流、军事物联网等。物联网在工业、农业、交通、环保、物流、安防等基础设施领域的应用，也有效地推动了智能技术与智能设备的快速发展，提高了行业效率和效益；物联网在家居、医疗健康、教育、金融与服务业、旅游业等与生活息息相关的领域的应用，使得这些领域的服务范围、服务方式、服务质量等方面都有了极大的改进，大大提高了人们的生活质量。

7.4.2 物联网编程语言

物联网技术是多语言的，适合物联网编程的语言有很多，根据调查，C、Python、Java和Go语言是主流的物联网编程语言。C语言更多地用于传感器和网关方面的编程，Python和Java语言更多地用于应用层方面的编程。

1．C/C++语言

根据对物联网开发人员的调查，物联网硬件开发大都受限于RAM和低计算能力，C语言非常适用于靠近硬件层的底层编程，它不需要很多处理能力，并且能够直接使用RAM。因此，C语言是物联网编程的首选编程语言，C++语言紧随及后，并且多数物联网设备的微控制器都支持C/C++语言。

2．Python语言

Python可以与Java、C、C++等编程语言集成，并且Python语言具有很强的可移植性，可以跨不同平台运行。对于需要进行大量数据分析的物联网应用，Python 语言是物联网系统数据分析部分的理想选择。

3. Java 语言

Java 语言在设计之初就是嵌入式语言，Java 语言"天生"适用于开发硬件设备。物联网应用程序的功能代码通过使用 JVM 可以转移到任意芯片上。Java 语言是进行物联网软件开发的理想选择。

4. Go 语言

Go 语言具有内置的并发性和出色的性能，能够提供优化的代码，可以最大限度地提高硬件利用率，因此非常适用于开发涉及功率和内存资源非常有限的硬件设备。根据调查，Go 语言是除 C 语言之外最被看好的物联网编程语言。

7.5 区块链

7.5.1 区块链概述

区块链（Block Chain）作为一种新技术，已受到很多领域的关注。区块链本质上是一个去中心化的数据库，它是一种不依赖第三方、通过自身分布式节点进行网络数据的存储、验证、传递和交流的一种技术方案。通俗地讲，区块链技术可以被视为一种全民参与记账的方式。

1. 区块链的概念

关于区块链的定义有很多。从狭义上讲，区块链是按照时间顺序将数据区块以顺序相连的方式组合成的链式数据结构，并以密码学的方式保证不可篡改和不可伪造的分布式账本。从广义上讲，区块链技术是利用块链式数据结构验证与存储数据，利用分布式节点共识算法生成和更新数据，利用密码学的方式保证数据传输和访问的安全，利用由自动化脚本代码组成的智能合约进行编程和操作数据的一种全新的分布式架构和应用模式。

2. 区块链的发展历程

区块链起源于比特币。2008 年 11 月 1 日，一位自称"中本聪"的人发表文章《比特币：一种点对点的电子现金系统》，阐述了基于 P2P 网络技术、加密技术、时间戳技术、区块链技术等的电子现金系统的构架理念，这标志着比特币的诞生。

2009 年 1 月 3 日，第一个序号为"0"的创世区块诞生。2009 年 1 月 9 日，出现序号为"1"的区块，并与序号为"0"的创世区块相连接形成了链，标志着区块链的诞生。

2014 年，"区块链 2.0"成为关于去中心化区块链数据库的术语。区块链 2.0 技术跳过了交易和"价值交换中担任金钱和信息仲裁的中介机构"。

2019 年 1 月 10 日，国家互联网信息办公室发布《区块链信息服务管理规定》。

2019 年 10 月 24 日，在中央政治局第十八次集体学习时，习近平总书记强调，"把区块链作为核心技术自主创新的重要突破口""加快推动区块链技术和产业创新发展"。"区块链"已走进大众视野，成为社会的关注焦点。

2021年，区块链被写入"十四五"规划纲要中，各部门积极探索区块链的发展方向，积极出台相关政策，强调各领域与区块链技术的结合，加快推动区块链技术和产业创新发展，区块链产业政策环境持续利好发展。

总的来说，目前区块链技术的发展经历了3个阶段，即区块链1.0阶段、区块链2.0阶段和区块链3.0阶段。

（1）区块链1.0阶段（2009—2013年）以2009年比特币的诞生为标志，期间，所有的区块链底层技术都与上层的数字货币紧密相连，在该阶段，区块链技术主要用于数字货币。

（2）区块链2.0阶段（2013—2015年）以2013年以太坊的诞生为标志，在该阶段，区块链技术将数字货币与智能合约相结合，使区块链技术在金融领域得到了更广泛的应用，并使区块链技术发展为IT基础设施，具备为各行各业赋能的潜力。

（3）区块链3.0阶段（从2015年至今）以2015年联盟链的出现为标志，业界开始探索区块链技术在金融领域之外的应用，区块链技术趋于平台化，社会不再依赖第三方机构来建立信用，真正实现为各行各业提供去中心化解决方案。

3．区块链的特征

1）去中心化

在区块链网络中，各节点的地位相等，节点之间开展业务操作时不需要第三方机构（类似银行这样的中心机构）参与，操作所产生的数据将被区块链网络中的所有节点记录，在区块链中，通过分布式核算和存储，各节点实现了信息自我验证、传递和管理。去中心化是区块链最重要和最本质的特征。

2）不可篡改性

在同一区块链网络中，所有节点都参与数据记录，共同维护数据，所以，一旦数据形成共识被所有节点记录，篡改数据的代价将会非常高，同时区块链中的数据记录采用了密码学、数字签名等安全技术，篡改数据的难度也非常大。在区块链中，想要篡改数据几乎不可能实现。

3）透明性

区块链的透明性是指交易的关联方共享数据，共同维护一个分布式共享账本。账本是分布式共享，数据是分布式存储，交易是分布式记录，链中的任意节点都可以通过公开的接口对区块链上的数据信息进行检查、审计和追溯。区块链分布式共享账本的高透明性，使得所有关联方都可以确信链上数据库中的信息没有被篡改，也无法被篡改。交易数据的随时可见、可追踪，实现了各节点对操作行为合规性的共同监管。

4）匿名性

区块链利用密码学的隐私保护机制，可以根据不同的应用场景来保护交易节点的隐私信息，各区块节点的身份信息不需要公开或验证，信息传递可以匿名进行而不被第三方查看。

4．区块链的分类

根据区块链去中心化数据的开放程度和范围，区块链分为公有链（Public Blockchain）、私有链（Private Blockchain）与联盟链（Consortium Blockchain）这3类。

1）公有链

公有链是为所有用户开放的区块链技术，被认为是完全去中心化的。在公有链中，没有权限设定和身份认证，任意节点无须任何许可便可随时加入或脱离网络，任意节点可以在链中发送交易、查看数据。公有链中的数据是完全透明的。常见公有链有比特币、以太坊等。

2）私有链

在私有链中，写入权限是由某个组织或机构控制的，参与节点的资格会被严格限制。私有链只对单独的个人或实体开放，被认为是完全中心化的且不对外开放。

私有链技术主要是借助区块链的特有功能（如不可篡改、加密存储等）去实现一些关键业务，如票据管理、财务审计等，主要起到数据存储的作用，业务的实现还是需要与中心化系统相结合。

3）联盟链

联盟链只针对某个特定群体的成员和有限的第三方，群体主要是银行、保险、证券、商业协会、集团企业等，联盟链用户在加入链之前需要经过权限系统授权。联盟链是目前区块链技术应用落地实践的热点。链中的每个机构都运行着一个或多个节点，其中的数据只允许系统内不同的机构进行读/写和发送交易，并且共同记录交易数据。例如，超级账本（Hyperledger）是联盟链技术的典型应用。

5．区块链应用

区块链应用的领域已扩展到人们生活的方方面面。例如，在金融领域，区块链技术在国际汇兑、金融征信、股权登记和证券交易所等金融领域具有潜在的巨大应用价值；在物联网和物流领域，通过区块链技术可以降低物流成本，追溯物品的生产和运送过程，提高供应链的管理效率；在公共管理、能源、交通等公共服务领域，这些领域的中心化特质明显，可以利用区块链技术进行改造，避免腐败、欺诈等行为的发生，提高为民办事的效率；在认证、公证领域，因为区块链具有不可篡改的特性，在认证和公证方面存在巨大市场和商机；在数字版权领域，通过区块链技术可以对作品进行鉴权，证明文字、视频、音频等作品的存在，保证权属的真实性、唯一性；在预测市场和保险领域，通过智能合约的应用，既无须投保人申请，也无须保险公司批准，只要触发理赔条件，即可实现保单自动理赔；在公益慈善方面，区块链上存储的数据高可靠且不可篡改，非常适合社会公益应用场景，把捐赠项目、募集明细、资金流向、受助人反馈等信息存放于区块链上，并且有条件地进行透明公开公示，方便社会监督。区块链可以解决信任问题，人们不再需要依靠第三方获取或建立信任，大大提高了人们的办事效率。

7.5.2 区块链编程语言

理论上，我们可以使用任意一种编程语言来实现区块链编程，但是在区块链开发的不同方向上有不同的首选编程语言。区块链开发主要有3个方向，即区块链底层技术、区块链上层应用和通证相关应用。由于区块链底层技术对安全和性能的要求比较高，因此一般选择C++、Go等语言；由于区块链上层应用涉及智能合约开发、前端和后端开发等，因此一般选择JavaScript、

Solidity 等语言；由于通证相关应用重在设计逻辑，因此对开发语言没有特别要求。

1．C++语言

C++语言主要用于区块链底层公有链相关的开发，也用于一些流行和重要的区块链加密货币相关项目的开发。例如，Bitcoin（比特币）的核心是使用 C++语言开发的，EOS（商用分布式设计区块链操作系统）主要也是使用 C++语言开发的。

2．Go 语言

Go 语言的语法与 C 语言的语法相近，具有编译速度快、执行效率高、网络编程友好、高并发、跨平台等特点，能够很好地满足区块链的开发要求。区块链早期底层开发主要以 C++语言为主，现在一些项目逐渐开始使用 Go 语言开发。例如，Hyperledger Fabric（一种分布式账本解决方案的平台）构建的智能合约大多数是使用 Go 语言开发的。

3．C#语言

C#语言用于很多区块链项目的开发。例如，区块链项目中最受欢迎的被称为"中国版的以太坊"的 NEO（运用区块链发展智能经济的项目）主要是使用 C#语言开发的，当然 NEO 也支持 JavaScript、Java、Python 和 Go 等编程语言；OpenChain（一种开源分布式分类账技术）联盟链也是使用 C#语言开发的。

4．JavaScript 语言

JavaScript 语言是一种弱类型、动态的具有函数优先的轻量级解释型脚本语言，主要用于 ethers.js 和 web3.js 中的区块链开发，用于将应用程序前端与智能合约和以太坊网络连接。

5．Solidity 语言

Solidity 语言是以太坊智能合约最常用的开发语言。许多公有链都与 Solidity 语言兼容，从而保证智能合约代码可以从以太坊轻松地被移植到该公有链中。

6．Java 语言

Java 语言在区块链行业被广泛使用。例如，Java 语言被广泛用于 IOTA、P2P（点对点传输）加密货币、NEM（用于数字货币和区块链的点对点平台）、IBM 区块链、NEO 智能合约、Hyperledger（超级账本）智能合约等项目的开发。

7．Python 语言

Python 语言用于很多区块链项目的开发。例如，对以太坊的实现，为 Hyperledger 和 NEO 创建智能合约等。Python 也有自己的 steemit（基于区块链的内容分发平台）实现，称为 steempython。

> 技能训练

【案例】简述大数据、人工智能、云计算和物联网这四者之间的关系。

【分析】

物联网用于感知真实的物理世界，在数据的采集层；云计算用于提供强大算力去支撑数据分析，在承载层；大数据用于对海量数据进行挖掘和分析，把数据变成信息，在挖掘层；人工智能用于对数据进行学习和理解，把数据变成知识和智慧，在学习层。

大数据、人工智能、云计算和物联网之间是互相关联、共同发展的关系。

物联网是大数据中数据资源的主要来源；云计算为大数据提供可行的计算能力，也为物联网数据采集和控制提供条件；大数据为物联网和云计算所产生的数据提供分析服务；云计算为人工智能提供计算资源；大数据为人工智能深度学习提供数据来源；人工智能又会使物联网更智能、更高效。

➢ 本章小结

本章主要介绍了大数据、人工智能、云计算、物联网、区块链等与人们工作和生活紧密相关的新信息技术。通过对本章内容的学习，读者对以上新信息技术的概念、发展历程、特征、应用领域及与之相关的编程语言等方面会有较为全面的认识和了解，对提高信息化素养具有一定意义。

➢ 课后拓展

我国软件行业的发展历程及软件技术的发展水平

1．我国软件行业的发展历程

我国软件和信息技术产业起步还是比较早的，经过几十年的发展，其已经成长为一个超过 8 万亿人民币市场规模的巨大产业，其发展历程主要可以分为 5 个阶段，分别是孕育阶段、萌芽阶段、探索阶段、成长阶段和壮大阶段。

第一阶段：孕育阶段（1955—1978 年）

中国软件事业附着计算机工业的产生而孕育兴起。20 世纪 50 年代后期，我国开始在科研和军工领域小范围探研使用软件，1956 年制定实施的《十二年科学技术发展规划》奠定了中国计算机的发展基础。

第二阶段：萌芽阶段（1978—1988 年）

伴随着改革开放，中国软件产业实现了从无到有的历史性跨越。1982 年，中国第一个汉字磁盘操作系统 CCDOS 推出；1984 年，软件从硬件中分离，见证了软件作为一个新兴主业的初步发展过程。

第三阶段：探索阶段（1988—2000 年）

中国软件产业在探索中成长，不断强化顶层设计和政策法规建设，发布和实施了《计算机软件保护条例》《计算机软件著作权登记办法》《鼓励软件产业和集成电路产业发展的若干政策》等政法文件，第一批软件企业相继成立，拉开了软件产业快速发展的序幕。

第四阶段：成长阶段（2000—2010 年）

中国软件产业的政策环境日益完善，企业和产业成长速度加快。2000 年，实施软件企业的认证和软件产品的登记等措施；2008 年，工业和信息化部设立信息化和软件服务业司（后于 2020 年 1 月 1 日更名为"信息技术发展司"），营造了良好的软件发展环境，开启了软件产业的第一个"黄金十年"。

第五阶段：壮大阶段（从 2010 年至今）

经过不断探索和实践成长，我国软件产业的规模和质量全面跃升，涌现出一批新技术、新产品、新模式，软件企业数量和从业人数不断增加，盈利能力不断提升，软件技术产品创新步伐加快，加速与各行业领域深度融合，成为推动经济社会发展的重要驱动力。

综合来看，我国软件行业整体发展良好，软件行业对国民经济的驱动作用日益显著，未来我国软件行业将继续保持国民经济中的重要地位持续进步。

资料来源：前瞻产业研究院（前瞻经济人）

2．我国软件技术的发展水平

在"青年企业家创新发展国际峰会2019"上，中国工程院院士、中国科学院计算技术研究所研究员倪光南发表主旨演讲。他表示，中国网信领域的总体技术和产业水平已居世界第二位，仅次于美国。但"短板"明显，主要集中在芯片和技术软件方面。

倪光南认为，互联网应用和新一代信息技术发展迅猛，但我国的网信技术仍存在严重短板，使得我们在关键时刻被人"卡脖子"。究其原因，一方面是我国仍为发展中国家，国力和科技水平与发达国家还有差距；另一方面，是我国依然有企业始终认为"造不如买，买不如租"，更存在"重硬轻软"的思想，还有不少企业习惯"穿马甲"，将外国的核心技术套上"马甲"就认为是自己的了。

"实践反复证明，关键核心技术是要不来、买不到的，只能通过自主创新、自主可控的途径获取。"倪光南指出，"穿马甲"危害严重，会麻痹斗志，使人错误地认为能向外国跨国公司"乞讨"核心技术并挣钱，在他看来，这是当前最难防范的一种网络安全风险。因此，自主可控测评就显得格外重要，要用这面"照妖镜"照出各种各样"穿马甲"木马的原形。

倪光南提出，软件是新一代信息技术发展的驱动力。软件产业具有基础性、战略性，软件技术和软件人才具有通用性、带动性。软件技术已渗透到几乎所有信息技术产业中，软件人才在网信领域的高技术企业中的比重往往超过七成。总体来看，我国软件产业布局很全，应用软件非常好。华为公司作为龙头企业，软件体量非常大，从业人员数量位居世界第二，并且增量很大。未来，我们前景可期，重点就是如何补齐短板。

资料来源：中国青年报客户端

➢ 习题

1．填空题

（1）大数据的"5V"特征是指_____、_____、_____、_____、_____。

（2）_____是有目的地收集、整理、加工和分析数据，提炼有价值信息的过程。

（3）AI一般是指_____。

（4）人工智能诞生于_____。

（5）如果一台机器能够与人类展开对话而不能被辨别出其机器身份，则称这台机器具有智能，这是著名的_____。

（6）云计算的核心概念就是以_____为中心。

（7）云计算不是一种全新的网络技术，而是一种全新的_____。

（8）在云计算的服务模式中，IaaS是_____，PaaS是_____，SaaS是_____。

（9）云计算的部署模式有_____、_____、_____。

（10）物联网的核心和基础仍然是_____，物联网是在_____的基础上延伸和扩展的网络。

（11）物联网（IOT）即"_____相连的互联网"。

（12）全面感知主要解决人与_____的数据获取问题。

（13）目前，区块链技术的发展经历了3个阶段，即_____、_____、_____。

（14）区块链分为3类，分别是_____、_____、_____。

（15）区块链最重要和最本质的特征是_____。

2．选择题

（1）下列关于大数据的价值密度的描述正确的是（　　）。
　　A．大数据由于其数据量大，因此其价值密度低
　　B．大数据由于其数据量大，因此其价值也大
　　C．大数据的价值密度是指其数据类型多且复杂
　　D．大数据由于其数据量大，因此其价值密度高

（2）下列不属于大数据架构平台的是（　　）。
　　A．Hadoop　　B．HDFS　　C．MapReduce　　D．SQL Sever

（3）下列关于大数据采集的说法错误的是（　　）。
　　A．数据来源丰富　　　　　B．数据来源单一
　　C．数据量巨大　　　　　　D．数据具有真实性

（4）下列哪些是大数据的特点？（　　）
　　A．数据量巨大　　　　　　B．数据种类繁多
　　C．价值密度大　　　　　　D．数据具有真实性

（5）大数据的"5V"特征包括大体量、多种类、高速度、低价值密度和（　　）。
　　A．可用性　　B．易用性　　C．真实性　　D．可维护性

（6）（　　）是提取隐含在数据中的、人们事先不知道的但又是潜在有用的信息和知识的过程。
　　A．数据挖掘　　B．数据采集　　C．数据清洁　　D．数据展示

（7）1988年，（　　）在一个国际会议报告中首次提出"大数据"的概念。
　　A．约翰·马西　　B．吉姆·格雷　　C．舍恩伯格　　D．麦卡锡

（8）AI一般是指（　　）。
　　A．人工智能　　　　　　　B．数据种类繁多
　　C．价值密度大　　　　　　D．数据具有真实性

（9）下列哪些是人工智能研究的内容？（　　）
　　A．机器学习　　B．认知科学　　C．脑科学　　D．搜索技术

（10）人工智能涉及下列哪些学科知识？（　　）
　　A．数学　　B．计算机科学　　C．哲学　　D．语言学

（11）目前，在人工智能领域比较主流的编程语言有（　　）语言。

　　　　A．Python　　　B．Java　　　　C．R　　　　　　D．LISP

（12）2016年3月，在围棋人机大战中，以4∶1的成绩战胜世界围棋冠军李世石的计算机是（　　）。

　　　　A．AlphaGo　　　　　　　　　　B．AlphaGo Zero

　　　　C．深蓝　　　　　　　　　　　　D．银河Ⅲ巨型计算机

（13）下列关于云计算的描述正确的是（　　）。

　　　　A．云计算是分布式计算的一种

　　　　B．云计算是一种提供资源的网络

　　　　C．云计算是与信息技术、软件、互联网相关的一种服务

　　　　D．云计算把许多计算资源集合起来，通过软件实现自动化管理

（14）下列选项属于云计算的特点的是（　　）。

　　　　A．规模巨大　　B．虚拟化　　　C．通用性　　　　D．按需服务

（15）中国云计算实践元年是（　　）。

　　　　A．2010年　　　B．2011年　　　C．2012年　　　　D．2013年

（16）（　　）教授首次提出了"物联网"的概念。

　　　　A．凯文·阿什顿　　　　　　　　B．比尔·盖茨

　　　　C．麦卡锡　　　　　　　　　　　D．约翰·马西

（17）物联网的体系结构主要由（　　）、网络层和应用层共3个层次组成。

　　　　A．感知层　　　B．物理层　　　C．逻辑层　　　　D．硬件设备

（18）下列哪些是感知设备？（　　）

　　　　A．射频识别器　　B．传感器　　C．定位器　　　　D．摄像头

（19）下列哪些是区块链技术的特征？（　　）

　　　　A．去中心化　　　　　　　　　　B．不可篡改性

　　　　C．透明性　　　　　　　　　　　D．匿名性

（20）区块链1.0阶段的代表技术应用是（　　）。

　　　　A．数字货币　　　　　　　　　　B．智能合约

　　　　C．超级账本　　　　　　　　　　D．共识性

3．简答题

（1）结合工作和生活实际，列举两个及以上的大数据实际应用场景。

（2）请列举不少于3个的人工智能应用场景。

（3）简述云计算的特征，并列举不少于3个的云计算应用。

（4）简述区块链技术的特征。

（5）请结合实际，谈谈你对新信息技术的认识，以及对未来发展的期待。

附录 A 习题参考答案

第 1 章 绪　论

1. 填空题

（1）程序设计阶段、软件设计阶段、软件工程阶段、面向对象阶段

（2）ENIAC

（3）开发文档、产品文档、管理文档

2. 选择题

（1）C　　（2）A　　（3）C　　（4）ABCD　　（5）ABCD

3. 简答题

（1）答：

2021 年，全国软件和信息技术服务业规模以上企业超 4 万家，全国软件业务收入达 9.49 万亿元，利润总额达 11875 亿元，从业人数达 809 万人。

我国软件业务收入主要来源于北京市、广东省、江苏省、浙江省、山东省、上海市、四川省、陕西省、天津市、福建省等地。

（2）答：

①即时聊天软件帮助人与人之间传递即时消息。如果没有这些即时聊天软件，则人们之间的交流沟通将受到极大的限制。

②办公软件可以帮助人们进行文字处理、表格制作、幻灯片制作、图形图像处理、简单数据库的处理等方面的工作。办公软件让人们的工作变得简单、精细和高效。

③软件管理系统能够提升企事业单位的核心竞争力，起到规范和高效管理组织机构的作用。

读者可以继续列举软件技术在工作和生活中的应用情况。

第 2 章 软件工程

1. 填空题

（1）可行性分析、需求分析、运行、维护

（2）数据流、数据流图、数据字典

（3）软件开发技术、软件工程管理

（4）逐步求精

（5）"自顶向下，逐步分析"

（6）白盒测试、黑盒测试、灰盒测试、静态测试、动态测试

（7）风险分析

（8）快速分析、构造原型、运行原型、评价原型、修改

（9）单元测试、集成测试、确认测试、系统测试、验收测试

（10）方法、工具、过程

（11）树形

2．选择题

（1）A　　（2）A　　（3）B　　（4）D　　（5）B
（6）C　　（7）A　　（8）B　　（9）D　　（10）C
（11）B　　（12）B　　（13）A　　（14）A　　（15）ABCD
（16）A　　（17）A　　（18）ABCD　（19）AC　（20）ABCD
（21）ABCD　（22）A　　（23）ABC　（24）ABCD　（25）ABCD
（26）ABCD　（27）C　　（28）C　　（29）A　　（30）A

3．简答题

（1）答：

①问题定义阶段的任务是分析用户要解决的问题是什么。

②可行性分析阶段的任务是回答对上一个阶段所确定的问题是否有可行的解决方法。

③需求分析阶段的任务是确定目标系统必须做什么的问题。

④总体规划阶段的任务是回答如何解决问题。

⑤系统分析阶段的任务是为系统设计阶段提供系统的逻辑模型，内容包括组织结构及功能分析、业务流程分析、数据和数据流程分析、系统初步方案等。

⑥系统设计阶段的任务是回答怎样具体地实现系统。

⑦系统实施阶段的任务是编码与测试，实现系统的功能与性能。

⑧系统验收阶段的任务是全面检查系统的功能、性能及其他特性，检查软件产品是否符合需求规格说明书中的要求。

⑨系统运行阶段的任务是记录系统的运行情况，根据系统使用过程中新的需求或按一定的标准对系统进行必要的修改。

⑩系统维护阶段的任务是对系统进行改正性、适应性、完善性和预防性等方面的维护，确保系统正常运行。

⑪系统更新阶段的任务是评估系统是否达到报废或系统是否需要进行更新改造、功能扩展等。

（2）答：

需求分析的目标是对用户提出的需求进行分析与整理，确认后形成描述完整、清晰与规范的文档，确定软件必须"做什么"，并且还要深入描述软件的功能和性能，确定软件设计的限制和软件同其他系统元素的接口细节，定义软件的其他有效性需求。

（3）答：根据 GB/T 9385——2008 国家标准，需求规格说明书的内容框架如下所示。

1 引言	4 功能需求
1.1 编写目的	4.1 功能划分
1.2 项目背景	4.2 功能描述
1.3 定义	5 性能需求
（术语与缩写词）	5.1 数据精确度
2 任务概述	5.2 时间特性
2.1 目标	5.3 适应性
2.2 运行环境	6 运行需求
2.3 条件限制	6.1 用户界面
3.数据描述	6.2 硬件接口
3.1 静态数据	6.3 软件接口
3.2 动态数据	6.4 故障处理
3.3 数据库描述	7 其他需求
3.4 数据字典	检测标准、验收标准、可用性、可维护性、可移植性、安全性、保密性等
3.5 数据采集	

（4）答：

①计算机系统组成的 Warnier 图如下所示。

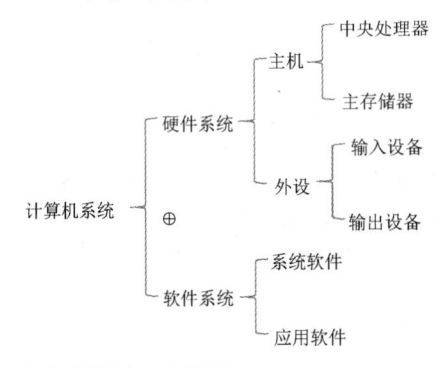

②计算机系统组成的层次方框图如下所示。

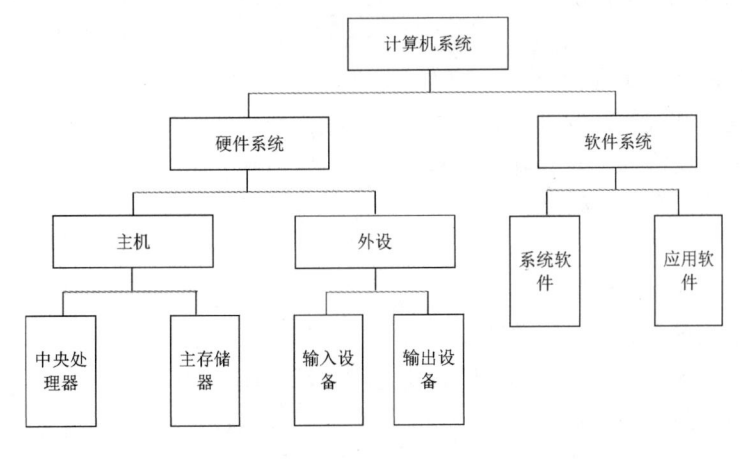

（5）答：

成绩查询系统的 IPO 图如下所示。

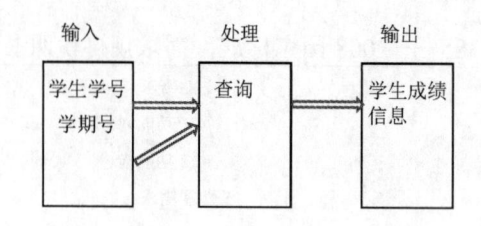

```
输入              处理              输出
┌────────┐      ┌────┐          ┌────────┐
│学生学号│─────▶│查询│─────────▶│学生成绩│
│学期号  │═════▶│    │          │信息    │
└────────┘      └────┘          └────────┘
```

第 3 章　统一建模语言

1．填空题

（1）关联、依赖、泛化、实现

（2）用例图

（3）功能模型、对象模型、动态模型

（4）用例

（5）类图、对象图、包图、构件图、部署图、制品图、组合结构图

（6）用例图、序列图、通信图、定时图、状态图、活动图、交互概览图

2．选择题

（1）A　　　（2）B　　　（3）D　　　（4）B　　　（5）A
（6）B　　　（7）A　　　（8）B　　　（9）C　　　（10）A

3．简答题

（1）答：

UML 是一种基于面向对象的可视化建模语言。使用 UML 进行建模的作用如下：

①使用图形化模型可以更好地理解问题。

②方便人员之间的沟通交流。

③能更早地发现错误。

④能方便地获取设计结果。

⑤为代码生成提供依据。

（2）答：

①使用用例驱动系统设计开发。

②采用螺旋上升式的开发过程。

③采用以体系结构为中心的开发过程。

④加强质量控制和风险管理。

（3）答：

①用户模型视图：用例图。

②结构模型视图：类图、对象图。

③行为模型视图：序列图、通信图、状态图、活动图。

④实现模型视图：构件图。

⑤环境模型视图：部署图。

（4）答：

①确定系统范围、边界、用例及执行者。

②描述用例。

③用例分类，确定用例之间的关联。

④建立用例图。

⑤定义用例图的层次结构。

⑥审核用例模型。

（5）答：

①将需求分析变为可视化模型，并得到用户确认。

②给出清晰、一致的关于系统"做什么"的描述，确定系统的功能需求。

③提供从功能需求到系统分析、设计、实现各个阶段的衡量标准。

④为最终系统测试提供依据，并验证系统是否达到规定的功能要求。

⑤为项目目标进度管理和风险管理提供依据。

第 4 章　数据结构与算法

1．填空题

（1）后进先出，先进先出

（2）5

（3）最优二叉树、远

（4）深度优先搜索、广度优先搜索

（5）不是

（6）0

（7）DCBFGEA

2．选择题

（1）B　　　　（2）A　　　　（3）B　　　　（4）C　　　　（5）C

（6）D　　　　（7）C　　　　（8）C　　　　（9）B　　　　（10）C

（11）B

3．简答题

（1）答：

①度不同：度为 2 的有序树要求每个节点最多只能有两棵子树，并且至少有一个节点有两棵子树。二叉树要求每个节点的度不超过 2，一个节点最多有两棵子树，可以是 1 或 0。在任意一棵二叉树中，度为 0 的节点（即叶子节点）总是比度为 2 的节点多一个。

②次序不同：从形式上看，度为 2 的有序树与二叉树很相似，如果某个节点只有一个孩子节点，就无须区分其左右次序；而在二叉树中，即使是一个孩子节点，也有左右之分。

（2）答：

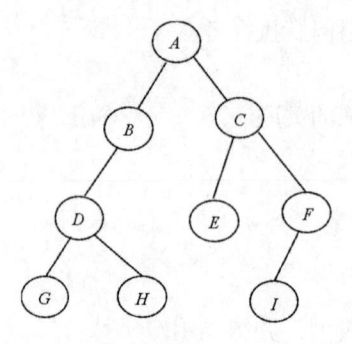

（3）答：

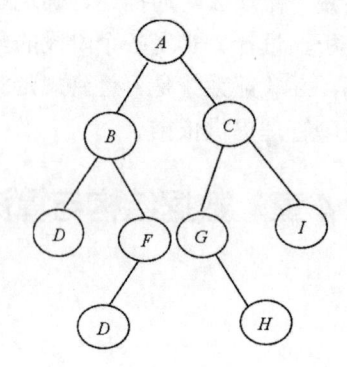

（4）答：

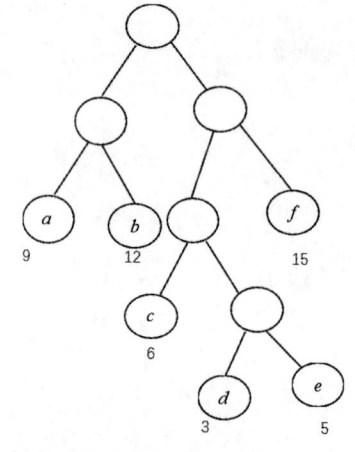

WPL=9×2+12×2+6×3+(3+5)×4+15×2=122

（5）答：

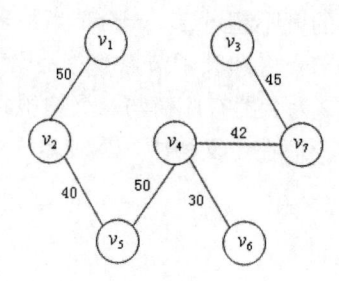

（6）答：

8 个字母的哈夫曼树如下：

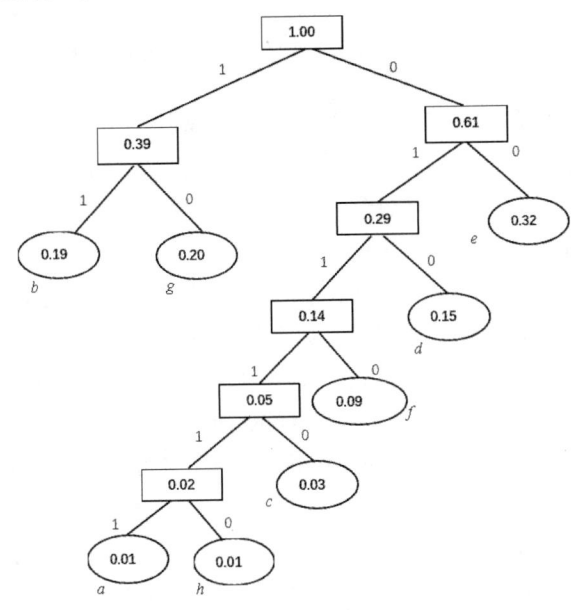

8 个字母的哈夫曼编码分别如下：

a:011111	b:11	c:01110	d:010
e:00	f:0110	g:10	h:011110

第 5 章　软件开发语言

1．填空题

（1）C

（2）过程

（3）动态、基于解释器

（4）Python

（5）Java、C#

（6）C++、C#、Python

（7）JavaScript、JavaScript

（8）语法与基本对象（ECMAScript）、文档对象模型（DOM）、浏览器对象模型（BOM）

（9）不是

（10）C

（11）Java

（12）Web 服务器端编程

2．选择题

（1）A　　　（2）C　　　（3）B　　　（4）C　　　（5）D

（6）C　　　（7）C　　　（8）DE　　（9）BCDEH　（10）ABDE
（11）ABCD　（12）DE

3．简答题

（1）答：

动态类型编程语言的变量在定义时不需要给出变量的类型，变量的类型由值决定，并且在运行过程中可以给变量赋予不同类型的值，从而改变变量的类型。而且动态类型编程语言不会在编译时检查类型，需要在运行过程中检查参与运算值的类型。如果类型匹配，才能执行运算；如果类型不匹配，则抛出异常。

静态类型编程语言在定义变量时必须给出变量的类型，并且在后续执行过程中，给变量赋的值必须是符合变量类型的值，变量参与运算也必须是类型支持的运算，而且这些检测是在编译期间进行的，不需要在程序执行过程中检测，这样运行效率更高、更安全。

静态类型编程语言有 D 语言、Go 语言、Objective-C 语言、VB 语言等。

动态类型编程语言有 Lua 语言、Ruby 语言、Swift 语言、Perl 语言等。

（2）答：

Java 语言与 C#语言都是面向对象编程语言，可以构建复杂的应用程序。Java 语言与 C#语言都使用基于虚拟机的运行方式，都具有垃圾自动回收功能，开发人员不用处理复杂的资源回收问题，能提高开发效率。虚拟机提供权限检测，保证程序运行的安全，防止恶意代码的运行。Java 语言与 C#语言都是静态类型语言，能在编译时对类型进行检测，提供编译时类型安全。

Java 语言有 Spring、Spring MVC、Spring Boot、Spring Cloud 等后端开发框架，ORM 有 Hibernate 框架，Web 服务器有 Apache。

C#语言有 ASP.NET MVC 后端开发框架，ORM 有 Entity Framework 框架，Web 服务器有 IIS。

（3）答：

C 语言的编译器有开源的 GCC、微软公司的 CL 等，开发工具有 Keil C51、Visual Studio、JetBrains CLion 等。

C++语言的编译器有 GCC、g++、Intel C++ Compiler、微软公司的 CL 等，开发工具有 Dev-Cpp、Visual Studio、JetBrains CLion、Eclipse CDT、Visual Studio Code 等。

C#语言的开发工具是 Visual Studio。

Java 语言的开发工具有 Eclipse、MyEclipse、JetBrains IntelliJ IDEA 等。

Python 语言的开发工具有 Visual Studio Code、Visual Studio、JetBrains PyCharm、Sublime Text 等。

Web 前端的开发工具有 JetBrains WebStorm、HBuilderX、Visual Studio Code、Visual Studio、Sublime Text 等。

如果要配置一个完全免费的 Web 开发环境，选择如下。

- 操作系统：Linux 的各类发行版，如 Ubuntu Server、CentOS 等。
- 前端开发：浏览器如 Chrome、Firefox 等；开发工具如 HBuilderX、Visual Studio Code、

Visual Studio、Sublime Text 等。
- 后端开发：开发语言如 Java、Python、PHP、Perl 等；服务器如 Apache、Nginx 等。
- 数据库：MySQL、MariaDB 等。

（4）答：

①Lua 语言，该语言是由巴西里约热内卢天主教大学于 1993 年发布的动态类型语言。该语言类似于 Python 语言，但是运行效率比 Python 语言的运行效率稍强。一般将 Lua 解释器嵌入软件中，用作软件的扩展部分，如游戏开发、独立应用脚本、Web 应用脚本、扩展和数据库插件（如 MySQL Proxy 和 MySQL Workbench）、安全系统（如入侵检测系统）等。Lua 语言具有轻量级、可扩展、面向对象、函数式编程等特点，可以使用 Sublime Text、Visual Studio Code 作为开发工具。

②Dart 语言，该语言是谷歌公司为 iOS 系统、Android 系统、Web 前端开发的编程语言，发布于 2011 年。2014 年，ECMA 公布 Dart 语言标准。2015 年，Dart 语言的 Flutter 框架发布。2018 年，Dart 2 发布。该语言被用于 Web、服务器、移动应用和物联网等领域的开发。Dart 语言的特点是面向对象、有多种运行方式等。Dart 语言代码经编译后可以运行在浏览器中，也可以运行在虚拟机中，还可以使用原生方式运行。Dart 程序速度较快，在移动设备和 Web 浏览器中都能获得较高的性能。可以使用 Sublime Text、Visual Studio Code、IntelliJ IDEA、Android Studio 等作为开发工具。

③SQL（结构化查询语言），该语言是一种具有特殊目的的编程语言，是一种数据库查询和程序设计语言，主要用于存取、查询、更新数据，以及管理关系型数据库。SQL 语言是 1974 年由 IBM 公司的 Boyce 和 Chamberlin 提出的，现在已经成为操作关系型数据库的标准语言，如 MySQL、Oracle、Microsoft SQL Server 等数据库都使用 SQL 语言及其改进型语言。SQL 语言具有功能丰富、使用方便灵活、简洁易学等突出的特点。开发工具有 MySQL Workbench、SQL Server Data Tools、Navicat 等。

第 6 章　数据库技术

1. 判断题

1. ×　2. ×　3. √　4. ×　5. √　6. ×　7. √

2. 选择题

（1）C　　　（2）A　　　（3）B　　　（4）A　　　（5）B
（6）D　　　（7）B

3. 简答题

（1）答：

数据库管理系统是对数据进行管理的一个庞大的系统软件，它由许多程序模块构成。根据 DBMS 的程序模块划分，DBMS 一般具有如下功能。

1）数据库定义功能

数据库定义就是对数据库最基本信息的描述，是数据库基本规则与结构的体现，是数据库运行的基本依据。

2）数据库操作功能

数据库操作就是对数据库中的数据进行查询、插入、更新、删除等操作。数据库操作使用的是 DML，即数据操纵语言。DML 也是 SQL 语言中的一部分。一般的 DBMS 都提供功能强大、易学易用的 DML。DML 有两类：一类是宿主型语言，它不能独立使用，必须嵌入某种主语言（如 C、Pascal、COBOL 等语言）中使用；另一类是自立（独立）型语言，通常在 DBMS 提供的软件工具中独立使用。

3）数据库运行处理

数据库运行处理就是对数据库运行的过程时刻进行控制和管理，使数据或操作按照数据库数据字典中最初定义的规则和约定正常存储或进行。例如，用户的合法性和权限确认，数据的正确性、有效性、完整性和存取控制，多用户的事务管理和并发控制，数据的自动恢复和死锁检测，运行记录日志等。

4）数据组织、存储和管理

数据组织和存储的基本目标是提高存储空间利用率和方便存取，提供多种存取方法来提高存取效率。DBMS 犹如一部复杂的机器，只有机器的各部分协调配合，才能够正常工作。因此，DBMS 需要对数据进行规律、条理的管理。DBMS 对各种数据进行分类组织、存储和管理，这些数据包括数据字典、用户数据、存取路径、系统文件、运行的规则和约定、内存的分配与如何使用等。

5）数据库的建立和维护

数据库的建立和维护模块，包括数据库的初始建立、数据的转换、数据的转储和恢复、数据库的重组织和重构造及性能监测分析等功能，需要应用 DDL 语言实现。

6）其他

其他功能包括 DBMS 与网络中其他软件系统的通信功能，一个 DBMS 与另一个 DBMS 或文件系统的数据转换功能，异构数据库之间的互访和互操作功能等。例如，不同 DBMS 之间的数据交换接口或通过网络进行数据库连接的接口等。

（2）答：

数据是用来描述客观事物的可识别的符号系列，用来记录事物的情况。数据用类型和值来表示，不同的数据类型记录的事物性质不一样。

数据库是指长期存储在计算机内的、有结构的、大量的、可共享的数据集合。

数据库系统（Data base System，DBS）是指计算机系统引入数据库后的系统构成，是一个具有管理数据库功能的计算机软硬件综合系统。数据库系统可以实现有组织地、动态地存储大量数据，提供数据处理和资源共享的服务。

数据库管理系统（DBMS）是位于用户与操作系统之间的一层数据管理软件，在数据库建立、运用和维护时对数据库进行统一控制和管理，使用户能方便地定义和操作数据，并能够保证数据的安全性和完整性、多用户对数据的并发使用及发生故障后的系统恢复等。

（3）答：

关系型数据库和非关系型数据库的主要差异是数据存储的方式。关系型数据天然就是表格式的，因此存储在数据表的行和列中，数据表可以彼此关联，协作存储，也很容易提取数据。

严格意义上讲，非关系型数据库不是一种数据库，应该是一种数据结构化存储方式的集合。非关系型数据（如文档、键/值对或图结构等）不适合存储在数据表的行和列中，通常存储在数据集中。数据及其特性是选择数据存储和提取方式的首要影响因素。

关系型数据库的优点：

①易于维护：都使用表结构，格式一致。

②使用方便：SQL 语言通用，可用于复杂查询。

③复杂操作：支持 SQL 语言，可用于一个表及多个表之间非常复杂的查询。

关系型数据库的缺点：

①读/写性能比较差，尤其是海量数据的高效率读/写。

②固定的表结构，灵活度较差。

③高并发读/写需求，对于传统关系型数据库来说，硬盘 I/O 是一个很大的瓶颈。

非关系型数据库的优点：

①格式灵活：非关系型数据库存储数据的格式可以是 key/value 形式、文档形式、图片形式等，使用灵活，应用场景广泛。

②速度快：非关系型数据库可以使用硬盘或随机存储器作为载体，而关系型数据库则只能使用硬盘作为载体。

③高扩展性。

④成本低：非关系型数据库部署简单，基本都是开源软件。

非关系型数据库的缺点：

①不提供 SQL 语言支持，学习和使用成本较高。

②无事务处理。

③数据结构相对复杂，复杂查询方面较差。

第 7 章　新信息技术

1．填空题

（1）Volume（大体量）、Variety（多种类）、Value（低价值密度）、Velocity（高速度）、Veracity（真实性）

（2）数据分析

（3）人工智能

（4）达特茅斯学院

（5）"图灵测试"

（6）互联网

（7）网络应用概念

（8）基础设施即服务、平台即服务、软件即服务

（9）公有云、私有云、混合云

（10）互联网、互联网

（11）万物

（12）物理世界

（13）区块链 1.0 阶段、区块链 2.0 阶段、区块链 3.0 阶段

（14）公有链、私有链、联盟链

（15）去中心化

2．选择题

（1）A　　　　（2）D　（3）B　　　（4）ABD　　（5）C

（6）A　　　　（7）A　（8）A　　　（9）ABCD　（10）ABCD

（11）ABCD　（12）A　（13）ABCD　（14）ABCD　（15）C

（16）A　　　（17）A　（18）ABCD　（19）ABCD　（20）A

3．简答题

（1）答：

①COVID-19 疫情防控期间健康码、行程码、场所码的应用。

②电商平台利用大数据分析向客户推送感兴趣的商品。

③利用大数据进行区域流行病预测。

读者可以继续列举其他大数据应用场景。

（2）答：

①自动驾驶技术。

②扫地机器人。

③智能语音系统。

读者可以继续列举其他人工智能应用场景。

（3）答：

云计算的特征：规模巨大、虚拟化、高可靠性、高可扩展性、通用性、按需服务、价格低廉。

云计算应用：云办公、安全云、存储云等。

读者可以继续列举其他云计算应用。

（4）答：

去中心化、透明性、不可篡改性、匿名性。

（5）答案略。